U0301662

中國風景園林名家名師

吴良镛 署

中国风景园林学会　主编

林福昌

中国建筑工业出版社

编 委 会

编委会的话

　　中国园林历史悠久，新中国成立之后，特别是改革开放以来，风景园林事业发展加快，优秀的设计作品及理论对行业的发展有着十分积极的推进作用。中国风景园林学会组织出版本系列丛书，记录下那些长期为推进风景园林行业发展和科技进步做出突出贡献的风景园林工作者的理论研究、实践总结，甚至是心得感悟，意在为行业的传承创新留下宝贵的资料。这些作品也是我国风景园林事业发展的历史见证，对于促进学科发展，鼓励教育后人，有深远的意义。

　　本丛书所汇集的文章、作品均出自长期活跃在教学、科研、实践等各条战线上的风景园林人之手，他们中有见证并参与了新中国园林行业诞生和发展的老前辈们，也有作为中流砥柱并承担着传承创新重任的中青年行业工作者。我国风景园林事业的欣欣向荣正是这样一代又一代风景园林人努力奋斗的结果。他们勤奋刻苦、务实求真所取得的卓越学术成果将为继往开来的园林人铺就前进之路；而他们那甘于寂寞、无私奉献的高尚情操也将感召一代又一代的学子投身于祖国的风景园林事业。我们期待有更多风景园林名家名师的作品问世，推进我国风景园林学科更加繁荣发展！

中国风景园林学会理事长

2013 年 9 月

序
取之于民　还之于民
——杭州西湖的真知灼见

　　中华民族人的成长以人对自然的认知为标尺。三十而立，随后不惑，知天命，知道人在世间按自然之命应该做什么。娘胎出生后一无所知，在父母养育下逐渐成长，终究要依靠社会教育认知人如何与自然协调共生。知识积累到老年很自然地会想到如何将来之于民的文化知识还之于民，完成传承和发展传统的天职。林福昌君是园林学科成立后前八年的校友，老实、诚恳、执着而有很强的事业心。从出版的著作明显看出他的一片赤子之心，文如其人，他不浮躁，更不张扬，老老实实地倾吐一世从事园林规划设计之心得，向人民交了一份孺子牛的答卷。他撰写的内容不仅是西湖，但重点在西湖，全面、系统、精辟地论证西湖风景名胜区规划设计。他在西湖工作了数十年，不断积累，而且经历了园林规划设计师，设计院副院长、院长和全国人大代表等工作岗位，贯穿的一根心线就是风景园林规划设计，是一位潜心学习万卷书和走万里路的资深学者。论证的范围因学科而博大，论证的中心一贯始终而铸为精深。学后总的感受就是真知灼见，观点鲜明而证据充实，有意、有象地从西湖汲取了风景文化，不仅有从古到今得天独厚的自然山水风景资源，而且包含人如何治山治水，充分彰化地达到"景物因人成胜概"的境界。苏轼诗谓西湖风景："深浅随所得，谁能识其全。"这本书贴近自然，讲人如何遵循管子名言"人与天调，而后天下之美生"，论述风景园林规划设计。中国园林的特色在于将社会美融于自然美从而创造风景园林艺术美，将社会美诗意化融入"以形媚道"的自然山水。古曰"虽由人作，宛自天开"为园林境界，那"虽自天开，宛有人意"就是风景名胜区的境界。美学家李泽厚先生用现代语言说中国园林是"人的自然化和自然的人化"，一义多释也。

　　美丽的中国感召我们，其中风景园林是重要组成之一，有识之士著书立说都是实干兴国的内容，在此我以中国风景园林学会和北京园林学会名誉理事长的名义，向林福昌校友和所有致力于本书的同仁们致以诚挚和深切的谢意。这都是让美丽的中国扎根、开花、结果所不可缺少的土壤。

孟兆祯

2018 年 1 月

作者简介

林福昌

福建福清市人

1939 年 3 月出生

1955 年初中毕业后响应共青团福建省委号召，参加中国人民解放军八〇部鹰厦铁路青年筑路队和铁道兵第四设计院（山东烟台）见习工作。1956 年 9 月就读于福清第一中学高中部。

1959 年 9 月考入北京林学院绿化系（即今北京林业大学园林学院）城市及居住区绿化专业。1960 年受学校委派到上海同济大学作为师资培训。1961 年回"北林"继续原专业学习。

1963 年毕业后分配至浙江杭州。参加"社会主义教育"试点工作，与贫下中农同吃、同住、同劳动，直至 1965 年 4 月才到杭州市园林管理局园林规划设计室工作。"文革"时于杭州市园林管理局生产组负责城市绿化工作，期间随着政治运动的进行，陆续到杭州市五七干校劳动及参加农业学大寨工作组。

1981~1986 年担任杭州市园林管理局园林规划设计室（后改为园林规划设计处）副主

任。1986年5月，园林规划设计处改为杭州园林设计院，担任副院长。1990年起担任院长，直至1998年改任顾问总工程师，1999年底退休。在担任杭州园林设计院院长期间，锐意改革、积极开拓、引进人才、坚持质量，使杭州园林设计院成为全国一流的园林设计单位之一。

20世纪60年代，在杭州市园林管理局规划设计组主要从事西湖名胜风景区规划编制、规划管控、建设计划制定和群众绿化工作。70年代，参加为尼克松访华改扩建笕桥机场工程的绿化规划与施工，主持杭州动物园迁建工程的绿化规划与施工。1979年参加杭州市城市总体规划编制、杭州市园林绿化规划编制。1983年参加杭州市历史文化名城规划，1986年主持编制西湖风景名胜区总体规划。90年代主持编制杭州市绿地系统规划。主持浙江江山须江公园、象山丹城公园、广东恩平鳌峰公园、福建邵武熙春公园、河南焦作人民公园、新疆伊宁人民公园与水滩公园等公园绿地的规划设计或改造提升设计工作；主持新加坡同济院修复设计与施工，主持建德灵栖洞、桐庐瑶琳仙境的洞外环境设计，主持新安江水电站、葛洲坝水电枢纽环境设计等数十个规划设计项目。参加杭州太子湾公园的规划设计，参与温州瑶溪、绍兴大禹陵、山东聊城等风景区（旅游区）总体规划编制，以及临安钱王陵园、宁波东钱湖、温州雁荡山与中雁荡山等风景区的众多景区详规工作。

1981年评为工程师，1987年评为高级工程师，1999年评为教授级高级工程师。

1983年，在浙江省第五届人民代表大会上当选为中华人民共和国第六届全国人民代表大会代表。在担任全国人大代表期间，先后提出30余件议案、意见和建议，涉及风景区保护、建设、管理和环境保护等方面，对杭州及浙江的风景环境保护起到了积极作用。1984年被推荐为杭州市第四届归侨（侨眷）代表大会代表。

1954年参加共产主义青年团，1986年12月参加中国共产党。

曾任中国勘察设计协会园林规划设计分会副理事长，中国公园协会理事。浙江省勘察设计协会常务理事，浙江省风景园林学会规划设计学术委员会委员，浙江省风景园林学会造园专业委员会负责人，现为浙江省园林学会资深会员、学会顾问。

1988年任浙江省第二届经济建设咨询委员会委员（全省89人），并连任两届，后被聘为浙江省经济规划院咨询专家。连续担任三届浙江省建设厅科技委员会委员、两届浙江省风景名胜区协会顾问专家，浙江大学农业与生物技术学院园林规划设计中心顾问专家，浙江省重大工程专家顾问，广东省风景园林学会专家顾问。宁波市、奉化市历史文化名城、名镇保护专家委员会专家，以及规划设计单位的技术顾问等。

参加由中国勘察设计协会园林设计分会组织的《公园设计规范》、《中国优秀园林设计集》的编撰，并在国内专业刊物上发表十余篇论文，其中《杭州西湖景观艺术美的探讨》一文被中国风景园林学会、中国勘察设计协会园林设计分会评为 1992 年度园林规划设计优秀论文。主持和参加风景园林规划设计项目数十项，其中杭州动物园设计获 1976 年浙江省优秀设计奖，温州瑶溪风景区总规获建设部优秀规划表扬奖、浙江省规划二等奖，千岛湖羡山景区详规 1991 年获建设部优秀（设计）规划三等奖，杭州太子湾公园规划设计获浙江省优秀规划一等奖、1996 年建设部优秀规划一等奖、全国第七届国家铜质奖。2013 年获浙江省建设厅、风景名胜区协会授予的"突出贡献奖"，2016 年获浙江省风景园林学会授予的"发展成就奖"。

规划设计实践

1965 年　杭州市西湖区梅家坞规划（参加）

1965 年　杭州西湖苏堤绿化充实提高设计（主持）

1969 年　浙江新安江水电站环境设计（主持）

1971 年　杭州市 119 工程（即为尼克松访华、改扩建机场工程）的绿化规划与施工（主持）

1971 年　浙江富春江水电站环境绿化（厂区、招待所、生活区）设计（主持）

1973 年　杭州动物园迁建工程的绿化规划与施工（主持）

1974 年　江西 372 厂的环境绿化工程（总厂区、10 个分厂、中学、医院、招待所）的规划设计（主持）

1977 年　富阳鹤山纪念陵园的绿化设计与施工（主持）

1979 年　杭州市城市总体规划（杭州市园林绿化规划）（参加）

1980 年　超山风景区规划（首轮）（主持）

1980 年　浙江建德灵栖洞洞外环境规划设计（主持）

1980 年　浙江桐庐瑶琳仙境洞外环境规划与绿化设计（主持）

1981 年　诸暨五泄风景区总体规划（首轮）（主持）

1981 年　浙江象山石浦港中路规划设计（参加）

1982 年　浙江临安庙山陵园规划（主持）

1982 年　浙江象山丹城公园规划设计（主持）

1982 年　浙江永嘉大若岩风景区总体规划（主持）

1983 年　浙江临安瑞晶洞景区总规（主持）

1983 年　福建邵武熙春公园规划设计（主持）

1983 年　浙江江山须江公园规划设计（主持）

1983 年　杭州市历史文化名城规划（风景区范围）（主持）

1984 年　河南焦作人民公园改造设计（主持）

1985 年　广东恩平鳌峰公园规划设计（主持）

1986 年　福建永安龟山公园规划设计（主持）

1986 年　杭州西湖风景名胜区总体规划（主持）

1986 年　浙江余杭径山风景区总体规划大纲（主持）

1986 年　湖北宜昌五一广场规划设计（主持）

1986 年　湖北宜昌江滨公园改造设计（主持）

1986 年　福建福清龙江公园总体规划（主持）

1987 年　杭州太子湾公园规划设计（参加）

1988 年　浙江温州瑶溪风景区总体规划（主持）

1988 年　浙江千岛湖风景区羡山景区详细规划（参加）

1989 年　新加坡同济院古建修复设计与施工（主持）

1989 年　浙江临安钱王陵园修建规划（参加）

1990 年　山东潍坊白浪河公园详细规划（主持）

1990 年　山东聊城风景区总体规划（参加）

1991 年　新疆伊宁市人民公园改造规划（主持）

1991 年　新疆伊宁市水滩公园规划设计（主持）

1991 年　杭州六和塔景区环境改造设计（主持）

1991 年　宁波东钱湖风景区"霞屿锁岚"、"鄂王庙"景区详细规划（参与）

1991 年　温州雁荡山风景区"显圣门"、"雁湖"、"羊角洞"景区详细规划（参与）

1992 年　温州茶山风景区总体规划（参与）

1992 年　温州泽雅风景区总体规划（参与）

1993 年　浙江舟山"祖福山庄"规划设计（主持）

1993 年　杭州世界城·宋城总体规划（主持）

1994 年　福建福清玉融山公园规划设计（参与）

1994 年　浙江绍兴大禹陵风景旅游区总体规划（参加）

1996 年　杭州市绿地系统规划（主持）

1996 年　浙江绍兴委宛山景区规划（参加）

1996 年　浙江嵊泗东海公园规划（主持）

1998 年　杭州西湖灵隐景区扩大规划（参加）

1999 年　浙江临安太湖源景区规划设计（主持）

2000 年　浙江义乌市民居设计（主持）

2001 年　浙江绍兴全柯桥大道规划设计（主持）

2001 年　宁夏沙湖风景区荷花景区规划（主持）

注：根据回忆并与杭州园林设计院有关资料核实，难免有误，请谅解。

主要社会职务

1．1989 年 1 月，聘为浙江省经济建设规划院咨询委员会委员（全省 89 人）

2．1993 年，任中国勘察协会园林设计分会副理事长

3．1993 年，任中国公园协会理事

4．1993 年，任浙江省风景园林学会造园专业委员会负责人

5．1993 年，浙江省勘察设计协会常务理事

6．1998 年 1 月，聘为浙江省旅游科学研究所特约研究员（三年）

7．2000 年 8 月，聘为浙江省建设厅住宅产业化领导小组专家委员会成员

8．2000 年，聘为浙江省重大工程办公室专家库成员

9．2000 年 1 月，聘为黄山市城市规划专家咨询委员会成员

10．2000 年，杭州市人民政府推任为灵隐景区扩建工程专家咨询小组成员

11．2000 年 9 月，被浙江淳安县人民政府聘为淳安县千岛湖风景旅游专家咨询委员会成员

12．2001 年 11 月，聘为浙江省建设厅科学技术委员会委员（一届）

13．2002 年 9 月，聘为杭州园林设计院有限公司技术顾问（三年）

14．2002 年 12 月，聘为广东省风景园林协会第一届理事会专家委员会委员

15．2004 年 1 月，聘为浙江省旅游科学研究所特约研究员（三年）

16．2008 年 1 月，聘为浙江省建设厅科学技术委员会委员（二届）

17．2009 年 12 月，聘为浙江大学农业与生物技术学院风景园林规划设计中心顾问专家

18．2010 年 12 月，聘为浙江省风景名胜区协会第三届理事会顾问

19．2011 年 9 月，聘为浙江省住房和城乡建设厅第三届科学技术委员会委员（三届）

20．2011 年 11 月，聘为浙江省城市规划学会、浙江省城乡规划协会专家库专家（老专家仅为 7 人）

21．2012 年 3 月，聘为浙江省花卉协会庭院植物与造景研究会顾问

22．2012 年 7 月，聘为绍兴县规划局风景园林规划设计顾问

23．2013 年 10 月，聘为义乌市城市规划设计研究院顾问

24．2014 年，聘为宁波市历史文化名城名镇名村保护专家委员会委员

25．2016 年，聘为浙江省风景园林学会顾问

目录

论文文章

西湖景观艺术美的探讨

提要：杭州西湖，水光潋滟，湖平似镜，是我国以"西湖"命名的 36 处湖泊中，风光最为优美和最著名的一处。西湖风景区为山不高，而有层次起伏，为水不广，而有大小分隔，湖山比例和谐、尺度适中。西湖之妙，在于湖孕山中、山屏湖外，登山可眺湖，游湖并望山。山影倒置湖中，湖光映衬山际、山水相依、不可分离。西湖之胜，还在于朝夕晨昏的各异，风雪雨霁的变化，春夏秋冬的季节转换，加上春花、夏荫、秋叶、冬枝，繁荣茂盛而有生机的植物景观。众多的历史人文景观和西湖建筑，布局灵活，空间开朗，其多维的景角、朴素的外观、淡雅的色彩，与西湖环境及山野气息十分和谐，体现出建筑美与自然美的高度协调统一。西湖之美，在于山水相融，天地相参、自然景观与人文景观的有机融合。

　　"山色湖光步步随，古今难画亦难诗"的杭州西湖，在历史上留下了千古传诵的众多诗篇。诗人苏东坡的"水光潋滟晴方好，山色空蒙雨亦奇；欲把西湖比西子，淡妆浓抹总相宜。"柳永的"东南形胜，三吴都会，钱塘自古繁华。烟柳画桥，风帘翠幕，参差十万人家。云树绕堤沙，怒涛卷霜雪，天堑无涯。重湖叠巘清嘉，有三秋桂子，十里荷花。"西湖山水秀丽，波光岚影，丰姿绰约，时时有景，处处生情，诗情画意，情景交融（图1）。不但使人产生"未能抛得杭州去，一半勾留是此湖"的无限缱绻之情，而且充分体现了西湖景

图 1　西湖全图（图片来源：《明刊名山图版画集》）

观的艺术之美。大自然赐予的美是可贵的，劳动创造的美和对美的维护更值得称颂，两者融合，才使西湖景观各臻其妙，达到美的极致。

一、丽质天成兼有精雕细琢的西湖水域景观

水天一色、景色宜人的西湖，处于平原、丘陵、湖泊与江海相衔接的地带，自然条件得天独厚。她三面环山、层峦叠嶂、银波万顷、山明水秀。人们站在四周高处环顾，只见湖如明镜，孤山峙立于西湖的西北角，形如水中卧牛，又似水面上的绿色花冠，苏白二堤飘逸于泱泱碧水之上，仿佛两条锦绣缎带。白堤又如一幅平整宽阔、镶着绿边的匹练，从孤山向东伸展数里直至北山，而苏堤素有"长虹跨湖"，"六桥横绝天汉上，北山始与南山通"的赞誉。小瀛洲、湖心亭、阮公墩三个小岛，如同神话世界中海上三座仙山鼎立湖中，苏堤、白堤、赵堤和花港观鱼半岛，横卧在西湖的东西、南北，把西湖分隔为外西湖、里西湖、西里湖、岳湖和小南湖等五个大小不等、比例合宜的水面，避免了如太湖浩瀚之感，又增加了层次和深度。沿湖四周，云树笼纱、繁花似锦、芳草如茵，缀成一个彩色缤纷的巨大花环。在山涌绿浪、绿树丛中，隐现着"西湖十景"、十园八庄、千亭百阁及布局巧妙、各具特色的公园和风景点（图2）。

西湖水域是构成西湖景观的主要因素之一。长久以来，便以她的妩媚而深深使人陶醉，一直是诗人、画家所钟爱的题材。宋郭熙在《林泉高致》中指出"水活物也、其形欲深静、欲柔滑、欲汪洋、欲回环、欲肥腻、欲喷薄……"详尽地描绘了水的多种多样形态。而西湖之水，从布局上看有集中与分散两种形式，从形态上看，则有动与静之别，而外西湖与岳湖、小南湖的大小之比，外西湖与里西湖、西里湖的宽窄之比，里西湖与西里湖的横竖之比，给人以空间变化之感。加之沿湖四周点缀着众多的园林建筑，从而形成了一种向心、内聚的艺术布局。

图2　从葛岭眺望西湖，可见苏堤、阮公墩、小瀛洲、外湖、西里湖、小南湖

二、逶迤连绵、曲曲层层的多层次的低山丘陵景观

"林泉高致"中写道"山以水为血脉……，故山得水而活；水以山为面，……故水得山而媚。"

环绕西湖的群山，外观秀丽挺拔。南北两山，势若龙翔凤舞、逶迤连绵、高低远近、曲曲层层、自然天成（图 3）。可分为内外两个层次：内周，北面有宝石山、葛岭；南面是吴山、夕照山；西面有丁家山、三台山。这些临湖的山丘、高度多在海拔 40~125m，历史上的岬角宝石山、吴山分别高度为 78m 和 63m；外围，向北是北高峰、灵峰、老和山和秦亭山，往南有南高峰、玉皇山、凤凰山，这些山峦，高度一般不超过 400m。而南北高峰遥相对峙、卓立如柱，制约着西部景域。古有"群峰来自天目山、龙飞凤舞到钱塘"的诗句，就是西湖山景的写照。北山的宝石山像是凤凰的头，南山的玉皇山如蛟龙的首，南北高峰，环抱着西湖这颗明珠，形成了"龙凤抢珠"之势。

历史上屹立于夕照山上，龙钟持重、苍老突兀的雷峰塔与高耸在宝石山上、亭亭玉立、秀丽玲珑的保俶塔，两塔几乎在同一南北轴线上，是西湖风景空间的两个突出标志，起到控制、点缀西湖景观的作用，成为西湖空间艺术构图的中心。古人说"雷峰如老衲，保俶如美人"，正道出当年两塔的不同丰姿倩影。

西湖风景不仅有开朗明静似镜的湖光，还有穿林绕麓、曲曲弯弯的溪涧；不仅有临水的水阁湖楼，还有深存于群峰环峙、环境清幽山坳的山居岩舍和寺院佛

图 3　层层叠叠的西湖周边山峦

殿。正由于西湖特殊的地理位置，从风景角度而论，从东向西、南向北，山色处在阳面，景物宜人。因此，西山、北山是西湖景观最佳的风景面。

西湖自然美，还在于与湖结合十分和谐的逶迤连绵的群山。视角从湖上向外延伸多在3°至12°之间，湖山尺度比例合适，呈现多层次的景观，给人以曲曲层层、高低起伏、面面皆入画的亲切感觉（图4）。从湖滨西望：

第一层：波光、云影、舟船、候鸟；

第二层：两堤三岛、岸树；

第三层：突入湖中的丁家山、夕照山、孤山；

第四层：宝石山、吴山、凤凰山、南屏山、南高峰、北高峰、灵峰；

第五层：天竺山、五云山、石人岭、美人峰。

人们站在柳浪闻莺公园湖边，往北望，只见柳帘缭绕的小瀛洲、绰影缥缈的阮公墩与湖心亭、"人间蓬莱"的孤山、漾浮在湖中的苏白二堤、横亘数里的宝石山。小瀛洲，在环堤内侧布置了曲桥、景石、亭轩和景墙，又在环堤外缘设置亭台、游廊、花架等园林建筑，供人眺望四周，达到"纳千顷之汪洋，收四时之烂漫"之景色。既采取具有向心性、内聚收敛的内向布局，又采取具有离心性、辐射扩散的外向布局，形成了典型的"湖中有岛、岛中有湖"的江南水上园林。

总之，西湖山体，呈现出小体量、多层次、低视觉、天际线柔和委婉，从而形成典雅、舒展、清丽的空间格调。

图4　丰富的西湖景观层次

三、明晦晨昏时时变幻的神奇气象气候景观

西湖因朝夕晨昏之异，风雪雨雾之变，春夏秋冬之殊，呈现异常绚丽的气象景观。清晨，晓雾方散，旭日东升，湖水似乎还沉浸在睡梦里，一丝涟漪也没有，这时的西湖，出落得格外柔美、恬静。而当金轮乍起，微露一痕，瞬息间，宿雾未消，霞光万丈，天半俱赤，红若琥珀，大如铜盘，离奇变幻，莫可名状（彩图1）。薄暮淡日西斜、烟云四合、远山近水、融入苍茫的暮霭之中，使人感到如梦似幻（彩图2）。当月色溶溶之夜，蛟蟾当空，波光生滟，众山静绕，绿树茵草，亭台楼阁在月华里仿佛披上轻纱，恍若置身于琼楼玉宇之中。倘若在细雨霏霏的时刻，纵目湖山，呈现出白茫茫的色调。云雾蒸腾，那雨虽说是雨，其实更像雾，但又不翻滚飘摇，只是静静地垂落着。在雨丝风片之中，湖山景物若隐若现，似有似无，此时此景，宛如一幅水墨画卷。雨中的西湖，时而云层变薄，云上的阳光漫射开来，雨变得晶亮，无数的游丝在半空中闪烁飘荡，连天彻地。此时，远处的山是黛色的，近处的水是淡青色的，天上的云是灰白色的。每当云开雨霁，红日悬空，西湖又是波光潋滟，千顷一碧，山色青青，显得格外静谧、秀美。善游西湖的人，从来不看轻"三余"，也就是"冬者岁之余，夜者日之余，雨者晴之余"。

西湖的山山水水，春夏秋冬各具特色。秋日，平湖秋月历来是赏月的胜地之一，在皓月当空的秋夜，碧澄澄的湖面上，清辉如泻，宛如万顷银波。前人有诗云："万顷湖平长似镜，四时月好最宜秋。"在"天上月一轮，湖中影成三"的三潭印月，每逢中秋佳节的月夜，人们在三塔里面点上灯烛，洞口蒙上一层薄纸，灯光透出，宛如姣月，倒影湖面，迷离闪烁。此时，月光、灯光、湖光交相辉映，月影、塔影、云影融成一片，恰有"一湖金水欲溶秋"的诗情画意。冬天，一场大雪，西湖披上了银色的淡妆，显得格外高洁雅致。西湖群山，白皑皑一片；南北高峰，高连白云，似与天公比高；苏白二堤，一纵一横，平卧湖上；环湖的亭台楼阁，在白雪映衬下，光彩夺目；瑞雪乍晴，远山近水，琼林玉树，明丽洁静，晶莹朗澈，看湖山银装素裹，娇娆多姿（彩图3）。所有这些瞬息多变，仪态万千的西湖胜景，正如古人所言"晴湖不如雨湖，雨湖不如月湖，月湖不如雪湖"和"水水山山处处明明秀秀，睛睛雨雨时时好好奇奇"，是时分、气象所显现的景观美。

四、繁盛而富有生机的植物景观

杭州地处亚热带北缘，气候温和，植物品种繁多，季相丰富多彩，春花秋叶、夏荫冬枝，随着时序的变化，给人以生命的韵律感。苏东坡有"花落花开不间断，春去秋来不相关"的诗句，道出了西湖花景四时常有的事实。

春天是色彩纷呈、充满生机的季节。西湖之春，万紫千红，百花竞吐幽芳，

开放最早的是梅花。梅刚落，白玉兰竞相绽放，山茶花猩红点点，诗人用"树头万朵齐吞火，残雪烧红半个天"来描绘它的灿烂姿色。立春之后，柳树冒出嫩黄变淡绿的新芽，长出如珠帘的袅袅细丝。继"郁郁湖畔柳"之后，环湖一带，真是"东风二月苏堤路，树树桃花间柳花"。西湖的春天，清晨漫步苏堤，看西湖从晓雾中苏醒，六桥烟柳在春风里荡漾，"柳浪闻莺"柳枝拂水、青草细软、花树迷眼，正是一派明媚秀美的春光，静听各种鸟儿啁啾不停地歌唱，引人遐思。"花港观鱼"的奇花异卉，欣赏那灿若云锦的牡丹花王，真是五彩缤纷。春时乘船荡漾在湖上，有"东风吹我过湖船，杨柳丝丝拂面"的乐趣。

待到暮春初夏时，孤山、北山路、灵隐路那"鲜红滴滴映霞明"的杜鹃花，开得烂漫一片又一片，处处是翠绿的树木，格外葱茏茂盛，红色的石榴花，蕊珠如火；素洁的栀子花，暗送娇香；烂漫的紫薇花，百日鲜红；多彩的月季花，红艳欲滴。仲夏的西湖，"曲院风荷"、西里湖、里西湖的绿净如洗的田田莲叶、亭亭玉立的朵朵荷花，有"清水出芙蓉"那般动人。清晨，荷瓣舒展，分外艳红，夜间花瓣闭合，徐徐清风送来扑鼻的荷香，淡雅芳芬；雨天，雨点儿打在荷叶上，胜似珍珠落盘耐人寻味。宋代杨万里诗"毕竟西湖六月中，风光不与四时同；接天莲叶无穷碧，映日荷花别样红。"把西湖的荷花描绘得淋漓尽致（彩图4）。

西湖的秋天，天高云淡，微有凉意，又是一个惹人喜爱的季节。"叶密千层绿，花开万点黄"，"独占三秋压众芳"，正是去"满陇桂雨"赏桂的好时节。"夕阳衔西峰，枫林蟠如醉"，"霜叶红于二月花"，又把西湖装点得十分艳丽（彩图5）。那时节，曲院风荷、苏堤的"十月芙蓉赛牡丹"也不逊色。到了深秋，百花纷谢之时，千姿百态、五彩缤纷、题名富有诗情画意的菊花正傲霜盛开。

冬天的西湖，孤山的"踏雪寻梅"和"灵峰探梅"（彩图6），自古以来相沿成习。每当瑞雪纷飞的时候，野外百花早谢、晶亮田黄的腊梅花却满枝盛开；美人茶、金心大红茶花也红花一树，古时有"烂红如火雪中开"，"唯有小茶偏耐久，雪里开花到春晚"来称颂不畏冰雪的性格。

西湖的季相美，充分体现了"四时之景不同而乐无穷"的美学思想。

五、因景而设的多样化建筑景观

杭州西湖，三面环山，一面临市。建筑布局多是"随山依水"、自由灵活、随势安排、层叠错落、巧于因借，"自然天成地造势，不待人力假虚设"，与自然山水紧密结合；空间开朗，多方观景；建筑造型朴素明快，色调淡雅，呈现出清新洒脱的文人园林风格，是建筑美与自然美高度和谐的典范。总之，江南杭州的园林建筑风格，是承借文人山水园的规轨，以淡雅、朴素、富于诗情画意而见称。

西湖风景建筑多是以山水为依托。布局采用了分散集锦式的手法，有的置山冈、跨溪流、借山势、依危崖，有的高居群山之巅，有的深入水际或隐存于群山幽谷之中。从形象艺术观点来分析，山是重的、实的、静的，水是轻的、虚的、动的，两者恰当地结合在一起，山有奔驰之势，水有漫延流动之态，水的轻、虚更能衬托出山的坚实和凝重。水之动必见山之静，形成一山一水、一实一虚、宏丽的建筑与疏朗的水景的强烈对比，主从分明，重点突出，达到气韵生动的景观美的效果。

孤山，悬崖巨石，削壁巉岩，平台舒广，曲径幽深，亭台错落，飞檐隐现，林木葱郁，花草飘香，达到了"多方胜景，咫尺山林"的艺术效果。古时，孤山曾是帝王的行宫，孤山南坡以今中山公园为主轴线，清代有澄观堂、万岁楼；东侧有览胜斋、涵清居，西端有云岫阁、双桂轩等，而孤山之巅，平夷四旷，有云峰四照亭、西爽亭等，起到"要看西湖景，最好上孤山"的效果。这些阁楼，倚云凌风，以山为屏，明湖为鉴，倚窗凭槛，西湖之胜全览。孤山北麓的放鹤亭，是西湖赏梅胜处，"梅妻鹤子"传为佳话。

西泠印社位于孤山西部，是一处山地园林，建筑物各抱地势，采取自然灵活布局，作开敞的空间组合形式。洞、泉、桥、塔、雕像以及玲珑透漏的藤架楼阁，互相穿插，随势安置，组成了一个高低曲折、参差错落、巧于因借而富于变化的台地庭园，具有小中见大、曲折有致，"虽由人作，宛如天开"的艺术效果。

平湖秋月景点跨水临湖而建，布局结构独具匠心。亭轩楼阁、石桥平台、曲栏画槛都于濒湖狭长地段而建。建筑形象玲珑小巧，丰富多变，造型各异，主要立面向西湖敞开，临湖又布置着空廊、敞厅和连续的落地长窗以及曲桥跨于水面之上，有深远、明暗之感，增加了水面的层次和景深。在此浏览西湖，视野开阔，外湖景色尽收眼底（图5）。

三潭印月是江南园林的水景园。建筑布局围绕着"湖中之岛、岛中之湖"的特点而筑。在岛岛之间，连以曲桥、柳堤，缀以"开网亭"、"亭亭亭"、"迎翠轩"、"御碑亭"、"我心相印亭"等小巧玲珑的园林建筑。在环湖的高视点，远望过去，好似一颗绿色的宝石飘浮在西湖之中。三潭印月无论在空间变幻、组景层次、建筑布局、花木配置等方面，源于自然，高于自然，有极高园林艺术造诣，是江南水景园林的代表作（图6）。

宝石山南坡，古时有玛瑙寺、智果寺、大佛寺和抱朴庐等建筑组群，依山面湖而筑。秀丽挺拔的保俶塔高高耸立在宝石山上，成为西湖风景的重要标志。山顶有初阳台、来风亭、落星石，并可俯瞰景色清奇的西湖与曲曲弯弯的西溪景色。

吴山由紫阳、云居、宝莲、七宝等十余座山头组成。古时候吴山有城隍庙，多名胜古迹，故有"吴山大观"之称。"江湖汇观亭"雄踞紫阳山之巅。丁家山，三面临湖，与花港遥相对峙。玉皇山上有福星观、望湖楼等建筑，"玉龙山上接穹罗，左带钱江右枕湖"正是这一景点的写照。南北高峰，当时分别有荣国

图5 平湖秋月

图6 三潭印月

禅寺、七级浮屠和灵祖庙（华光庙）等古建构，"嶙峋对峙势争雄，古塔疏林杳霭中，写尽西湖烟雨障，双尖如笔阁晴空"，描写的就是南北高峰的地理形势和景色。五云山上有古建筑真际寺，"石磴千盘倚碧天，五云辉映五峰巅"，"长堤划破全湖水，之字平分两浙山"，恰当地描绘了这里的景色全貌和俯瞰江湖的风光。巍峨挺拔、雄伟壮丽、多层密檐的六和塔、屹立在月轮山上，其轮廓和谐美观。

在西湖山峦之中，灵隐静处在千峰竞秀、万壑争流的崇山峻岭的幽谷之中；天竺，两边重叠着奇峰秀岭，散布着上、中、下三个天竺古寺；烟霞三洞，以古朴幽奇见称；虎跑，在丛林莽莽、群峰环峙、溪流淙淙、环境清幽之中，有原定慧、虎跑两寺轴线建筑群；云栖有沿山谷分布的建筑、竹林、石径、溪流和"一径万竿绿"正是这里的特色。

总之，西湖的建筑格调是形式多样、尺度得当、平面自然活泼、造型玲珑、色彩淡雅明快。这些物质性建构物，点缀了各景点的景观之美。

六、悠久而丰富的人文景观

杭州西湖历史悠久，不仅钟灵独秀，而且自古以来就与灿烂的文化、英雄的事迹、丰富的民俗风情、优美的神话、动人的传说、诗人画家的笔墨结下不解之缘。人们在陶醉于西湖仙姿丽质的同时，欣赏雄伟的古建筑、精美的石窟艺术和碑刻，并循着历史的踪迹，寻找历史英雄人物的伟烈丰功，名人志士的萍踪轶事、帝王将相的来去沉浮，感受到深深的人文之美。

西湖人文荟萃，有载入史册的吴越王钱镠；有为杭州作出巨大贡献的东晋葛洪，唐代李泌、白居易，宋代苏东坡，明代杨孟瑛；有岳飞、于谦、张苍水、秋瑾埋骨青山，魂萦湖水。338尊五代至元的飞来峰石刻造像（彩图7），梵天寺、灵隐寺前的经幢，气宇轩昂的六和塔、白塔和众多的古建筑都闪耀着人类文明的光辉。

总之，西湖的山水之美、建筑之美、花木之美、天时之美和人文之美，构成了西湖景观的自然美、人工美和伦理美的高度统一与和谐。

结语

"杭之有西湖，如人之有眉目"，点出西湖的地位。历代仁人志士和劳动人民为保护西湖作了不懈的努力，如今西湖的地位早已跨越了杭州的地域界限，保护西湖又是我们这一代的历史责任。为使西湖恢复生态系统平衡，须继续进行钱江引水；在水系上游停止抽取山涧泉水；整理开发西湖山区的山塘溪泉，提高水体更替交换能力，以改善水质；在立体界面上扩大水体景区，形成空间感觉上的多层次；继续保护水体，拦污截污；保护山林，减少农事污染；种植水生植物；实行科学分层养鱼。要切实加强地域和视觉环境的保护，充分考虑西湖的自然景观特色，注意西湖山水构架的协调和谐，注意西湖与城市之间的过渡、渗透和视角的均衡，注重空间的尺度感，着重控制建筑物的体量、高度和色彩，实现自然环境与人工环境的协调统一。

明代一位日本使臣曾有诗云："昔年曾见此湖图，不信人间有此湖，今日打从湖上过，画工还欠费功夫。"西湖这颗灿烂的明珠，经过不断的琢磨，必将放射出更加绚丽的光彩（彩图8）。

（注：本文于1992年6月在浙江省风景园学会年会上发表，1993年初在中国风景园林学会园林规划设计专业委员会会议上发表，获得中国风景园林学会1992年度优秀论文奖。1994年作为两岸（大陆、台湾）第五次建筑师研讨会的交流材料，并先后刊登于《北京园林》1993年第3期，《中国园林》1994年第4期）

古都杭州的园林类型

杭州是一座有悠久历史和文化的古城。早在 4000 多年前新石器时代，就已有人类在此繁衍生息。春秋时（公元前 770 年至公元前 476 年），这里曾是吴越争霸之地。秦统一中国后，设县治、属会稽郡。隋代开皇九年（589 年），将钱塘郡改称杭州。隋唐时期，由于运河开凿，促进了杭州经济的发展，杭州成了"川泽沃衍，有海陆之饶，珍异所聚，故商贾并辏"的大郡，又有"东眄巨浸，辖闽、粤之舟樯；北倚郭邑，通商旅之宝货"与"骈樯二十里，开肆三万室"的盛况。自唐以后，由于名臣李泌和诗人白居易任刺史时，政绩显赫，促进了城市的发展，也使杭州成为风景旅游城市。

五代的吴越国（907~979 年）和南宋王朝（1127~1279 年）期间，有 14 位帝王在杭州建都，历时 220 余年，杭州因此为我国历史上著名古都之一。元、明、清以来杭州又为浙江省会。

杭州西湖，山水秀丽，湖山映衬，岚影波光，丰姿绰约，是我国以"西湖"命名的 30 多处湖泊中最引人入胜的一处。清代陆以湉《冷庐杂识》："天下西湖三十六，惟杭州最著"。站立北山，放眼四望，孤山崎立，琼岛仙山鼎立湖心。沿湖四周，繁花如锦，"西湖十景"大多荟萃于此，在绿荫丛中，掩映着数不清的楼台轩榭，群山之中深藏着文物古迹、道观庙宇等灿烂文化。千百年来，西湖的风姿倩影，让多少人产生了"未能抛得杭州去，一半勾留是此湖"的无限缱绻之情。

早在佛教盛行的隋、唐和五代吴越国时期，杭州已有"佛国"之称，为杭州园林奠定了基础；唐代以后，许多文人雅士对旖旎的湖光山色的吟诗赞誉，把诗情画意注入园林，从而加速了杭州园林的发展。北宋时，杭州就有"地有湖山美、东南第一州"的"地上天宫"之美称，民间也有"上有天堂，下有苏杭"的流传。宋室南渡后，杭州更是繁华至极，人口超百万，当时湖畔屋宇如云，"一色楼台三十里，不知何处觅孤山"，"绕郭荷花三十里，拂城松树一千株"，盛况可知，南宋画院内已有"西湖十景"的风景品题。元初意大利威尼斯人马可·波罗曾数次游历杭州，赞誉是"世界上最美丽华贵之城"，是"天城"。在他的游记中记述"城的西面有湖，周围三十迈耳。湖的周围有许多贵族和别的大人物的离宫别墅，计划和建造的巧美。没有比此更好更华丽了。又有许多偶像教徒的寺宇"。正由于历史悠久、文物荟萃，更具得天独厚的山水之胜、林壑之美，经过历代兴建行宫别馆，整修寺院道观和营造写意山水园林（或称文人山水园），逐步形成了帝王宫苑、寺庙园林、第宅园林和风景名胜等四种园林类型。

一、帝王宫苑（皇家园林）

皇家园林一般又称苑囿，用来满足封建统治阶级的物质和精神生活要求。帝王宫苑在杭州园林历史长河中占有一定地位。最初隋朝杨素在凤凰山筑城，经吴越到南宋王朝，皇家在凤凰山一带扩建皇城和外城，兴建富丽堂皇的宫室。据张奕光《南宋杂事诗序》云："有宋绍兴肇建行都，依凤凰山为大内，而以西湖为游观之地，一时制画，规模悉与东京相将符"。据《西湖志》记载，"在方圆九里之地有殿三十、堂三十三、阁十三、斋四、楼七、台六、亭十九、层楼叠院，亭台楼阁不计其数，都是雕梁画栋，十分华丽"。又如《梦粱录》载："大内正门曰丽正，其门有三，皆金钉朱户，画栋雕甍，复以铜瓦，镌镂龙凤飞骧之状，巍峨壮丽、光耀溢目。左右列阙，待百官侍班阁子。"据《武林旧事》载，"禁中及德寿宫皆有大龙池、万岁山，拟西湖冷泉、飞来峰。若亭榭之盛，御舟之华，则非外闻可拟。"又载"禁中避暑，多御复古、选德等殿，及翠寒堂纳凉。长松修竹，浓翠蔽日，层峦奇岫，静窈萦深，寒瀑飞空，下注大池可十亩。池中红白菡萏万柄，盖园丁以瓦盎别种，分列水底，时易新者，庶几美观"。又据《马可·波罗游记》载："皇宫周围十里，环以高峻之城垣，垣内为花园，可谓极世间华丽快乐之能事，园内所植俱为极美丽之果园，园中有喷泉无数，又有小湖，湖中鱼鳖充牣，中央为皇宫，一宏大之建筑也……"

南宋帝王耽乐湖山，不仅在凤凰山一带大兴土木修建宫苑，同时在杭州城内外（包括西湖边）修建行宫37处和御花园11处（图1、图2）。如宋高宗引退居住的德寿宫（在今望仙桥东），除兴建宫室和亭台楼阁外，叠石为峰像飞来峰，并凿大池，有"小西湖"之称。据《梦粱录》载"高庙倦勤、不治国事，别创宫廷御之，遂命工建宫，殿扁德寿为名。"又载"高庙雅爱湖山之胜，于宫中凿一池沼，引水注入，叠石为山，以像飞来峰之景，有堂扁曰'冷泉'"。宫中有聚远楼、香远堂、清旷堂、载忻堂、清新堂、梅坡榭、静乐馆、临赋亭、灿锦亭、绛叶亭、倚翠亭、半绽红亭和至乐池、泻碧池等。孝宗为高宗修建的聚景园，位于现柳浪闻莺一带。据《西湖游览志》载："聚景园，孝宗所筑。""园中有会芳殿、瀛春、览远、芳华等堂，花光、瑶津、翠光、桂景、滟碧、凉观、琼芳、彩霞、寒碧等亭，柳浪、学士等桥。叠石为山，重峦窈窕"。园内苍松夹道，遍植红梅，春时牡丹竞放，十月芙蓉争开。又如位于孤山的西太乙宫（延祥园），该园是"湖山胜景独为冠"，内有"瀛屿、六一泉、玛瑙坡、闲泉、金沙井、仆夫泉、小蓬莱阁、香月亭、香远亭、挹翠堂、清远堂、陈朝桧等胜景。""亭馆窈窕，丽若图画，水洁花寒、气象幽雅"。清代康熙时也辟此地为行宫，孤山现存的"西湖天下景"

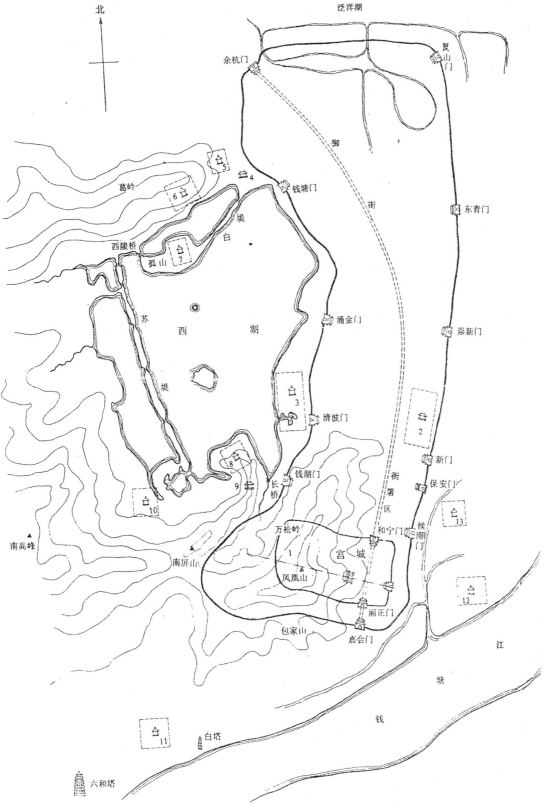

图 1　南宋临安主要宫苑分布图（图片来源：林正秋《南宋都城临安》，西泠出版社，1986 年 5 月）
1—大内御苑；2—德寿宫；3—聚景园；4—昭庆寺；5—玉壶园；6—集芳园；7—延详园；8—屏山园；9—净慈寺；10—庆乐园；11—玉津园；12—富景园；13—五柳园

一带即是御花园的组成部分（图3、彩图9）。此外，还有西湖之南的真珠、南屏，北面的集芳，玉壶、天竺山中的下竺御园，城南的玉津园，城东的富景园、五柳园。所有这些以山水为主题，突出自然美的山水宫苑，都是帝王过着醉生梦死的腐朽生活的场所。

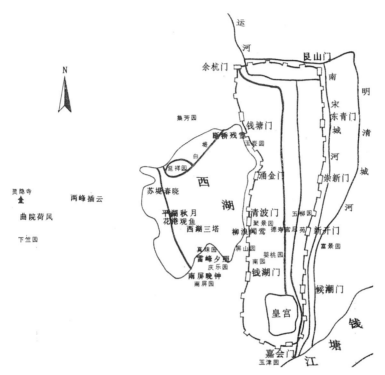

图2 西湖十景与御花园示意图（图片来源：《南宋都城临安》，林正秋著，西泠出版社，1986年5月）

图3 行宫八景图（图片来源：《摄于孤山景区》）

二、第宅园林（私家园林）

私家园林多系皇亲国戚、达官贵族、豪门富商所建造，也有少数为文人画家所营造。汉代以后，官僚地主和士大夫阶级把园林引进私家宅院，从这时园林和诗、画结下了不解之缘。第宅园林部分建筑群是中轴对称的布局，但花园部分却是因地制宜、高低错落的自由布局。其个体建筑的平立面有的对称，有的不对称，但轴线并不伸出去干预山水树木的自然布局形式。园林景物是树无行次，石无位置，山有宾主朝揖之势，水有迂回萦带之情，一派峰回路转、水清花艳的自然风景。自唐代以来，西湖就与诗人画家结下不解之缘，从而形成具有我国民族传统的写意山水园的园林形式。南宋以后，园林之盛，首推四州（即湖州、杭州、苏州、扬州），而以湖州、杭州为最。《梦粱录》记载了内贵王氏的富览园、蒋苑、杨府的秀芳园、真珠园、张氏北园、裴府的山涛园和奸相贾似道的半闲堂、养乐园等30余处。这些私家园林，堂宇宏丽，楼台森然，亭馆花木，艳色夺锦，野店村庄、妆点时景，观者不倦。据《武林旧事》载："真珠园有真珠泉、高寒堂、杏堂、水心亭、御港"，又载"云洞园、杨和王府，有万景天全、方壶、云洞、潇碧、天机云锦、紫翠间、濯缨、五色云、玉玲珑、金栗洞、天砌台等处。花木皆蟠结香片，极其华洁"。据《西湖游览志》中记载，养乐园"内有光禄阁、春雨观、嘉生堂、生意生物之府"。宋时西湖一带，俱是贵官园圃，凉堂画阁，高台危榭，花木奇秀，灿然可观。历史在前进，经济的发展促进了文化事业的发展，造园之风也兴旺发达。《江南园林志》记载民国时期杭州尚存的园林有：始建于明朝具湖山异景的皋园（金衢庄）、清代园林如武林池馆中最富古趣的汾阳别墅（即郭庄）（彩图10）、湖上别业最大者的水竹居（即刘庄）以及金溪别业、红栎山庄（即高庄）、漪园（汪庄的白云庵）以及清代戏曲家李渔在云居山东铁崖岭的层园等。这些园林都是杭州第宅园林的范例，反映出园主人所特有的恬静淡雅的趣味、浪漫飘逸的风度和朴质无华的气质和情操。

三、寺庙园林

寺庙园林是杭州园林不可分割的重要组成郡分。自北魏奉佛教为国教之后，立寺成风，而大多佛寺均建在自然环境优美的山林地带，使寺庙园林亦多与自然风景区融为一体，形成"天下名山僧占多"的格局。佛教在杭州建寺置刹当在东晋初年，但许多寺院大多建于吴越、北宋神宗、哲宗年间。杭州有寺360余所，单是城区，寺庙、庵堂就有25处之多，吴山也有32座（图4）。南宋时期，杭城内外，湖山之间，梵宫佛刹、金碧辉煌、随处可见；钟磬梵呗彼此相闻；高僧大德，代有所出，向称"东南佛地"。佛教寺院增至480余所，其中以净慈、圣因、

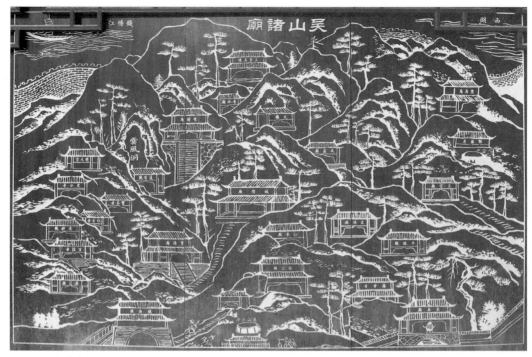

图 4　吴山诸庙

昭庆，灵隐为西湖"四大丛林"。这些佛寺道观，不仅是宣扬和传播宗教的基地，也是古代的公共游乐场所，是一份园林构景艺术的珍贵遗产。因为大多数寺庙建筑，往往结合构景手段。创造出"仙山琼阁"的境界，用以描绘虚幻的天国形象，既满足众僧的游乐需要，又达到"寓教于乐"的宗教目的。寺庙园林的宗教空间，重点突出，等级森严，对称规整，以程式化刻板布局方式，显示神权的至高无上，表现出宗教的神秘冷漠和压抑的气氛，以此来适应事佛修道的静态宗教活动，提供收敛心神的精神牢笼。而园林环境空间，常结合景观布置、采用自由灵活、曲折幽深、层次丰富的空间布局，以渗透、连续和流动的空间形态，给人以亲切开朗、活跃欢快的感受。如《梦粱录》载："玉泉净空院（清涟寺）有方池、深不及数丈，水清澈可鉴、异鱼游泳其中"。还有晴空细雨泉、珍珠泉等景物。又如龙井寺周围，山石峥嵘、古木参天，风景清幽。据《西湖游览志》载："有归隐桥、方圆庵、寂室，照阁、闲堂、讷斋、潮音堂、涤心沼、萨埵石、冲泉、诸天阁诸胜"。清代乾隆游龙井寺曾题"风篁岭、过溪亭、涤心沼、一片云、方圆庵、龙泓涧、神运石、翠峰阁"为"龙井八景"。虎跑、定慧两寺之间的五百罗汉亭、叠翠轩、滴翠崖、虎跑泉等，以及三条水系、大小十多个泉池，被建筑巧妙地围成情趣不同、景色各异的天井水院，形成寺庙园林空间，创造出含蓄幽深、素雅清新、静谧亲切的气氛。灵隐的寺庙园林环境空间主要在寺前的飞来峰、冷泉和塔幢及寺后山林，所有这些都是寺庙园林的精华所在（图5）。

图5　虎跑寺庙园林空间

四、风景名胜

风景名胜是以自然景物为主体，稍加人工艺术处理的一种园林形式——山水园林。自唐以来，杭州城市的发展，是与西湖的开发紧密联系在一起的。名臣李泌开六井，引湖水入城和诗人白居易筑堤疏井，治理西湖和开发杭州，使杭州成为四方辐辏、海内外交通日益发达的"东南名郡"和风景游览城市。西湖促进了城市的发展，而城市的发展反过来又促进西湖园林事业的发展。北宋诗人柳永在《望海潮》一词中写道："东南形胜，三吴都会，钱塘自古繁华。烟柳画桥，风帘翠幕，参差十万人家。云树绕堤沙，怒涛卷霜雪，天堑无涯……。重湖叠巘清嘉，有三秋桂子，十里荷花。羌管弄晴，菱歌泛夜，嬉嬉钓叟莲姑。千骑拥高牙，乘醉听箫鼓，吟赏烟霞。异日图将好景，归去凤池夸"。白居易诗："湖上春来似画图，乱峰围绕水平铺。松排山面千重翠，月点波心一颗珠。……"苏东坡又有诗："水光潋滟晴方好，山色空蒙雨亦奇；欲把西湖比西子，淡妆浓抹总相宜。"所有这些诗篇，千百年来一直脍炙人口。据《梦粱录》载："近者画家称湖山四时景色最奇者有十，曰苏堤春晓、曲院荷风、平湖秋月、断桥残雪、柳浪闻莺、花港观鱼、雷峰夕照、两峰插云、南屏晚钟、三潭印月"。又载"春则花柳争妍，夏则荷榴竞放，秋则桂子飘香，冬则梅花破玉，瑞雪飞瑶。四时之景不同，而赏心乐事者亦与之无穷矣。"（图6）又据《西湖志》记述，元代有"钱塘十景"

图6 （明）刘度　西湖十景图册（图片来源：故宫博物院）

的说法，因"两峰白云"、"西湖夜月"与"西湖十景"中的"两峰插云"、"平湖秋月"的意思相同，到清代时称为"六桥烟柳、九里云松、灵石樵歌、冷泉猿啸、葛岭朝暾、孤山霁雪、北关夜市、浙江秋涛"等"钱塘八景"。清代在"西湖十景"和"钱塘八景"外，又增加了"西湖十八景"："湖山春社、功德崇坊、玉带晴虹、海霞西爽、梅林归鹤、鱼沼秋蓉、莲池松舍、宝石凤亭、亭湾骑射、蕉石鸣琴、玉泉鱼跃、凤岭松涛、湖心平眺、吴山大观、天竺香市、云栖梵径、韬光观海、西溪探梅"（《西湖志》载），至今多已不存。近年来，杭州市又对西湖周围的风景名胜进行了一次全国性的评选活动，经专家核定为吴山天风、玉皇飞云、满陇桂雨、龙井问茶、云栖竹径、虎跑梦泉、九溪烟树，阮墩环碧、宝石流霞、黄龙吐翠等十个景点为"西湖新十景"，从而丰富了"西湖天下景"的内容。

　　类型众多的杭州园林，随着历史的变迁、时间的流逝，有的荒废湮灭；有的经过历代劳动人民的辛勤维护和艺术的再创造，焕发出更加动人的魅力。

　　（注：该文于1980年完成初稿，并在浙江省、杭州市园林学会年会上发表。1981年1月以茂林笔名在《杭州日报》摘登文章的主要内容。经修改后于1987年10月在中国古都学会第五次年会上发表。文章首次提出杭州存在着帝王苑囿（皇家园林）、寺庙园林、第宅园林和风景名胜等4种园林类型。该文被杭州市政治协商委员会编制的《南宋京城杭州》一书列入书刊目录中）

南宋皇城遗址公园的开发设想

　　杭州是我国六大古都之一，是一个历史悠久的历史文化名城，也是具有国际声誉的风景游览城市。在历史上，五代十国的吴越国（907～978 年）和南宋王朝（1127～1279 年）曾先后建都于此，杭州一跃成为"万物富庶"的"东南名都"。尤其是南宋偏安杭州，不仅大建富丽堂皇的宫室，而且在西游四周筑起一二十处御花园，当时的西湖是"一色楼台三十里，不知何处觅孤山"，整个临安是"鳞鳞万瓦"、"屋宇高森"，一片繁华景象（彩图 11）。

一、历史的踪迹

　　南宋皇城位于西湖风景名胜区东南隅的凤凰山地区。该地由九华山、凤凰山、铁帽山和将台山等峰峦组成，主峰高 178m。

　　南宋临安城，在吴越旧城的基础上，增筑了内城及东南之外城，内城叫"子城"，即皇城，外城称"罗城"。皇城在凤凰山东麓，周围九里，北起凤山门，西迄万松岭，东止候潮门，南面延伸到江干。

　　南宋皇城，背靠凤凰山，面对钱塘江，西北近西湖，前有馒头山为屏障，左翅右翼，好似"一把太师椅"，是"荐龙栖凤"之所。

　　南宋之初，建炎三年（1132 年），把州治改为行宫，宫室制度皆从简，一殿多用，随事易名，随时易额，不尚华饰。据载："外朝止一殿，日见群臣，省政事则谓后殿；食后引公事则谓之内殿；双日讲读于斯，则谓之讲读。"又据《湖山便览》载："凡上寿则曰紫宸殿，朝贺则曰大庆殿，宗祀则曰明堂殿，策士则曰集美殿，以上四殿，即文德殿，随事揭名。"宫内道路与百官上朝拜见皇帝时站立的廊庑，均未补建，一遇天雨，"百官趋朝，冒雨泥行"。

　　绍兴八年（1138 年）正式定都临安后，宫殿建设逐步加快。据《舆地记胜》记述，经过二十年建造，宫殿初具规模。后又经孝宗以后的一百余年的添建，到了南宋末年，宫殿规模越来越大。据《西湖志》记载："在方圆九里之地有殿三十，堂三十三，阁十三，斋四，楼七，台六，亭十九，层楼叠院，亭台楼阁不计其数，都是雕梁画栋，朱碧弦目，豪华至及"。

　　南宋皇城有四门：南门丽正门，为大内正门，北门和宁门，东门东华门，西门西华门。走进丽正门，迎面就是富丽堂皇的大庆殿，俗称金銮殿。殿宽十二架八丈四尺，进深五丈，中间有金漆雕龙的宝座。金銮殿附近是皇帝日常接见群臣的垂拱殿，五间十二架，长六丈，广八丈四尺，檐屋三门，长广各丈五，朱殿四，两廊各二十间，殿门三间，内龙墀折槛，殿后拥舍七间，为延和殿。此外，还有皇帝举行各种仪式及其生活的钦先孝思殿、复古殿、损斋、选德殿、澄碧殿、缉熙殿、勤政殿、嘉明殿等十多座。在这些殿宇之后，就是皇帝、后妃及太子等贵人生活的东宫，东宫之后，就有专供皇帝和皇室人员享用的御花园，称后苑。内有寒冬不凋的苍松翠柏和秀石叠砌的飞来峰以及冷水亭等楼台亭榭，构成"小西湖"，供帝后游赏之用（图1）。

元至元十四年（1277年），大内宫殿毁于火灾，元僧杨琏真伽在废墟上建造了五所寺院，元末张士诚占据杭州时，只剩下一个报国寺（即南宋大内垂拱殿），历经明清，一直保留至建国初期。

意大利著名的旅行家马可·波罗的游记中，比较真实地反映了南宋宫廷的豪华情况。记载："宫殿规模之大，在全世界可以称最……。大殿可容一万人会餐"。又载："皇宫周围十里，环以高峻之城垣，垣内为花园。可谓极世间华丽快乐之能事，园内所植俱为极美丽之果园。园中喷泉无数，又有小湖。湖中鱼鳖充牣，中央为皇宫，一宏大之建筑也……。大殿以外，尚有华美之大厅一千间，俱绘以金碧杂色"；并称之为"天城"、"世界上最美丽华贵的城市"。

凤凰山，它像一只向东飞翔的大鹏，左翼是绿水漪涟的西湖，右翼是惊涛浩瀚的钱塘江。这里峰峦起伏、危崖巉岩、石景玲珑剔透，风景宜人，正是"六月深松无暑气"之地，给人以幽静清新之感。唐宋时，这里是人们观潮的好地方。

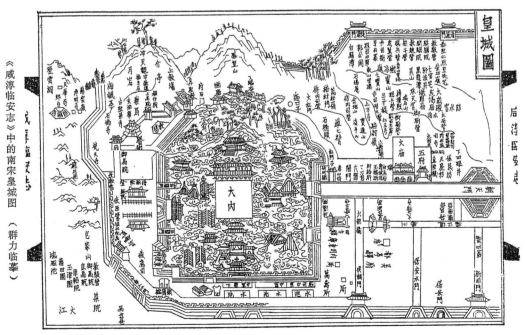

图1　南宋皇城图（图片来源：《咸淳临安志》）

皇宫地区风景优美，历代文人墨客谱写了众多的赞誉诗篇。有诗云："我登中峰巅，碧天杳无际；落日澄湖光，浮云连海气"，道出了山势和景色的优美。在这片废墟林木之中，还留下了许多南宋定都前后的名胜古迹。梵天寺，有吴越国王钱镠迎宁波阿育王寺佛牙来杭州时而建的经幢（图2），寺内有金井和缦井，附近有御临桥和栖云寺等古迹。梵天寺后来就成为宫廷烧香朝拜之所。凤凰山有两峰酷似古代女人的发髻，俗称"凤凰双髻"。在中峰地带，有怪石林立，峭拔玲珑，有吴越时镌刻弥陀、观音、势至三佛和十八罗汉像（图3、图4）；山巉岩上有高约1.2米宋淳熙年间王大通书的"凤山"二字和传说系宋高宗书的"忠实"等摩崖石刻。此外还有醉卧石、凤凰池、郭公泉、上天梯、皇宫墙以及垂云岩、跃云岩和通明洞等石刻的遗迹。史料记载中还有望海楼、虚白堂、因岩亭、碧波亭、高斋、东楼、清辉楼、中和堂、石林轩、望海亭和忠实亭等亭台斋堂。

图2　梵天寺经幢

图3　凤凰山上的佛教造像

图4　凤凰山上吴越时期三佛像遗迹

中峰西南丛林中有一组石笋林立，高达数丈。其中一峰，顶有一孔，径尺许，名"月岩"。据说中秋时节，月亮要从孔中穿过，前人都喜欢到此赏月。其他石峰上也凿有"光彩中天"、"高大光明"、"本来面目"、"垂莲石"等刻字，刚劲挺拔。月岩旁旧有"月榭"，可惜岩存榭圮。

月岩西北的将台山，曾是南宋的御教场、殿前司营所在地。其东南，石笋林立，苍翠玲珑，排列二行，森若朝拱，吴越王命为"排衙石"，又称"石笋林"。石上刻有钱镠写的排衙石诗和宋人题刻等。北宋杭州太守曾在排衙石前建"介亭"，亭后有冲天观。山顶石砌台基犹在，相传是方腊之妹方百花点将之处。

万松岭报恩寺旧址，屋基已荡然无存。附近有数组石林，其中一组，泉水不断地从满缀青苔的岩石缝中渗出，源头即无处可寻，称为"石匣泉"。其他石组中有"天地万物"、"开襟"、"登峰"、"有美"等刻字。流传全国，远及朝鲜、日本等国的民间传说"梁山伯与祝英台"的读书处就是在九华山西麓的万松书院。梁祝剧本中《十八相送》唱词中的"过了一山又一山，前面来到凤凰山"，指的就是这里。万松岭，自古以来，苍松叠翠，景色优美，白居易咏有"万株松树青山上"，正是钱塘十八景的"凤岭松涛"（图5）。

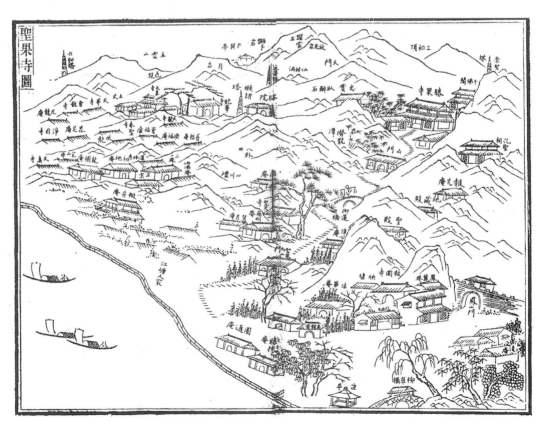

图5　圣果寺图［图片来源：（清）傅玉露撰，《西湖志》，清光绪四年，浙江书局］

二、开发的设想

（一）现状

凤凰山地区现被机关、单位、部队和居民所占据。原皇宫中心地带成为部队的军需仓库、学校和居民的居住处。由于铁路等单位的开山取石，使地形地貌也受到极大破坏，严重影响景观。山林植被由于长期管理不善、虫害和人为的采石等生活生产活动，出现了少数荒山或少林地区，现存大部分山林是由马尾松、麻栎、苦槠、青冈、枫香、木荷等树种组成的常绿阔叶单纯林或常绿阔叶与落叶阔叶组成的混交林。

凤凰山地区交通便捷，对外有万松岭路、凤凰山路，可与中山南路相通，与铁路南星桥站毗邻；对内有宋城路到笤帚湾抵中峰，东接九华山达万松岭，西过将台山到玉皇山，南通八卦田、南宋官窑遗址和慈云岭。景区内还有四通八达的羊肠小道。

（二）开发的范围

北起万松岭，西到将台山北观音洞，南止金家山一带，东到中山南路，总面积为293.80公顷，其中凤凰山路以西的面积为259.87公顷。

（三）开发的指导思想

以历史文化名城为出发点，切实保护好文物古迹，积极贯彻古为今用、推陈出新的方针，以历史、民间传说为题材，安排富有趣味的游览内容；坚持远景着眼、近处着手，利用原有基础，因陋就简，采用集中与分散相结合的办法，尽快地建设景点；充分发挥杭州植物资源优势，以植物造景为主，创造丰富多彩的植物景观，多快好省地开发建设皇城遗址公园。

（四）开发的总体设想

以皇宫为中心，文物古迹为重点，造林绿化为基础，充分发挥文物古迹、遗物遗址的优势，恢复南宋时期的部分宫苑，集中反映南宋时期的政治、经济、文化及社会风俗，利用凤凰山的风景资源、植物景观，安排传统的、有趣味的游览娱乐活动，设置一定数量的服务设施，满足人们求新、求奇、求知和求趣的心理，给人们增长历史、文化和科学知识。

（五）景区的划分及开发的设想

根据自然、人文景观及风景特色，拟划分为皇宫、中峰、月岩、梵天寺旧址、将台山、栖云寺、万松岭、馒头山和南宋官窑遗址等景区。

（1）皇宫景区：模拟南宋皇宫，恢复丽正门、和宁门及部分皇宫宫墙，复建大庆、垂拱等主要殿堂，作为宋代故宫博物院，结合考古发掘的文物古迹、遗址遗物，开展皇族四时八节、常朝四参、明堂朝贺、圣节上寿和进士唱名等浩繁庆典、朝政轶事的仿古活动，充分展现南宋时的政治、经济、文化和社会面貌，满足人们怀古的情趣，增进历史知识。

（2）梵天寺旧址景区：以五代经幢为标志，修建原有楼屋，辟为两宋时期科学技术成就的陈列馆，如火药的应用、印刷、出版和土木建筑等领域的成就。

（3）中峰景区：保护三石佛和罗汉造像，复建望海楼和凤山、忠实二亭，新建重檐双圆形的"双髻阁"，疏泉、凿池、理洞，作为主要风景游览地方。

（4）月岩景区：保护和整饬摩崖石刻，重建宋时供游人赏月游憩的"月榭"，构成以泉石为主的赏月佳处。

（5）将台山景区：保护排衙石和字刻，重建介亭、冲天观，开辟山巅古代练武场所（如武术、舞剑和体操），保持南宋教场的特色。

（6）万松岭景区：唐时已有夹道巨松，白乐天有诗："万株松树青山上，十里沙堤明月中。"设想复建明式的万松书院，结合周围石景和神话传说，安排"梁祝"为题材的富有山林野趣和生活气息的游览点，大力营造松林，恢复"凤岭松涛"植物景观。

（7）栖云寺景区：该区环境清幽，恢复"包家山，多桃花"的观赏桃花的景观，并修建桃花源野店。

（8）馒头山景区：开辟为南宋传统的瓦子勾栏，有百戏、奇艺幻术、傀儡、皮影等娱乐活动。

（9）南宋官窑景区：在乌龟山兴建官窑博物馆，主要展现窑床作坊和制作工艺流程的实况以及展览出土瓷器等实物。

（六）园林绿化的设想

必须加强养护管理，逐步改造林相，大量增植色彩树木和花木，突出春秋景色，提高观赏效果。万松岭一带，大量栽植松树，恢复"凤岭松涛"的植物名胜。同时添植梅树、蜡梅，以烘托"梁祝"的传说；中峰一带，在笤帚湾，大片种植果桃，以示宋时"皇妃"、"皇亲"赏花品果的景观；将台山一带，宜增植银杏、山膀胱、鸡爪槭、无患子等秋色叶树种，形成"霜叶红于二月花"的景色；栖云寺、包家山一带多种桃花，以达到"蒸霞"的意境；梵天寺、皇宫和馒头山一带，栽植香樟、桧柏、银杏、玉兰、紫楠、毛竹、梅花、牡丹等乔灌木与花卉。通过植物的艺术配置，达到四季有景，景景各异，五彩缤纷的植物景观。

（七）商业服务设施

商业服务设施不宜集中在山上，以免造成运输、"三废"处理困难。设想在宋城路一段辟建有宋式建筑特色的茶楼，酒肆、客栈等，尽可能以南宋的民俗风情的形式，令人耳目一新。

（八）园路

车行道除现有的万松岭路、凤凰山路外，宜新辟从吴山经云居山，过万松岭路（架天桥），沿九华山、凤凰山、将台山接玉皇山的山脊块石路；由万松岭经九华山、凤凰山到将台山的游步道，和由凤凰山路经宋城路、笤帚湾、中峰达月岩，再经将台山南坡至南宋官窑和八卦田的游步道。

我们相信，通过对南宋宫苑及凤凰山地区的风景资源的开发利用，不仅能使西湖风景区更富有历史价值和艺术价值，而且将对杭州的旅游事业带来不可低估的推动力。

（注：该文是在 1984 年完成的《凤凰山皇城遗址公园初步设想》的基础上，进行局部删节、修改和补充，于 1986 年 11 月在中国古都学会年会上再次发表。在写作过程中，不仅查阅了大量文献，而且详细勘察了现场环境，因而文章对遗址公园的开发构想是具有可行性的）

西湖园林植物造景浅识

一、西湖的自然地理环境

杭州位于北纬 30°15′，东经 120°16′，长江三角洲杭州湾旁，人口为 148 万人。

杭州属亚热带气候北缘，年平均温度为 16.27℃，极端最高温度为 42.1℃，极端最低温度为 −10℃。春秋温暖，盛夏炎热，严冬寒冷，四季分明。全年雨量充沛，累年降水量为 1452.5 毫米。年平均日照百分率为 43%，夏秋受台风影响，无霜期约 250 天，植物生长期约 310 天左右。

杭州是中国重点风景旅游城市，也是一座具有 2100 多年悠久历史的文化古城。早在四千多年前，我们的祖先就创造了"良渚文化"。五代十国时期的吴越国和南宋王朝都曾建都杭州，共达 237 年，杭州也因此为中国六大古都之一。

杭州的魅力在西湖。西湖历史上曾称为"明圣湖"、"武林水"、"金牛湖"等，因在杭州城西，改称"西湖"。现今西湖南北长 3.2 公里，东西宽 2.8 公里，绕湖一周近 15 公里，全湖面积 5.68 平方公里，横亘湖中的白堤、苏堤、赵堤和花港观鱼半岛，把湖面艺术地分隔成外湖、里湖、岳湖、西里湖和小南湖等 5 个大小不等的湖面，除最大岛屿孤山外，外湖还鼎立着小瀛洲、湖心亭、阮公墩 3 个小岛。

西湖风景名胜区，为山不高，而有层次起伏，为水不广，而有大小分隔，湖山比例和谐、尺度适中。她独具湖山之美，又富文物之萃。西湖之妙，在于湖孕山中，山屏湖外，登山可眺湖，游湖并望山，山影倒置湖中，湖光映衬山际，山水相依，不可复离。西湖之胜，还在于朝夕晨昏各异、风雪雨霁的变化和春夏秋冬的季节转换，加上春花、夏荫、秋叶、冬枝等繁茂而有生机的植物景观。众多的历史人文景观和布局灵活、空间开朗、多维景角、朴素外观、淡雅色彩的西湖景观建筑，与西湖环境、山野气息十分和谐，体现出建筑美与自然美的高度协调统一。

二、西湖植物配置总体布局的艺术特色

"山色湖光步步随，古今难画亦难诗"的杭州西湖景观艺术美，是历代劳动人民的辛勤创造（彩图 12）。古时的帝王贵胄、文人墨客和造园匠师们，凭借西湖的自然风景特点和丰富的植物资源，"因其自然、辅以雅趣"，精心设计植物景观

突出的自然山水园林，传颂至今，历久不衰。

据记载，杭州历史上就有柳浪闻莺、花港观鱼、曲院风荷、苏堤春晓、六桥烟柳、九里云松、梅林归鹤、鱼沼秋蓉、莲池松社、凤岭松涛、云栖竹径和西溪探梅等以植物为主题的名胜景点。唐、宋时，在植物配置手法上，就注意成块成片的大效果，如"建竹阁，四面栽竹万竿"；"绕郭荷花三十里，拂城松树一千株"；"毕竟西湖六月中，风光不与四时同。接天莲叶无穷碧，映日荷花别样红"。"城南冷水峪上名曰包山，……春间桃花数里，艳色如锦，杭人游宴甚夥"，形成"远近红千树，繁花夺艳霞"的壮观景象，同时注重湖山"春则花柳争妍、夏则荷榴竞放、秋则桂子飘香，冬则梅花破玉、瑞雪飞瑶"四时各异景色。

中华人民共和国以来，杭州园林建设遵循继承传统与创新相结合的原则，坚持以西湖为中心，风景名胜为重点，普遍绿化为基础，江湖兼备，山水兼顾，充分发挥江湖、山林、洞壑、溪泉等自然特色，妥善保护古建筑、古文化艺术等历史文物古迹，开拓植物景观的方针。要求最大程度地发挥植物造景的优势，对西湖风景区园林绿化，采用画论中"凡画山水、意在笔先"（王维）的原则，先从整体出发，大局下手，考虑局部，穿插细节的总原则。把西湖园林植物布局分为西湖及周围地区、环湖丘陵地带和西湖山区等三个部分。在主题内容的安排、树种选择和植物配置等方面，既突出各景区景点景线的独特性，使其各具特色，又考虑与西湖环境、地方特色相协调的整体性，确立宏观植物造景效果。主要采用亚热带常绿阔叶林和暖温带的针叶、落叶树混交林。主要树种有冬青、石楠、青冈栎、苦槠、钩栗、红楠、紫楠、浙江樟、香樟、木荷等30余种亚热带常绿阔叶乔木，以及马尾松和毛竹等。

西湖及滨湖地带：为充分发挥西湖水景明静轻柔、群山秀丽、景色多变的自然特色，要求沿湖风景建筑不宜过多，力求轻巧明朗，采用开朗的空间布置形式，组织透景线，达到"园看湖、湖看园"互为因借的效果（彩图13）。植物配置宜疏不宜密，宜透不宜屏，突出景观的整体效果，着重于群体美和林冠线的韵律感。湖边堤岸广植垂柳，作为主景树，保持"袅娜纤柳随风舞"的西湖地方特色。并以体型巨大、树姿优美、树冠浓密的香樟作为基调树种，突出西湖平缓、柔和、轻快的地方风格，局部穿插水杉作为配景树，以丰富林冠线的变化。大量配置四季美观、色彩鲜艳、芳香馥郁的桂花、碧桃、樱花、木芙蓉、海棠、杜鹃等花木。湖面种植荷花、睡莲，增加"映水印影生色"之趣，构成清秀柔和的特色。

环湖丘陵地带是西湖的绿色屏障，是连接山水景色和游览活动的组成部分，观赏效果要求高，主要培育茂密大树，形成常绿阔叶树为主的风景林，为西湖增添绚丽多彩的背景。

西湖群山峰峦叠翠，环抱西湖，多林泉洞壑，名胜古迹分布其间。山区风景林采用常绿阔叶林与常绿、落叶阔叶混交林为主体，结合针叶单纯林，组成气势宏伟、郁郁葱葱的风景山林景观。在以历史性的植物名胜著称的景区，营造和恢复特色风景名胜林，如理安寺的楠木林，灵隐的七叶树林，大慈山的金钱松林，吴山的香樟林，夕照山的红叶林，七佛寺、云居山的枫香林，黄龙洞、云栖的竹林（彩图14），万松岭、九里松的松林，虎跑的柳杉林，五云山的银杏林，玉皇山的樱花林；以及孤山、灵峰的梅林，苏堤、白堤的桃柳，满觉陇的桂花，花港的牡丹、芍药，仁寿山的木兰、山茶，后孤山、植物园的槭树杜鹃，西湖、曲院风荷的荷花。总之，整个风景区的植物配置的艺术特色是：或以色彩鲜艳见长，或以芳香馥郁著称，或以苍翠挺秀取胜，着重突出各个景点、各个季相的特色。

风景区内的游览车道，由于线形变化和道路起伏，能形成步移景异和不同视角的景观。其植物配置采用路树和林带相结合的形式，以增强林荫气氛，产生不同"路景"。如灵隐路营造不同松树林带，恢复"九里云松"名胜；虎跑路以"三杉"（水杉、池杉、柳杉）为特色；环湖西路以桂花、水杉为路树；龙井路以枫香为路树，体现"红叶迎秋"秋景特色。这些游览道路，既是交通线，又是风景线，是风景区的重要组成部分（彩图15）。

西湖风景区环湖地区、丘陵地带和周围山区的植物景观，通过风景游览线的风景林带，有机地联系起来，达到春花烂漫、夏荫浓郁、秋色绚丽、冬景苍翠，以及四时有景、多方景胜、处处是景、景景优美、意境深远的宏观植物造景效果。

三、西湖植物配置艺术

中国园林的地形地貌是自然山水风景的艺术概括，而园林中的植物配置，又是植物迎风承露、顾盼生情的自然风景的艺术再现。西湖园林以自然山水为特色，在植物配置上，一般采用以乔木为骨干，以花木、草坪为重点植物材料，根据因地、因时、因材制宜的原则，采用大小相间、幽畅变换、开合交替、虚实结合、高低错落等手法，来创造空间的景变（主景题材）、形变（空间形体）、色变（色彩季相）和意境上的诗情画意的变化，创造多样的园林空间，力求达到功能上的综合性，生态上的科学性，配置上的艺术性，经济上的合理性，风格上的地方性，以及"园以景胜，景因园异"的园林艺术效果。

根据公园绿地、风景点以及建筑物的性质、功能和造景要求，在保护好原有古树名木的前提下，结合造园其他要素，充分利用现有绿化基础，合理地选择树种，力求做到适地适树，采用不同植物配置构图形式，组成多样的园林空间，适应各种活动功能需要。西湖风景区的植物景观，公园和风景点要求四季美观、繁花如锦、活泼明快，寺院、祠墓、古迹则要求庄严肃穆。庄严的殿堂塔阁建筑一般用高大乔木作陪衬和烘托，如六和塔景点就以香樟作烘托，灵隐寺大殿配植浓绿、淡绿、金黄叶色的楠木、七叶树、银杏等大乔木，取得体形和色彩的对比，并以葱茏的常绿树作为背景。轻快的廊、榭、轩，则宜点缀姿态优美、绚丽多彩的花木，使景色明丽动人，如花港牡丹亭的牡丹、放鹤亭的梅花。在新建公园中采用大面积空旷草坪和疏林草地，注意植物组合的群体美和立体轮廓线，高低起伏，绕有变化，如花港、柳浪和太子湾公园的草坪。

园林空间的艺术特点之一在于它的形象随时间而变化。园林风景的季节变化取决于植物的季相变化。西湖风景区要求春有桃、夏有荷、秋有桂、冬有梅。花港观鱼公园的植物配置，以孤植树、树丛、树群等配置类型为主，组成功能不同、景观异趣的植物空间，如方鱼池、荐山阁、大草坪、红鱼池、牡丹园、密林、花港、芍药园等植物空间，既主调鲜明，又丰富多彩，取得简洁、明丽、疏密、错落的艺术效果（彩图 16）。全园以牡丹为主题，海棠、樱花为主调，采用以广玉兰和茶花为组合的连续密植形式，以屏障视线。植物景观做到春有牡丹、芍药、樱花、海棠，夏季有广玉兰、紫薇，秋有丹桂、红枫，达到四季有花的季相变化。主干道两旁，自然栽植花径花境，林间树下片植阴生花木、矮性常绿草木，或以宿根花卉为地被，蔽覆地面，达到生态型植物配置效果。

园林植物配置，注意结合景点的意境特色并考虑时间等因素。如"平湖秋月"的主题是秋景和赏月，因此在树种选择方面以丹桂、红枫、银杏为主，配以含笑、栀子花、晚香玉等芳香植物。

植物配置形式，有助于园林特定风格的形成；园林植物的选择有助于创造园林环境的特定气氛。如不规则形的阔叶树，宜于构成潇洒柔和的景象；整形的针叶树，可以创造庄严肃穆的气氛。应根据植物的生态习性及其观赏特点，考虑其在造景上的观形、赏色、闻香和听声的作用。如"芙蓉丽而开，宜寒江秋沼"；"松柏骨苍，宜峭壁奇峰"；"梅标洁，宜幽清，宜疏篱，宜峻岭"。

一个公园的景色和树种，应力求丰富多彩。但在一个园林空间，树种应有主有次，主要树种不宜过多，选择作为主树种，应具有观赏特色。如柳浪闻莺公园，以柳树为主，采用湖边行植、路边丛植、边缘密植的布置手法；配以月季、木绣球、夹竹桃、樱花、珍珠花、矮海棠等花木，用丛植、带状植等方式组成花景；用常绿阔叶树紫楠来弥补冬调；以鸡爪槭、无患子等色叶树种来丰富秋色。在大片丘坡草坪边缘，配植枫杨、香樟等树丛、树群，组成疏林草地空间。

在园林植物配置上，往往采取前简后繁、前明后暗、前淡后浓或反之，用体形、明暗、色彩等的对比手法来突出主景。园林空间内植物配置的形体变化，主要通过结合地形和乔、灌木的不同组合形式，形成虚实、疏密、高低、繁简、曲折不同的林缘线和立体轮廓线。如花港公园的雪松丛，树丛本身的林缘线，有疏有密，有凹有凸，立体轮廓线也有高低错落，与草坪空间相协调。

园林植物的色彩在配植中能带来极明显的艺术效果。如杭州公园的草坪，背景树多为深绿色，在林缘多种红色或白色花木，与浅绿色的草坪在色彩上形成鲜明对比。在暗绿色常绿树为背景的林缘，宜多种白色、黄色、粉红色的花木，更能发挥花木的色彩效果，创造明快的园林景点（彩图 17）。为了创造四季花景，有效的配置方法是采用不同花期的花木，分层布置，或混植，来延长花期。配置时，花期长者，数量应多，宜采用宿根花卉来延长花期。

植物配置艺术有自己的客观规律，必须综合造园各种要素，进行总体规划。首先确定创作意图，再进行局部设计，并穿插细节，做到大处添景、小处添趣；其次确定植物主题、主景树和主要观赏空间，再布置次要植物空间，选择配景树种，并与原有树木、相邻空间或其他景物彼此相生而相应；再次，先乔木、后灌木、宿根花卉或草花，确定树种的分布位置，形成由高到低、层次分明、艺术形象完美的立体轮廓线。归纳起来是：先面后点、先主后宾、远近结合、高低错落，达到完美的植物配置艺术效果。

数十年来，西湖园林布局和植物配置艺术一直遵循以上原则，不断创新。但由于园艺水平和一些主客观原因，还不能完全适应现代城市和风景旅游发展的需要，尚需要进一步学习国内外先进经验，为进一步提高西湖风景名胜区的植物配置水平、满足广大群众日益增长的需求而努力。

（注：本文是在 1986 年 10 月"全国公园工作会议"（衡阳）经验交流材料《西湖植物造景浅识》的基础上，作进一步补充删改成文，刊登于《园林与名胜》1987 年第 4 期，并作为 1997 年 5 月建设部赴澳大利亚考察注册风景园林师制度考察团的交流材料）

风景区规划探讨

我国是一个历史悠久、多民族的文明古国，地域广阔，山河壮丽，文化历史古迹甚多。各地区气候差异很大，具有不同类型的地形地貌和较多的珍奇名贵动植物。因此，风景资源极为丰富。加之几千年来勤劳勇敢的人民夜以继日地辛勤开拓、整理和创造，更加丰富了风景资源。这些自然及人工的风景资源构成了许许多多各具特色的风景名胜区。

一、风景区的含义及其任务

风景，就是使人们产生美的感受的具备独特风致的自然景物景点，是有景的欣赏价值的一定景域，是一种特有的自然资源或名胜古迹。景点是一个独立的部分，可大可小。较大的景点，多为建筑、水体、山石、树木花草的组合体；较小的景点，可能是由一个亭子、一座塔幢、一棵古树、一泉一石和其周围事物所组成。如虎跑是名胜风景点，无锡太湖三山是属于山水风景点，广州白云山庄是白云山风景区的旅馆景点，南京中山陵是钟山风景区的纪念性景点。杭州西湖的保俶塔、六和塔，庐山的三宝树，黄山的"仙人指路"、"飞来石"，石林的"阿诗玛"石，武夷山的"玉女峰"和杭州西湖的唐樟，都各自形成景点。

风景区乃是由一系列丰富多彩、各有特色的景点、风景带，通过人为艺术的组景、品题和游览路线的连缀而组成，供人们游览的自然山水或名胜古迹。风景区为人们提供了组织户外活动（野营、登山、划船、溜冰、滑雪、郊游）和满足保健要求等为主要功能的场所。

二、风景区的渊源

据古书记载，大型的游览胜地，在两千多年前就有所营造。《诗经》云："王有灵囿，麋鹿攸伏。麋鹿濯濯，白鸟翯翯"，说明灵囿是以动物为主要内容的。据《孟子》记载："文王之囿，方七十里，刍荛者往焉，雉兔者往焉，与民同之"。秦代于咸阳渭水之南兴建了"上林苑"，周围三百里，"离宫别馆，弥山跨谷"，苑中有河流、湖泊和种类繁多的动植物。汉武帝刘彻于公元前138年大力扩建"上林苑"，地跨五个县境（长安、咸宁、盩厔、鄠县、兰田）。据《汉书旧仪》载："上林苑中广长三百里，苑中养百兽，天子春秋射猎苑中，取兽无数。其中离宫七十

图1 泰山

所，容千乘万骑"。这些由古代帝王在自然条件优越的地区加以人工建设所形成的大型苑囿可以说是风景区的雏形。

后来，随着宗教的发展和传播，一些寺庙道观建造在风景优美的环境中，吸引着人们前来参拜和游览，逐渐形成了古代的公共游览地，也是风景区的早期形式之一，如泰山、华山、五台山等等。这些地方经过历朝历代的建设，文化内容日益丰富，自然与人工高度融合，游览体系相当完善，直至今日仍是受欢迎的游览场所，很多也是今天的风景区。（图1、图2）

图2 华山

三、风景区的构成因素

构成风景区的因素主要有水体、地形地貌、生物群落、气候气象等自然条件和名胜古迹、经济生产、交通道路等社会条件。

（一）自然条件

（1）水体：包括海洋、河川、溪流、瀑布、湖泊、温泉等，如杭州西湖、无锡太湖、贵州黄果树瀑布、桂林漓江、浙江富春江、长江三峡等。

（2）地形地貌：由于地壳的变动和地质形成年代不同，各地的地质构造也就各异，产生了各种类型的地形地貌，如喀斯特地貌、火山口、断层、峡谷。云南路南的石林、陕西华山的奇峰峭壁、四川峨眉山、安徽黄山和浙江雁荡山等都是以其奇特的地形地貌成为风景区。

（3）生物群落：应具有植被丰富、森林茂密、动物特异的条件，如保持古老森林景观的西天目山、凤阳山和高山植物的庐山以及四川王朗地区的大熊猫保护区。

（4）气候气象：具有四季如春、冬暖夏凉、日温差小的海洋性气候或夏季凉爽的高山气候，有利于休疗养，如秦皇岛市的北戴河、青岛、厦门、庐山。气象因子也经常形成特殊的景观，如黄山的"猴子观海"、峨眉山的"佛光"、杭州的"双峰插云"、"葛岭朝墩"、"断桥残雪"、春江八景的"花坞夕阳"与"樟严朝露"以及避暑山庄的"南山积雪"，这些阴、晴、雨、雪、霁、雾、云等的气象变化是风景的一部分。

（5）天然保健条件：具有温泉、矿泉、疗泥和空气清新且环境优美的地方，可以开辟疗养区。据记载，我国已有温泉就有1900多处，如广州的从化温泉、龙川县枚子坑矿泉（是含量碳酸钠的碳酸泉，有"天然苏打气水"之称，与法国维琪矿泉相同）。重庆的南温泉、西安华清池、北京小汤山温泉、浙江天台温泉、泰顺承天氡泉（水温在68℃）和辽宁汤岗子的放射性泉。

（二）社会条件

（1）名胜古迹：经过我国历代劳动人民的辛勤劳动和艺术创造所遗留下来的古建筑、碑刻、塔幢、古刹、陵园、古墓、石窟艺术、文化遗迹等名胜古迹。如北京十三陵、长城、甘肃的敦煌壁画、大同云冈石窟雕塑艺术、西安碑林、秦始皇陵兵马俑、山东曲阜孔林、杭州六和塔、岳坟、京杭大运河和良渚文化遗址以及余姚河姆渡文化遗址等。此外，还有无形的文化资源如神话传说等也是风景的要素，像杭州的"白蛇传"传说。

（2）经济生产和建设：园林结合生产搞得比较好，轻工业和农林生产水平比较高的地区，也是人们参观游览的重要内容。苏州东山大片栽植柑橘、枇杷、银杏等，硕果累累也是秋游佳景；杭州超山果梅形成"香雪海"景观。现代大型工业建设工程也能形成风景区，如宜昌的葛洲坝、北京密云水库和浙江新安江水库等。

（3）交通道路：风景区不仅要有航空、航运、铁路和公路等对外的方便交通，而且还要有沟通风景区各景点的游览主干道、游览干道和游步道，要四通八达，方便游览。如云南的黄莱山，虽然风景优美，但由于交通不便，至今未能形成一个风景区。杭州桐庐瑶琳洞与建德灵栖洞，两洞景色虽然各有千秋，但在许多方面，灵栖洞景观胜过瑶琳洞，可是由于距杭州较远，所以平常每天游客仅200～300人，而瑶琳洞可达800～1000人。

四、风景资源的开发

（一）风景区的类型

我国丰富的风景资源各成异彩，所以经过开发后，就形成了不同类型的风景区。

1．按形成风景区的主要因素分类

（1）海滨山岳风景区：也就是风景区内有山丘且临大海，如崂山、鼓浪屿、北戴河风景区等。

（2）江湖山岳风景区：这类风景区比较多，这里也包括人工湖泊山岳风景区，如江苏太湖、杭州西湖、桂林漓江、武汉东湖、浙江富春江和肇庆星湖、鼎湖山风景区等等。同时结合水利建设，利用水库，建成人工湖泊风景区。如北京十三陵水库、密云水库和新安江水库等。

（3）山岳溪流风景区：如黄山、庐山、峨眉山、泰山、雁荡山、福州鼓山、武夷山、千山、华山、云台山、五台山等（图3）。

图3　云台山

（4）生物群落保护风景区：这类风景区以保护自然生态为主，也就是保护原始森林，或濒于绝种的动植物原产地以及地质结构有研究价值的地区，如湖北神农架、云南西双版纳、吉林长白山、四川峨眉山、王朗熊猫栖息地、肇庆鼎湖山热带雨林、西天目山的古老柳杉和台湾嘉义县阿里山红桧保护区。

（5）革命纪念地：如长沙岳麓山、江西井冈山、嘉兴南湖等。

（6）文化古迹风景区：主要以古建筑、石窟艺术、碑刻、陵园、文化遗址等形成。如承德避暑山庄—外八庙名胜区，北京八达岭—十三陵风景区，甘肃敦煌壁画名胜区，山西大同云冈石窟名胜区，洛阳龙门石窟名胜区和南京钟山风景区（图4）。

2．按风景区功能分类

（1）休疗养风景区：如北戴河、崂山和庐山等风景区。

（2）游览性风景区：如桂林漓江、太湖、西湖等风景区。

（3）佛教胜地：如峨眉山、普陀山、九华山和五台山等（图5）。

（4）纪念性风景区：如岳麓山、井冈山、钟山。

（5）生态系统自然保护风景区：以保护生态为目的而局部开放游览的风景区，如浙江西天目山、广东肇庆鼎湖山。

3．按其离城市的远近分类

（1）城市风景区：风景与城市并重，或风景区是紧靠城市的，如桂林、西湖、太湖、星湖、滇池等风景区。

图4　洛阳龙门石窟

（2）独立风景区：以风景为主，远离城市的风景区，如黄山、武夷山、衡山、五台山等风景区。

此外，也有人按植物区带来划分风景区的类型。

（二）风景区的评价

柳宗元有云："美不自美，得人而彰"。我国许多风景区都具有自己的特色，人们对这些优美的风景流传着不少赞颂诗句，如"上有天堂，下有苏杭"，"桂林山水甲天下，阳朔山水甲桂林，兴坪山水甲阳朔"等等。明代旅行家徐霞客有"五岳归来不看山，黄山归来不看岳"的赞句，这是因为黄山兼有"泰山雄伟、华山峻峭、衡岳烟云、匡庐瀑布、峨眉清凉"的缘故。

图5　五台山

古代人们对风景区的特色也有许多描述，概括了风景区的主要特性，如"泰山看山，曲阜看古，杭州看景"。肇庆星湖有"桂林之山，杭州之水"和华山"奇拔峻秀"的景观。韩愈以"江作青罗带，山如碧玉簪"的诗句和漓江"无数青山游水中"来描绘桂林山水之美，还有"蜀国多仙山，峨眉貌难匹"和"峨眉天下秀，青城天下幽，燕门天下雄，剑门天下险"，"天下佳山水，古今推富春"等等风景性格的描绘。

五、风景区规划

风景区的规划就是将自然资源、名胜古迹和文化艺术进行修饰、加工、点缀等园林艺术方法的处理，使其联系起来，特别是要把握住绮丽的自然景观，给予恰当的富有诗情画意的风景品题，达到景中生情，情景交融的效果。

规划内容包括公共游览区、旅游接待区、文体活动基地、园林绿化、园林陈设、道路交通、水电设施、居民点（自然村）、商业服务和农副业生产基地的安排，而重点是公共游览区的规划。

（一）风景区的组成

（1）公共游览区：要选择在风景最优美或名胜古迹最多的地方，有的靠近城市，交通方便，既可乘区内公共交通到达，也可步行游览。这是风景区中最精华的组成部分，正如西湖风景区的公共游览区主要分布在环湖地带和环湖峰峦之间，配备有相应的服务设施，为广大劳动人民服务。

（2）野外文体活动区：一般靠近公共游览区，方便游客。根据各风景区风景资源条件的不同，因地制宜地开辟狩猎基地、体育活动中心、水上运动的航海俱乐部、划船码头、天然浴场、滑雪、溜冰等场地。西湖风景区就规划在钱塘江设划船俱乐部和江滨浴场，在"柳浪闻莺"辟设自划船码头和在黄龙洞北设置体育中心等。北戴河至东山，长达十余公里的沙质海岸，沙软潮平，是天然的海水浴场。又如普陀山的千步沙、百步沙也可为天然浴场。

（3）商业服务：要做到布点合宜，经营各具特色，满足广大游客的吃、住、带的目的，避免雷同。

（4）行政管理区：该区要放在偏僻地段，以既要方便管理，又不遮挡风景面为原则。

（5）食品供应地和加工工业区：在独立风景区要很好地安排供应基地和加工区，以保证风景区的商业服务得到充足的农副产品供应；城市风景区一般不单独安排，利用城市现有的设施满足旅游者的需要。

（6）保健区：选择具有适宜小气候、地下水位较低、地势高燥的向阳地带，或者具有休疗养所特需的治疗因素的地方，如森林茂密、环境优美之地。用地选择要认真、合理地解决与公共游览区的关系，使两者既有联系又有分隔，既不能把休疗养保健区设在公共游览区附近，挤占游览区，又不能搁在环境太差、距离太远太偏僻的地区，以免休疗养员得不到自然景色对病人的良好辅助治疗作用。如北戴河在秦皇岛市南端，气候良好，温差较小。夏季日间多西南风，温和湿润，入夜陆风增强，凉爽宜人。七月份平均气温23℃（北京26℃），日温差6℃（北京10℃），湿度80%以上；一月份平均气温为−4～−5℃，所以是休疗养的好地方。

（7）旅游接待区：旅游事业是世界上新兴的生产方式之一，是许多国家财政收入重要的组成部分。随着我国进入一个新的历史发展时期，前来我国参观游览的游客日益增多，一些服务设施的容量远远不能满足需要。全国许多城市风景区和独立风景区都在积极筹建各种类型的旅游设施。独立风景区接待区的定点要避开主要风景点，避开游览区，放在边缘地带或比较隐蔽的地方，以免破坏风景区的艺术效果；城市风景区的旅游接待区最好安排在市区，充分利用市政设施，商业服务和文化娱乐设施，又可减少投资。总之，风景建设与旅游建设要密切配合。前者要考虑旅游业的发展，后者要确保风景区的艺术面貌，两者关系必须协调，使其相得益彰。

（8）居民点和自然村：应根据风景区的功能要求进行居民区和自然村的定点，要求靠近生产基地、工作单位，既有利于生产又方便生活。定点时要选择小气候好、有水电供应之处，遵守不宜挡住风景面或风景视线、与游览主干道保持一定距离等原则。确定职工居民点和农村社队自然村，使它们掩映在绿树丛中，若隐若现，为风景区增添景色。这些村、点应成为风景区的一个风景面，其平面布置应灵活，密度要比市区稍稀疏，立面应错落有致，防止呆板单调。建筑应以二层为宜，还要与周围环境特色协调。建筑色彩要鲜明轻快，以淡雅色调为宜，为风景区增添自然美的感觉。如漓江两岸的黄墙黑瓦的农居，江南一带的粉墙黛瓦的农居，西南一带的竹楼和西北的窑洞等都具有地方特色。

（9）农副业生产基地：包括农副业生产、食品加工、社队企业和工艺美术品等生产用地。一般风景区范围广，生产用地比重大，如何合理地安排生产用地，进行多种经营，这是风景区组织生产的重要课题。当前农村社队除进行农林生产外，还兴办了社队工业企业，对发展农村经济、缩小城乡差别和工农差别，建成城乡结合、工农结合的新农村，有积极意义。但在我国还没有解决如何防治污染的情况下，城建部门和计划部门应安排一些污染少的轻工业或工艺美术品生产的工业生产内容，增加社队收入，丰富游览内容。苏州太湖风景区就在东山栽培枇杷、橘子、银杏等三十余种经济果木，峨眉山风景区也在报国寺外安排供应基地，黄山在太平安排供应基地。

农副业生产要从全局出发，以一业为主，多种经营，切实注意发展经济林、土特产、园艺生产，以满足城市人民和风景区供应的需要。

（二）风景区的规划

风景区规划实质上是艺术、文化、经济的规划，一定要研究各种风景资源的共性和个性，也就是其共同性和独特性。通过艺术加工，达到多样统一，体现出地方风格和特色。有的风景区以宗教艺术为主题，从宗教派别来讲有佛教、道教之分，佛教如峨眉山（普贤）、九华山（地藏）、五台山（文殊）、普陀山（观音）（图6）；

图6　普陀山

华山、武当山则是道教。有的以古迹、古建筑为主，如承德避暑山庄和曲阜孔林；有的则以植物景观为主，如肇庆的鼎湖山、吉林的长白山；有的以山水为主题，如武汉的东湖、肇庆的星湖、长江三峡、浙江富春江等。

1. 风景区的品题

中国艺术的民族特性都着力追求意境，那么，中国古典园林或风景区都有风景品题，极具诗情画意。近代学者王国维在《人间词话》中说："词家多以景寓情……不知一切景皆情景也"。又说："大家之作，其言情必沁人心脾，其写景也必豁人耳目"。又如曹雪芹在《红楼梦》大观园中说："若大景致，若大亭榭，无字标题。任是花柳山水，也断不能生色。"所以品题是非常重要的。中国古代的文学、戏剧、舞蹈、音乐、美术等作品，为了要成为真正美的艺术，都力求创造意境。中国艺术的特色就是追求形和神、情和思的有机结合，最终达到意和境的水乳交融。我国风景名胜区的品题多是文人画家命题、立意或参与建造的，也有一些品题是帝王、达官贵人游乐时赋予的。多是"以景寓情，感悟吟志"的，这些题名题咏所产生的比拟与联想，不仅对"景"起到画龙点睛的点景作用，而且含意深，韵味浓，境界高，使人身在其中产生诗情画意的联想。这些品题又是在园名、题咏、匾额、楹联、石刻或铭记中反映出来，如桂林"象山水月"的奇幻景色，表现为"水底有明月，水上明月浮，水流月不去，月去月还流"。李白有"人行明镜中，鸟度屏风里"的诗句赞美新安江风光。杭州有"西湖十景"，避暑山庄有"万壑松风"、"梨花伴月"、"绮望楼"、"知鱼矶"等七十二景（图7）。浙江

图 7　承德避暑山庄烟雨楼

有"千峰古榭"、"两江成字"、"七里扬帆"、"双台垂钓"等严陵八景，和"龟川秋月"、"花坞夕阳"等春江八景。广州有"白云松涛"等羊城新八景，西安有"骊山晚照"和"雁塔晨钟"等关中八景。这些风景品题或题咏，也是某一特定风景区规划的艺术标准。

2．风景区的风格

要规划一个风景区，首先就应当研究其风格问题，因为任何国家的园林作品，总要反映一个国家一定地区的某一时代的民族所习惯的园林艺术形象。

风格通常有宏观风格和微观风格之分，宏观风格是风格的普遍性和共同性，能反映时代精神、社会意识、民族传统、科学文化技术水平的大范围的园林特征，也就是国家风格。当我们看了承德的避暑山庄，北京的颐和园，苏州的拙政园，就是中国风格的园林。而像桂离宫就是日本风格的园林，凡尔赛宫就是法兰西风格的园林，这是由于民族的文化传统的不同。同时，也由于社会制度不同，时代不同，园林风格也不同。我国封建社会的园圃、宫苑，东晋南北朝自然山水园、唐宋写意山水园与现代的城市公园、风景名胜区，在游览区的内容与设施等方面都有很大区别。就是在一个国家里，园林风格也受历史发展的影响。

至于微观风格，就是风格的局部性和特殊性，反映了自然条件、地方材料、地方生活习惯、地方传统技法的局部地区的风格。我国地域辽阔，自然条件、造园材料和生活习惯不同，就产生了各地方的风格。从园林特点来看，北方比较稳重雄伟、金碧辉煌；江南多明秀典雅；岭南又比较畅朗轻盈。就江南园林来看也有差异，"扬州以园亭胜"（淳朴、静雅、纤秀、爽朗），苏州"以肆市胜"，杭州"以湖山胜"。

因此，公共游览区要规划为具有时代特点、地方特色和民族风格的园林艺术品。

（三）风景区的布局

风景区都具有特殊的风景资源，形成自身的特色。游览区规划就应当根据特色和风景艺术的分析，创造各具特色的景观，或以水景见长，或以山景取胜，或山水并重，或以名胜古迹为重点，或以革命史迹为主题，或突出名木古树、奇花珍果，或突出鱼禽鸟兽，或渲染季节景色，或烘托朝暮情趣。组织各具特色的景点，借以点缀自然风景，丰富景观效果，增加游览内容，提高观赏意趣。通过绿化引连和风景的互相借助，彼此渗透。以道路交通串连成带，组合成片。使全区处处有景，面面如画，成为一个有机的整体。如桂林风景区规划为5个景区、18个公园、12个风景点和2条花园路；承德避暑山庄规划为湖洲、行宫、谷源和山岭等4个景区；无锡太湖风景区规划为梁溪胜迹、九龙十三泉、蠡湖十景、湖西十八湾、湖东十二渚、天马神迹和梅梁三岛等7个景区；云南石林风景区也划分为大石林、芝云洞、中石林、长湖、大叠水、月湖和奇风洞等7个景区；肇庆星湖分为6个景区、36个景点；厦门市分为8个景区和6个公园，组成山地、海上、滨海、新湖、近郊等5条游览线。

景点的特色可以归纳为：

（1）瀑布景观：黄果树瀑布（68米），庐山三叠泉、乌龙瀑，雁荡山的大龙湫、小龙湫和中折瀑。黄山的"人字瀑"，镜泊湖的"吊水楼"，长白山"长白瀑布"。

（2）泉水景观：庐山康王谷洞帘水，无锡惠山石泉，杭州"虎跑泉"和镇江的金山泉。

（3）溪涧景观：杭州"九溪十八涧"，峨眉山的"双桥清音"和武夷山的"九曲清溪"。

（4）山岭景观：庐山"含鄱口"，黄山"天都峰"，坪石"金鸡岭"、"一字峰"。杭州"北山奇石"、南北高峰、玉皇山色和十里琅珰。

（5）岩洞景观：桂林"芦笛岩"、"七星岩"，峨眉"九老仙洞"，杭州"烟霞洞"，云台山"水帘洞"，庐山"仙人洞"。

（6）自然地理、气象景观：泰山"旭日东升"，峨眉"金顶祥光"，南京栖霞山"游龙喷雪"，桂林"南溪新霁"，富春江"鹤岭晴云"、"龟川秋月"，厦门万石山"虎溪夜月"，杭州"断桥残雪"和钱江潮。

（7）植物景观：钟山"灵谷深松"，星湖"橘橙荔红"，杭州"九里云松"、"超山观梅"，青城山汉代银杏，黄山的迎客松，中岳嵩山的汉柏（胸径15.5m，高30m），太湖的橘子洲、桃花坞。

（8）动物景观：杭州"花港观鱼"，富春江"中沙落雁"，峨眉山的拦路猴、弹琴蛙，星湖"濠梁观鱼"，东湖"鸢下鱼跃"。

（9）声音景观：峨眉"圣积晚钟"，杭州"南屏晚钟"。

（10）文物古迹、古建筑：南京栖霞山"舍利塔"，富春江"双台垂钓"，四川"乐山大佛"、"岩墓"，都江堰二王庙、安澜索桥，庐山"白鹿书院"，西安秦始皇陵和杭州六和塔。

（11）海滨景观：普陀山的千步沙，海南椰林，青岛、烟台、厦门等沿海景观。

（12）危岩奇石：庐山"龙首岩"、"纵览云飞"，黄山"飞来石"，华山"百石峡"，三峡"神女峰"，北戴河"鹰角石"，厦门"日光岩"，桂林七星岩"驼峰"，杭州北山"寿星石"，广东罗岗"玉玺峰"。

（13）摩崖石刻艺术：大同北魏云冈石窟，洛阳龙门石窟，杭州飞来峰石窟艺术等。

（14）纪念性景点：钟山"中山陵"，岳麓山"爱晚亭"、"岳麓书院"，东湖"九女墩"，井冈山"黄洋界"。

（15）建设工程：庐山"庐林湖"，新安江"白沙桥"，京杭大运河，钟山紫金因此，在分析风景区的个性时，必须充分利用风景资源进行景区或景点的合理布局。

（四）风景区的绿地规划

绿地必须与发展农业生产结合起来，做到先绿化后美化，先普遍绿化后重点美化。在普遍绿化的地段应当结合生产，种植具有较高经济价值的林木。在各景点附近或风景线两侧重点美化、香化，种植以观赏为主的乔灌木和花卉。在游览干道或次干道的两侧应设置宽度不等的自然栽植林带。这样把风景区的公共游览区的景点、风景线联结起来，形成点、线、面互相关联的完整绿化系统。

树种应多选用观赏结合经济的乡土树种，同时，要从植物的单株形态、生物学特性来考虑，达到四季无时不有花的景观。也可以选择某一植物，形成季节性的景区。正如北京香山、南京栖霞山的红叶，杭州超山的梅花、满觉陇的桂花。

在营造风景林时，采用常绿与落叶阔叶的混交林为主，适当地发展一些特殊单纯林，以免遭受病虫害侵蚀而全林毁坏。

（五）风景区的建筑规划

风景区建筑主要包括游览建筑、服务建筑、交通建筑、生产建筑和生活建筑等。起到游览、接待、供应输送和组织风景的作用。风景区的园林建筑具有物质功能和精神功能上的双重作用，既要满足人们休息、游览、起居、供应、生产的要求，同时还是开展各种文化娱乐活动不可缺少的物质条件。更重要的是：作为风景的组成部分，风景区的建筑要符合风景区规划的艺术标准，反映出一定社会制度和时代意识形态。总之，要做到功能体现思想性，思想渗透在功能中。

风景区是以自然风景为主要对象而进行人为的艺术加工的艺术品，主要突出自然风景的美。而园林建筑在整体布局中是为风景服务的，它与自然山水、植物、叠石等组成景点，起到点景作用，在景点的景物构图中能起到决定性作用。所以，园林建筑与风景是相互联系的，相互衬托的，人们不仅要从建筑内看风景，而且要在风景（景点）中看建筑。因此，从效果观点上看，园林建筑造型与组合，其艺术性一定也必然居于功能性之上，所以风景区中的建筑是直接影响园林艺术水平的一个重要部分（彩图 18）。

风景区建筑的美，要处理好构图中许多要素，尤其是尺度，要远观轮廓优美、比例合宜，近看细部丰富，雅致调和。

风景区建筑的体量宜小不宜大，层高宜低不宜高，造型宜玲珑活泼，布局宜灵活巧妙，色调宜素淡清雅。总之，忌大、忌挤、忌高和忌俗，还要具有地方特色。

园林建筑的装修衬饰要简朴，力求与体形、结构相统一。应以简洁为主，丰富而又大方。一些特殊要求的建筑最好是丰富与简洁高度融合，做到主次分明，繁简有别。至于建筑组群、群体的布置则应多变化，而个体则需从简处理，如杭州玉泉、花港茶室。而体量小的单体建筑装饰，就应该适当地复杂些，精致点。如杭州平湖秋月、三潭印月等建筑。

风景区建筑物色彩主要依建筑的功能要求、气候条件和自然环境而定，力求与环境协调，又有些对比统一，清晰明快。如佛教建筑多用土红，道教建筑多用腊黄，江南园林建筑多是灰瓦、粉墙为基本色调。北方园林多用琉璃瓦，特别是帝王园林建筑，这与功能要求和自然条件有密切关系。当地冬天花木凋零，环境呈灰暗色，只有采用琉璃瓦或建筑彩绘来增添庭苑园林气息。

总之，风景区的建筑布置要与自然风景取得默契的关系，关键是处理好建筑与环境的协调，从而使人工建筑与自然山水能够相互延伸、渗透、交融一体，"虽由人作，宛自天开"。

（六）风景区道路规划

1. 道路规划原则

首先必须解决游览交通，做到安全、迅速、高效率；其次，要使道路在风景中成为各风景点、风景带的脉络；第三，游览线路本身通过路旁的绿化布置和建筑艺术，以及叠石等措施，成为风景的一个组成部分（如葛岭抱朴庐假山）；第四，道路的布局与走向应结合自然地形和景色特征，创造良好的空间构图和最佳景观效果。它的线形要起到组织衔接风景的作用，既要曲折有致，又要高低起伏；第五，要因地制宜地开辟游览道，充分考虑对景、借景等艺术手法，做到山回路转，柳暗花明，让游人循着道路的引导，步移景异，畅所欲游，饱赏佳景。

道路系统根据其联络和组织沿线风景点、生产作用和对外联系等性质与功能情况，可分为游览干道、次干道和游步道等类型。根据空间状态可分为陆路、水路、空中三种。也可以根据交通性质分为车行道、缆车索道、驿道和游步道等。游览干道要与对外交通干线、城市主干道相衔接，并要组织交通。游览次主干道是贯穿局部地区、联结主干道和风景点的道路（如北京十三陵的道路、杭州的清玉路、龙井路）。最好为环形次干道，让游人不走回头路，同时也能通行游览汽车。游步道是风景区内主要游览和连接风景点的道路，尤其是在山峦风景区，游步道更是风景区的脉络。游步道按其性质可分为帝王御道、佛国登山道和游览登山道，如泰山为历代帝王祭祀场所，登山道比较宽直；佛国登山道比较陡峭，如峨眉山华严顶至洗象池等景点。普陀山在游步道条石上刻有"佛"字，是善男信女沿路朝拜的标志。自然风景游步道（包括登山道），一般路形弯曲，随自然地形起伏高低而定，坡度比较平缓。缆车道分为低架、中架和高架等形式，也有的分为游览缆车、交通缆车和体育运动缆车等，形式有往复式、单向式和循环式。

风景区的对外交通要便捷，其车站、码头宜设在风景区边缘。机场和铁路以及公路不应距风景区太近或穿越风景区，避免相互干扰，合理安排车站、码头、机场，对于改善交通系统、适应现代交通发展的要求、提高交通效率有很大作用。铁路、公路、江河两岸应有一定宽度的绿化带，使游客进入辖区有清新、优美之感。正如沪杭线临平至城站段，由于铁路部门精心安排了绿化，效果很好。

2．交通工具规划

根据风景区的类型和具体情况，游览工具可为火车、汽车（小汽车、公共汽车、专用汽车）、船［轮船、电瓶船、帆船、画舫（彩图19）、木筏］、缆车、索道、牲畜和直升飞机等。如西湖风景区主要以4路、7路两路公共汽车；动龙线、玉皇山线就采用定时公共汽车、定时专车。苏州太湖、扬州瘦西湖就用画舫游览，长江三峡用轮船游览天险风光，富春江规划利用帆船作为游览工具，武夷山风景区用木筏游览九曲溪风光，香港海洋公园建有缆车，游客穿行在高山之巅，俯视群峰和大海，游目骋怀，心旷神怡。有的风景特异，人们跋涉攀登有困难，或为保护地貌起见（如峨眉山），规划时可采用直升机作为游览工具。如美国大峡谷国家公园，就是利用直升机俯览大峡谷自然景观。埃及用骆驼作为游览金字塔的工具。一些以观赏动物为主的国家公园，游客只能坐在汽车内游览。

3．停车场及出入口规划

独立的风景名胜区停车场可设在风景区边缘，然后用公共汽车接入，减少交通流量并保持环境质量，这种形式在美国大多数国家公园中采用。我国峨眉山风景区停车场就设在报国寺旁，黄山风景区设在汤口。城市风景区的停车可与城市交通密切结合，一般只在风景点设立一定面积停车场，如西湖风景区各景点。今后为了解决交通容量问题，也可采用风景区内公共交通环形行驶，禁止其他车辆进入区内，以保持恬静、优美的游览环境。停车场应有公共服务设施，如管理站、出租汽车服务处。车场周围要很好绿化，与园林建筑保持一定距离。

（七）风景区管线工程规划

1．电信工程

风景区要解决电信条件，以便搞好游览组织和治安保卫，并方便游客，及时解决旅游期间出现的问题。根据国内外通信严格分开的原则，要有对外专门电信线路，用微波向外传送。国内现多采用明线通信，风景区内多设交换点，在旅游接待区或主要风景点要考虑办理国内外邮电业务，方便游客，一般采用1门／间。

2．供电工程

根据风景区发展规模，充分考虑生产、生活用电量，设置功率相当的变电所。为保证风景区用电安全，最好有一个备用发电设备，在有条件的地区可建造小型水力发电站（如庐山庐林湖发电站），以保证风景区正常活动，一般指标为：2000kW／千床位。

在架设通信、供电线路时，选线要注意避开主要风景线或主要风景面和风景点，否则就会大煞风景。如黄山北海高压线路，虽从后山云谷寺向北海架设，但仍然影响"喜鹊登梅"等景点的艺术效果。因此，重点景区应采用电缆解决通信和供电问题。

3. 给水工程

随着旅游事业不断发展，国内外游客猛增，许多风景区过去靠挖井、筑塘或建水池来积储屋檐雨水予以沉淀使用的状况必须彻底改变。由于各个风景区水文地质、水源水质等条件不同，供电办法也不尽相同，规划应根据实际条件，在风景区修筑小型水库、水塘。采用分区、分点、分压，以不同方式供水，如庐山花径附近的人工湖，能提供用水；黄山玉屏楼，在水源奇缺的高山地带，只能靠建造大蓄水池积储雨水雪水，经过沉淀后使用。如果按一般 0.6~0.7 吨／（人·日）的用量来计算，这样的水源也就大大地限制了旅游的环境容量。

4. 排水工程

随着旅游事业不断发展，生活污水的排泄量大量增加。为保证游览区有良好、舒适的环境质量，必须切实搞好排水规划。一般风景区多采用雨水、污水分流办法。许多山峦风景区，由于受地形的限制，不可能敷设统一的污水管道，只能采用污水分区、分点就近发酵消毒处理，然后排放作为灌溉林木或农田用水。旅游接待区、居住点、商业服务中心和副食品加工基地的污水，要认真做好处理，切忌随意排放，以免传染病蔓延。雨水则以明沟收集后，就近排入山沟。

（八）风景区的陈设规划

陈设是风景区文化艺术的重要内容之一。规划要求风景点的陈设各具特色，给人以情趣盎然之感。陈设主要包括景点的室内家具，壁间字画、工艺品置放、案几清供和照明灯具以及桌椅、卫生设施（垃圾箱、痰盂）等。它们的式样、大小、选用材料、制作造型、安放位置，都应与景点的主题、建筑物的形式和地区生活习惯相适应。如在修竹葱茏的景点，可置竹制家具、竹工艺品和以竹为主题的字画以及竹类盆景；以楠木林取胜的古老景点，也可以置设楠木制品的家具、工艺品等。同时，根据景点的历史沿革，可陈列各个历史时期的家具（宋式、明式、清式或现代风格）。从建筑功能来看，厅堂的陈设宜整齐华贵，因而家具质感厚重，左右对称陈列。书斋别院，家具多精巧，多为自由式陈列，配以书架、卷架，使人有轻松闲适的感觉。庭馆之内，家具宜精致而小巧，可以设榻；最小的斗室，甚至仅置独座。廊下可安瓷凳，亭中常置石案。在古建筑内部，多采用宫灯，而不用现代的玻璃吊灯、壁灯。

盆供既是室内绿化的手法，也是陈设的一部分。纳桩头、灵石、一花一草于一盆之内，使具丘壑林泉之美，充满诗情画意。同时，还要考虑盆钵几座的质量、形式与盆供的大小、形态相协调。如大盆宜于几桌，小品可作案头清供，且须安置得宜。盆供应与壁间书画、窗外景物、室内家具等互相配合。

字画陈列是风景区体现文化艺术的重要内容。一幅幅绝妙的画卷，墨色浑厚、意境恬静、闲逸，画面开阔、深远，看了确实使人有身临其境之感。匾额、楹联作为一种语言艺术和书法艺术，为风景区增添了独有的艺术特色。古人云："诗言志"、"诗缘情"，如北京颐和园的"天然图画"；杭州黄龙洞池边立峰的"水不在深"的石刻；富春江的"日出江花红似火，春来江水绿如蓝"（白居易）；韬光的"楼观沧海日，门对浙江潮"（骆宾王）。这些诗、词、匾联常常起到点景、生情的作用，饶有趣味，使人进入一个情景交融的意境。

园椅（凳）、卫生设施应视环境景物而定其置放位置，其形式、用材和色调要结合景点的特色。山林景点的园椅应多采用木头、毛条石或自然山石作为游客休息之用，如杭州动物园均用自然山石；烟霞洞采用石质条凳，唯石色太嫩，加工过细，野趣不浓。美国许多国家公园多用原木作为野餐桌、凳或导游指路牌，富有自然野趣。卫生设施也需讲究，有的城市风景区的景点全部采用陶瓷动物、花盆式的痰盂或垃圾箱，与环境格格不入，太煞风景。如在杭州黄龙洞景点置之龙头瓷垃圾箱还是可取的。因此，陈设应是风景区规划的重要组成部分。

（九）旅游接待区规划

1. 世界旅游业的兴起

旅游是一个很古老的"生产"活动，在交通不发达的古代，旅游只是少数人的活动，一般是和经商、探险、政治、军事和宗教活动有关。古代各国都有一些比较著名的旅行家，如意大利威尼斯人马可·波罗曾到杭州，撰写了游记。我国明代旅行家徐霞客遍游全国名山大川，为我们留下游记专著。现在旅游业是从19世纪中叶才逐渐发展起来的。到了20世纪60年代，旅游业已成为世界上重要的经济活动之一。

旅游业对一些国家的科技和工业的发展有着重要作用，并推动一系列经济部门的发展，增加就业和促进环境美化。据1977年统计，世界旅游人数已达24500万人次，旅游收入约500亿美元。美国、法国、奥地利、丹麦、英国，每年旅游人数均达1000万人次以上。西班牙、西德、加拿大、意大利等国也达3000～4000万人次。从旅游收入来看，美英每年均达到50亿美元。法国、西班牙、西德、奥地利，每年收入也达30亿美元。香港只有1600km^2，1978年接待了205万人次，游客在香港的花费就占香港全年出口总数的9.4%。从1966～1977年，香港旅游业收入达267亿多港元，480万居民中有10万人从事旅游业，即占人口总数8%的人靠旅游业收入为生。

2. 旅游布点

包括旅游住宿点（宾馆、旅馆）、副食品加工场，副食品供应基地、仓库、交通停车场和职工居住点的设置，都应合理安排，统筹兼顾。一般独立风景区把这些设施规划在风景区边缘附近，如黄山在汤口辟国内游客住宿点和职工居住点。温泉辟为宾馆区，在太平建立副食品加工基地；峨眉山在峨眉县城与报国寺之间的峨秀湖附近设点，建立基地。城市风景区可结合城市规划，选择城市与风景区之间过渡地带作为服务中心。充分利用城市中的市政、公用设施，节约投资。一些山峦风景区，山上不宜设置过多的旅游设施，因此住宿点宜采用适当分散、局部集中的办法，来适应空间的环境容量。如黄山的玉屏楼，不能再扩大旅游床位，以确保经典的游览价值。

3．旅游建筑

风景区的旅游建筑包括旅馆、商店、体育、文娱等建筑。其中旅馆建筑又可分为观赏型旅馆、交谊性旅馆、季节性旅馆、游猎性旅馆、疗养性旅馆和中转性旅馆等类型。

在风景区修建旅游建筑要十分慎重。旅游建筑是大自然的陪衬，要解决好建筑的尺度、比例与环境关系的问题，做到恰如其分。要因地制宜，从实际出发，就地取材，建造不同类型、多种形式、反映和体现我们国家的、民族的和地方的传统特点，富有乡土风味的建筑。现在，许多风景区的建筑都是喧宾夺主，如桂林漓江宾馆，以尺度巨大、体量庞大、一字形水平线条造型的"摩登建筑"与独秀峰、叠彩山等山岩竞相争秀，大煞风景。此外，如肇庆的松涛宾馆、无锡的蠡园宾馆、杭州新新饭店新楼、西泠饭店等等，都是与天然山峦比高低，破坏自然景色。

另外，在风景区建造旅游建筑，不能占用公共游览用地，也不能把风景最优美的地方辟为建造基地。同时，更不宜在现有宾馆范围内，采用"挖潜"办法，挤占绿地，加大建筑密度。风景区切忌集中布置大体型建筑，应充分利用地形地貌，宜隐不宜露。因山就势，分散布局。可以修建一些低层、少层的旅游建筑（别墅式），我国传统的"四合院"，或者村舍建筑；也可以采取修缮一批民居，加以改造利用的办法。外表是民间的，甚至是草棚，内部可以设置必要的现代化设备。这些建筑装修、室内陈设和外部处理都要体现地方特色。如林区可用原木、树皮（板皮）盖屋；山岩景区（点）可建块石干砌或虎皮墙的石室；田园景点可修茅舍；竹林景区可建竹阁竹亭；水乡景点可建骑楼式楼屋等。

旅游建筑设计时，应运用我国传统的造园手法，以绿化来美化环境去衬托庭园层次，丰富建筑对景，扩大视野。使室内外空间相互渗透，有过渡、有借景和对景。国外正发展室内造园，形成独具一格的室内园林，这一手法目前我国南方应用较多。总之，这些旅游建筑的规划设计，要求造型美观，结构简单，可以就地取材，投资省、建设快、收效早，使其具有中国园林特色、地方特点和乡土风味，给人以清新舒适、小巧多趣之感，为国内外游人所喜玩乐住。根据各方面资料来看，到我国游览主要是了解风土人情，参观名胜古迹、名山大川和江湖景物。而不是来享受高级旅馆和乘坐高级轿车。只要我们服务周到，收费合理，安全方便，并有中国特色的优美环境，就能吸引大量的旅游者。

4．旅游服务设施规划

旅游区除建造旅馆外，还要修建各种商店、风味餐厅和兴办吸引游客的娱乐设施等，供游客"花钱方便"。为了"就地出口"，必须在旅馆内、风景点、车站、码头、机场、娱乐场所和市区主要街道，多设小卖部、小商店和小餐馆等。使旅游者随处都可以购到物品和就餐取饮。同时，还应在城市风景区或独立风景区边缘靠近旅游接待区，建造吸引游客的游乐设施，如举办国际体育比赛、作为国际会议的场地以及设置大规模的展览馆、博物馆、图书馆、艺术馆、俱乐部和电信设施等，以适应旅游事业的需要。

5．旅游路线组织

导游线又可称为游览观赏线，要具有交通便捷的功能，组织好风景视线，安排游览内容要讲究节奏，最好把高潮放在最后，使游人能充分浏览各风景线、景点和景区的景观，留下美好的印象。当然，选择游览线路与游客的游览时间及使用的游览工具有密切关系。按时间来区分有一日游、二日游、三日游……选择线路也不同；按游览工具来区分亦有车游、船游、驿游和徒步游。风景区规划要安排好旅游路线和日程。如游长江，从南京到重庆上行，一个高潮接一个高潮。黄山徒步登山游，第一天住温泉或慈光阁，第二天经半山寺住玉屏楼或北海，第三天住北海，第四天经灵谷寺回温泉。又如庐山可沿牯岭→花径→动物园→仙人洞→黄龙潭、乌龙潭→三宝树→龙首崖→芦林大桥→含鄱口→植物园→庐山大厅→大礼堂→牯岭的线路，作为一日游。

（十）风景区的环境容量

影响环境容量有社会因素、自然因素和设备因素。如地域大小，景点多寡，内容丰富与贫乏，水源充沛和枯竭，设备容量（旅馆床位、服务设施和商业网点），交通便捷程度以及副食品供应量等因素。过去，人们按每人 $60m^2$ 绿地来计算文化休息公园的容量，但究竟以什么方式来计算风景区的游人容量，国内还没有公认的标准。不过，美国有过按 $4000m^2$／人来计算国家公园容量，桂林也用 $800 \sim 2000m^2$／人的绿地来计算风景区和景点的容量，核定近期为 50 万人次。日本一代表团考察肇庆七星岩后，提出"容量为 100 万人次（$64m^2$／人）"，这些计算容量的办法也不尽妥善。因为在一个风景区中，由于景点功能性不同，如有的以自然风景为主，有的以生态保护兼风景游览为主，有的以文化艺术为主，有的以古建筑为主等等，每一个景点的容量不尽相同。即使在同一个景点，由于游客的职业、年龄性别、文化水平和爱好等差异，景点内游人分布也不均衡。杭州西湖风景区 1980 年从公园门票数统计，游人已达 1511.66 万人次。1979 年（4月份起）的统计数字是 1148.19 万人次，其中西湖游船载客数达 182.66 万人次，平均每月 15.22 万人次，最大月平均每日为 0.83 万人次；灵隐景点达 216.28 万人次，9 个月平均每月达 24.03 万人次，最高月平均每日达 1.24 万人次，最高日超过 2.3 万人次。这时游步道上游客熙熙攘攘，人们只好摩肩接踵而过，大雄宝殿更是人山人海，超过了环境容量，造成游览公害。根据观察，灵隐景点，以每日 8000～10000 人次为宜。但在一天之中，游客入园高峰为 8：30～9：30、13：00～14：00，其他时间里游客人数相应少一些。一些风景区因旅馆床位不足、交通不便和水源缺乏，直接影响游客人次，如黄山的玉屏楼、峨眉山的金顶、泰山的南天门。

六、风景区保护规划

我国是一个具有悠久历史和灿烂文化的文明古国，风景名胜和历史文物遍布全国。壮丽的河山，旖旎的江湖，丰富多彩的自然景观，变幻莫测的气候气象，都是发展旅游事业的宝贵财富。然而，风景区实质上是一种以风景为主要资源，以旅游业为主要经济部门的特殊经济区域。为了有效地保护风景资源和历史文物，要求保护风景名胜原貌以及与它相连的环境空间的艺术面貌，所以在编制风景区规划时必须确定保护的范围，划定风景区的界线。风景保护区范围的大小，根据景区的性质、自然条件、地理条件和景域的景观而确定，一般应包括视野范围内的全部景区或景点。

世界各国都特别重视风景名胜的保护，建立一定范围的保护区。如法国专门有法律保护 19 世纪的巴黎城，采取五级保护制；美国也把华盛顿市独立时的国会山一带老居住区，按原样进行整片的修整，保存原来的风格面貌。现在许多国家都重视保留有特色、有历史价值和艺术价值的一部分地区、街道，甚至一座古城。

我国政府也非常重视对文物保护工作，在解放战争时，党中央专门向解放军发了保护名胜古迹的通知，要求切实加强对文物古迹的保护。中华人民共和国后，国务院于 1961 年 3 月颁发了《文物保护管理暂行条例》，公布了全国重点文物保护单位，但在十年浩劫期间，风景名胜受到严重摧残。世界闻名的长城就北京地段来讲也被拆毁达到 50 多公里；西安秦始皇陵的兵马俑坑，在绝对保护区内却建了 10 万多平方米的缝纫机厂；唐朝长安的大明宫遗址，成了农村平整土地的对象。甚至有些单位在国家保护的文物古迹范围内随意乱拆乱建。如北京阜成门的白塔寺、杭州的岳庙、普陀山的普济寺、承德的外八庙、沈阳的故宫、芮城永乐宫的附近，都出现了与其风格极不协调的建筑物或构筑物，破坏了风景名胜的空间环境。

根据风景区（点）的性质，划定保护区范围。如苏州市对风景文物划定三道保护圈：绝对保护区、一般保护区和影响范围区三种。绝对保护区要求主体风景文物及其附属的山、树、石刻以及室内陈设都必须保持原貌；一般保护区是与绝对保护区的风景文物有历史关系的或发展联系的地区；影响范围区要求确保建筑与景点的协调，以及周围环境的整洁、宁静、无噪声，不污染环境。桂林市规划提出自然风景保护区、历史风土保护区、各种绿地保护区的轮廓和空间艺术效果，又规定了非城市建筑区、低层建筑区（二层）、一般建筑区和允许高层建筑区。承德市也将避暑山庄、外八庙和武烈河以东的磬锤峰、罗汉山地区列入风景名胜保护区范围。采用了分级保护措施。

为了保护风景名胜区的自然资源、人文资源和生态环境的平衡，必须制定保护管理条例和实施细则。

结语

中国是一个具有悠久历史和灿烂民族文化的文明古国。锦绣的河山遍布着风景名胜、文物古迹、珍贵的动植物和多姿多彩的自然景观，这些都是我们国家极其宝贵的财富。因此，规划好、建设好和保护好风景区，对加速"四化"建设具有重要的社会政治和经济意义。然而，风景区规划要体现在对风景资源保护、开发和利用上，必须善于体察风景构成因素的个性，认真地评价风景的质量和分析景观系统。通过艺术加工、建筑点缀、绿化栽植、环境配置、道路引连，把利用自然与改造自然、人文因素与自然风景要素有机地结合起来，建成一个经过人们艺术加工、以自然风光为主的、供人游憩的环境空间。

（注：本文原名《风景区规划》，是本人从事风景名胜区工作和参加有关会议后，于1980年成文。该文提出风景名胜区规划要体现在对风景区风景资源保护和利用上，必须善于体察风景构成因素的个性，认真评价风景的质量和分析景观系统；涉及风景区的含义、类型、功能、布局和特色等；同时对风景区规划中的保护、环境容量、绿地、风景建筑、道路交通和市政基础设施以及陈设布置等均提出要求，是当时比较系统地阐述风景名胜区规划的文章。此次经过局部删减修改，收录书中，并在标题中增加"探讨"二字）

杭州西湖风景园林规划 50 年

杭州是我国重点风景旅游城市和历史文化名城。它是我国六大古都之一，有2200 多年历史。它风光如画，景色秀丽，三面青山，一面临江，而西湖宛如镶嵌于山、江、城之间的一颗明珠。

中华人民共和国成立前，西湖周边用地畸形分割，童山秃岭，景象萧条，水土流失严重，西湖湖床日渐淤塞，影响自然风光和观光游览。所有这些为中华人民共和国成立后的园林建设提出了艰巨任务（图1、图2）。

图 1 苏堤旧貌（图片来源：池长尧编，《西湖旧踪》，浙江人民出版社，2000 年11 月）

图 2 西湖群山植被稀疏（图片来源：池长尧编，《西湖旧踪》，浙江人民出版社，2000 年 11 月）

中华人民共和国成立后，杭州市人民政府于 1950 年初即开展了"西湖风景区"的规划编制工作。主要针对西湖的荒山秃岭现状，制定西湖山区造林规划。自此之后，西湖风景名胜区在不同时期进行了多次综合或单项规划，逐渐深化完善。1982 年 11 月，国务院公布西湖风景名胜区为首批国家级重点风景名胜区之一。

西湖风景区规划深受杭州市城市性质的影响，1953 年 8 月，杭州市编制了《杭州市城市总体规划》，在苏联专家穆欣帮助和指导下，兼绘制《总体规划示意图》，将杭州市城市性质为以风景休疗养为主的城市。规划的基本点是以西湖为中心，对环湖路内侧地区，拟建一个"环湖大公园"。明确规定这一地带上原有建筑，只拆不建；对那些可以保留的建筑物，也要逐步改造为游览服务设施。但是，在"以风景疗养为主"的城市性质定位下，将风景区的环湖路至湖西南山区划为休疗养用地。1954 年在西湖及钱江新建 11 所休养疗养所，正在建设和即将动工的各 4 所。为此，在风景最优美的西山、钱江、九溪等地区建造了 20 多座休养所和疗养院。1956 年 5 月 7 日苏联专家巴拉舍在杭州城市规划座谈会上讲："杭州除风景与休养、疗养城市之外，仍要有一定数量的工业，才能使城市人民得到一定工作。"又说"总图上西山休养区建筑群的布置是可以的，是好的。但面朝西湖应该开朗些，不要封闭起来，与西湖联系更自然些。"随后 1956 年 7 月 11 日，又有苏联专家舍动夫、什基别尔曼沙尔逊在杭州城市规划座谈会上发言，肯定"杭州规划为休养、疗养、文化、轻工业城市，以及规划图中的结构、功能分区都是正确的。"1958 年城市建设规划确定杭州为以重工业为基础的综合性工业城市，随之风景区内则出现了大批工厂。

关于西湖风景名胜区的规划及管理措施的编制在中华人民共和国成立之初就开始了。

1949 年 11 月，杭州市人民政府颁布《护林布告》和《西湖山区森林保护办法》。

1950 年 7 月 12 日杭州市人民政府颁布《西湖风景区管理暂行条例》，杭州市人民政府为了迅速恢复西湖山区的游览环境，提出了《关于绿化西湖荒山的计划》，上报中央。并由杭州市建设局组织制订《西湖山林造林五年计划》，并建立西湖山区护林委员会，实施全面封山育林和人工造林相结合的尽快绿化荒山的措施。

一、《西湖风景区建设计划大纲》

1952 年 6 月，市人民政府拟定《西湖风景区建设计划大纲》（下称《大纲》）提出了西湖风景区的范围与建设目标；要利用西湖及其周围的群山和钱塘江一带的自然山水，建成大规模的自然式国家公园。西湖风景的建设风格、建筑物的形式和植物配置方法，应当既发挥中华民族特有风格，又有杭州传统韵味，在布局上力求自由开朗，色彩上力求明丽愉悦，情调上要求健康活泼。

《大纲》的主要内容有：

（1）充分利用西湖风景区的自然山水。

水景：西湖水面清静秀丽，周边以小巧建筑物点缀，以珍奇的观赏植物装点；钱塘江水面壮阔雄伟，周边以高大建筑和森林为主；九溪水系婉转曲折，自然环境幽寂，建设风格应以天然质朴、清新为主。对西湖岸线的驳坎形式也提出要求。

陆景：沿西湖滨水平陆地带建立公园绿地；环西湖和低山地区作为主景，西湖纵深山岭作为风景林发展地区。

（2）西湖风景区的建筑必须有统一风格，在继承传统上发挥创造性，并对建设区域、形式和体量提出了基本原则。

（3）植物配置要求。风景区主要景区、景点和环湖绿地，采用观赏植物配置，要以四季美观为原则；开辟特种观赏植物区，如满觉陇植桂花，再向周围扩展，云居山栽樱花，梅花分别在孤山和灵峰，西湖的北里湖为荷花；建立中国传统观赏花卉收集培植区；经济植物以龙井、梅家坞一带茶地 3000 亩为限（彩图 20）。果树在徐村、钱江一带丘陵缓坡和古荡地区栽植；在广袤的西湖山区，营造风景林，并设环湖、灵隐、天竺、虎跑、钱江、九溪、云栖等七条主要风景林带。同时恢复万松岭松林、理安寺楠木林和三天竺的竹林等特色林区。还对风景区的游览道路主要树种、栽植位置等提出要求。

《大纲》对风景区的区域划分和道路系统提出了设想，并提出建立植物园和苗圃基地等内容。

二、《杭州市绿化系统规划》

1956 年 9 月 16 日，杭州市城建委员会与市园林管理局共同制订《杭州市绿化系统规划（初稿）》，更改西湖山区为休息游览区。其规划要点如下。

（一）绿化植栽条件和规划要求概况

杭州的绿化系统规划主要要充分利用自然地形结合河湖系统和历史上形成的风景名胜等特点，为居民创造良好居住环境和文化休息活动的场所，并将杭州建设成为国际性的游览城市，植物配置要满足四季观赏的要求。

（二）绿化系统规划主要组成部分

1. 城市公共绿地

建立全市性的大公园、区公园和花园，达到均衡分布。提出居住区绿地指标：三层以上的居住建筑的住宅区绿地率不低于总用地的 25%，二层居住建筑及毗邻平房的住宅区内绿地率不低于 30%，独院式住宅不低于 40%。

规划建设城隍山、钱塘江滨、德胜桥附近、上塘河集贤坝附近等全市性公共绿地，占地 457hm²。同时建 6 个独立的区级公园及花园、小游园、林荫道和体育公园。

2. 风景游览区

西湖及环湖地区和钱塘江沿岸的天然山水，形成了大规模的自然式公园。西湖风景建设的风格、建筑物样式和植物配置方式等，以发挥中华民族园林艺术特有的风格为主。规划分为环湖公园、西山休息区、森林公园和休疗养建筑区等四大部分。每一部分，详述概况，叙述景区、景点自然特色和人文历史，提出规划范围和规划意图，为风景区规划建设奠定总体基调。

（1）以西湖为中心的环湖景区，主要作为游憩散步、欣赏湖景的地区，除丁家山辟为国家别墅区外，其他景点都采取花园类型绿地来建设。

（2）湖西休息区，由于 1953 年城市规划划为休疗养区，造成局部封闭割据状况，本次规划定为文娱休息地区。

（3）森林公园区，西湖纵深的山区以营造风景林及部分经济林，规划为假日休憩和野营基地。玉泉一带，辟为植物园，虎跑一带规划为动物园。

（4）钱塘江沿岸山地的丘陵地带划为休疗养建筑地段，在江心的珊瑚沙及钱江沿岸，拟开辟水上运动基地。规划还对风景游览道路提出设想，开辟大环行线、内环行线及分割两条支线和山南环线，方便游人乘车或步行游览。

三、《1958 年至 1962 年西湖山区林木改造及农业用地发展果木、芸香、药用植物规划》

1958 年 5 月 24 日，杭州市园林管理局针对山区的农地和林地没有充分合理地综合利用的状况，制订《1958 年至 1962 年西湖山区林木改造及农业用地发展果木、芸香、药用植物规划（初稿）》。其目标是继续贯彻以西湖为中心，有计划有步骤地发展有较高经济价值与观赏价值的树木花草，五年内达到树木成荫、芳香花果成林。

对原有农地，可逐步发展"上层果木，下层芳香"，分散的农地，全部改种果树和芳香（药用）植物；整理茶地，边缘增植柑橘；溪旁、路旁（10～20m）栽种七叶树、桂花、玫瑰等经济价值较高的花木。并提出改造山区林木面积 25105 亩及分年实施的方案和措施。

四、《西湖山区规划》

1961 年 6 月，南京工学院第一系毕业设计小组编制《西湖山区规划》，第一部分为西湖山区现状，主要叙述自然地理、社会政治、生产生活、景点分布和交通状况等概况。第二部分为功能分区、道路网络建设、分级指标和实施步骤。

西湖山区规划为人民创造一个游憩、度假和休养的美好环境，必须因地制宜，充分发挥西湖自然景色的特点，保存、利用和改造原有的名胜古迹，继承和发扬祖国优秀文化艺术遗产。既要突出游览区的特色，又要在风景建设的同时促进山区经济发展。风景区路网规划是各功能区联系的纽带，既要使其与自然特色相和谐，又要创造引人入胜的意境。采取长短规划、分期建设等原则。

规划功能分区为游览活动区、青少年活动区、休养别墅区和特殊用地。规划提出开辟满觉陇、五云山、万林背、琅珰岭风景带、城隍山文化公园、九溪带状公园、珊瑚沙江滨浴场、钱江大桥至白塔的江滨公园和开放夕照山、整理白云庵的设想，并充实、提高现有的公园绿地。

五、《1958~1962 年杭州市绿化建设规划》

1961 年，杭州市园林管理局制定《1958~1962 年杭州市绿化建设规划（草案）》要求彻底消灭荒山荒地，提高全市绿化水平。根据杭州自然条件的特点和不同的绿化类型提出如下要求：

（1）新辟环湖绿化 1200 亩，为现有环湖绿化面积（400 亩）的 3 倍，初步完成环湖绿地系统。

（2）西湖山区土层较厚地区的人工或天然马尾松林改造为常绿阔叶、针叶混交林；土层瘠薄地区，采用直播灌木籽改良土质；在次生杂木林地区逐步间植有经济价值的树种，面积约两万亩；对其余 3000 亩的山地，继续实施封山育林；在风景点或居民点，有条件、有计划地种植果木与花木（图 3）。

（3）城市居民区中的空地，都应种上树或实施垂直绿化。

（4）整理公共绿地如城隍山，增辟市区小型绿地 6~10 处，计 500 亩。

（5）工矿企业、机关事业单位要充分利用隙地植树绿化。

（6）郊区应充分利用"四旁"种植果树、桑树以及其他经济树种。

（7）完成植物园建园工作

（8）西湖山区面积 8000余亩改造为芳香植物园，五年内实现 2000 亩种植工作。

图 3　20 世纪 70 年代钱江一桥北岸洋望山植树造林

六、《杭州市 1961～1969 年园林绿化规划》

1961 年，中共杭州市委主持编制《杭州市 1961～1969 年园林绿化规划》，是年 10 月 24 日上报中共浙江省委江华书记，浙江省委于 11 月 8 日批复同意。

规划提出的建设原则是：观赏作用与经济价值相结合；重点绿化与外围绿化相结合；园林绿化与修整道路房屋、清理水面相结合；园林建设事业和科学研究工作相结合。要根据本市的自然条件和历史，因地制宜、因景制宜，从实际出发建设。杭州市的园林建设应以西湖和附近山区为中心，扩大风景区，包括天目山、钱塘江、富春江、湘湖、青山水库、半山、超山、龙坞等山水名胜，并全面进行绿化。

（一）西湖风景区主干道路绿化

灵隐路：恢复"九里云松"的植物名胜，从洪春桥至灵隐，路侧种植四行行道树，两侧各辟 30m 宽的林带，种植黑松、马尾松等松树。

杭富路：从赤山埠至六和塔，两侧各辟 30m 宽的林带，高坡种植刺杉、柳杉，平地种水杉，湿地种水松、池杉。

环湖西路：路东林带增植常绿阔叶大乔木；路西辟绿化林带。

环城东路：环城北路、新辟延龄路北段、杭笕路、杭宁路、半山工业区等行道树的更换、补植。

（二）整理环湖公园绿地和南北两山

环湖公园绿地：拆除圣塘路、北山街沿湖建筑和围墙，辟为环湖绿地，保留部分建筑，经修缮后作为服务设施；曲院风荷一带（苏堤口至金沙港三角地带），迁移鱼种场，扩大水面，种植荷花；花港观鱼南部堆土区，辟为花港公园的组成部分；清波门沿湖堆土区，种植各种果树，辟为公园绿地，与柳浪闻莺相连接；苏堤、白堤、环湖西路滨湖沿岸，大部分柳树已衰老，应更换。苏堤应增加常绿阔叶树；湖滨种柳树；三潭印月、湖心亭，充实花木，整修破旧的亭台楼阁、曲桥园路。

南北两山：凤凰山、万松岭、云居山、紫阳山、吴山一带，要继续造林绿化，修建园路和游览建筑，辟为城南森林公园，并打通延龄南路段，使城区与江边风景带连接起来；北山一带的宝俶塔、初阳台、黄龙洞、栖霞洞、金鼓洞等要补植松、竹，整修园路与游览建筑，辟为城北森林公园，与弥陀山、植物园连接。

（三）整理西湖山区风景名胜

环湖山区风景名胜，有的年久失修，林木稀疏，有的缺乏道路联系，游览不便，需整修和改造，使其成片、成区，各具特色。

南高峰一带：修建相互联系的道路，整修破旧房屋、岩洞，充实狮峰茶景、龙井岩石森林、九溪的山洞与虎跑的泉水景致，发挥烟霞洞、水乐洞、石屋洞的洞景和石刻艺术等特色，组成一个林石溪泉的景区。

五云山一带开辟相互联系的道路，培植森林果木，充分发挥云栖竹径、梅家坞茶园、钱江果园、六和塔古建筑艺术的特色，与钱塘江组成江山多娇美的景区。

玉皇山一带的紫来洞、慈云岭、八卦田等，需加强林木抚育，增植樱花，整修房屋、道路、岩洞、摩崖石刻，组成登高山、观红叶、望江湖、听松涛的胜景（图4）。

北高峰一带的韬光、灵隐、天竺、飞来峰、花坞果园等，加强林木的抚育补缺，整修道路、房屋，充实灵隐的宗教艺术，组成山南森林古刹、山北花果村光的景色。

（四）续建植物园，扩大范围，充实花圃

（五）西湖山区造林绿化

规划加强森林抚育管理，消灭荒山荒坡露岩，有计划地调整和改造林相。杨梅岭补植杨梅，凤凰岭补植毛竹，石虎山、葛岭等裸岩地段栽植藤本植物。

景区相邻的上泗、留下，荒山秃岭七万余亩，营造速生经济林和薪炭林。

（六）整理富春江两岸，湘湖、超山、半山、天目山、龙门坎、白龙潭等杭州各县（区）风景区

图4　慈云岭五代石窟造像

七、《1974～1980年西湖风景区现状及规划设想》

1974年5月10日，杭州市园林管理局革命委员会根据修订后的《杭州市总体规划》，遵照《绿化祖国》、《实行大地园林化》等有关园林绿化的指示，制订了《1974年－1980年西湖风景区现状及规划设想》。

总体规划设想分为西湖风景区地理、自然环境和历史沿革；西湖风景区布局；西湖风景区规划设想三大部分组成。

（一）西湖风景区总体规划的原则

必须有一个长远的目标，从具有国际水平着眼，在发展生产基础上，有计划有步骤地实现；要充分发挥绿化功能，有效地发展植物的经济作用，大力发掘乡土树种，全面安排，适地适树，改善自然环境，造福于人民；既要考虑各个景区的有机组合、格局协调的整体性，又要注意各个风景点、线的主题突出，特色鲜明的独特性；既要考虑为国内人民游览而设的园林设施，又要为国外友人参观游览设置完善的游览条件和文化、生活服务设施。

（二）西湖风景区特色布局

环湖景区：利用明净水面、秀丽山峦的特色就环湖风景名胜的特点和要求，规划不同景致。湖中主景的孤山，着重春秋景色，突出孤山梅花、杜鹃和平湖秋月的红枫、桂花、紫薇；三潭印月的水景庭园，以荷花、睡莲、鸢尾等水生植物与亭、榭、廊、曲桥组景；作为水上锦带的两条长堤，苏堤设置林荫道，兼四时花卉，白堤植以垂柳、碧桃；滨湖绿地中的湖滨绿带与柳浪闻莺，前者以树丛花坛穿插串联，后者以垂柳为主配置四时花景；西湖名胜中的花港观鱼，组合草地、水池、丘阜、建筑，配置四季花景不同的观赏花木。

图5 北宋 杨柳观音立像

溪泉洞壑：利用分布在环湖丘陵山地的自然山水特色，设置各有特点的景观。溪涧有九溪十八涧、天竺溪；泉水有虎跑、龙井、玉泉；岩洞有飞来峰石窟、烟霞洞、石屋洞、水乐洞、紫来洞、黄龙洞。

山岭景观：北山奇石、葛岭晨曦、韬光观日、南北高峰、吴山览胜、五云山风、玉皇山色和凤岭松涛等。

古建筑：灵隐寺、六和塔。

摩崖石窟艺术：烟霞洞晋代观音、大势至等石刻（图5、图6）；飞来峰五代至元的摩崖佛像。

图6 北宋 大势至菩萨立像

专类绿地：杭州植物园、虎跑动物园、少儿公园、花圃、苗圃和钱江果园等。

（三）西湖风景区规划设想

1．规划概述

在 1974 年至 1980 年 7 年间，仍然以西湖为中心，整理江湖、山林、洞壑、溪泉，展示古建筑、石刻艺术和植物群体的地方特色。有重点地整理环湖公园绿地和风景名胜，并配合杭州市城市总体规划，辟建市区小型公园绿地，做好居住区游憩绿地的规划。根据风景山林的要求，逐年有计划地改造林相。

设想在 1981 年至 2000 年的 20 年间，分期改建和扩建湖滨路、环湖西路、环湖北路的沿湖内侧或临湖地带的旧建筑，因地制宜地增设园林设施，配置树木，从而贯通环湖绿地系统。

2．规划内容

（1）整理风景名胜

疏通西湖，整理外湖三岛，结合"三废"治理，澄清湖水。利用水面，选地培植莲藕；调整三潭印月、湖心亭、阮公墩的庭园布局，发挥植物配置特色，显示水上园林的独特处理手法和不同景观效果。

整理虎跑公园，修缮虎跑建筑群，添置园林小品，梳理泉源溪流，增加赏水品水活动。续建动物园。

整理南山四洞及龙井，充分利用该地区的自然、人文资源，辟建岩石园，添建游览建筑，增植藤本植物。辟建龙井茶叶陈列室。整理南高峰，开发千人洞。调整与充实烟霞、水乐、石屋等洞景和满觉陇仲秋赏桂景色。并修整龙井、狮峰茶园。做好农居点绿化，展现江南茶村风貌。

续建花港观鱼，调整园林布局，修建观鱼廊榭和小品。扩建柳浪闻莺，群植柳林，配置四时花景，充实园林设施。扩建儿童公园，增设文体活动设施。

整理吴山、玉皇山：吴山以"江山如此多娇"的主题思想，建造能远眺江、湖、城、山景的陈列展览建筑。玉皇山整修庭院，整理紫来洞，整饬石刻，广植山樱花，开辟登山车道，增设科普型天文台，使之成为纵览湖山又一处登高佳地。

扩建玉泉，以玉泉观鱼传统为主题特色，扩大庭院面积，疏理泉源，增添服务设施。

清理九溪十八涧，充分利用沿线峰回路转、溪浅山深的特色，疏导溪涧，修建滚水坝，植蒲萍；利用两侧山峦夹持、沿涧流水潺潺的现状，兴坝蓄水成瀑布。

整修岳庙建筑，整理庙院环境，作为文化宣传场所。孤山充实梅花，配置四时花景。拆建、改建和新建曲院风荷一带的建筑物、构筑物，挖池分栽荷花品种，丰富夏日赏荷内容。添植色叶花木和群植芙蓉等。充实六和塔文物内容，建立古塔陈列室；修饰塔内彩绘，增强塔院园林建筑，充实四季植物景色。

整治湖滨公园，铺置卵石地坪，增设花坛、花境，改置沿湖照明设备，充实文化活动设施。

灵竺地区疏理灵隐溪流，整理岩壁、石洞，修饰古石刻。整修韬光庭园。整治北高峰、飞来峰，呈现这一地区峰岩险峻、岩洞深邃、林木苍翠的山林风致。三天竺地区辟建培育和展览花卉盆景及竹制手工艺品的场所。

整理北山和北山三洞：整修林间游步道，辟建登山车道。增植花木，整理黄龙、紫云、金鼓三洞和葛岭、初阳台、抱朴庐以及宝石山一带的山石林泉。使后山竹林青翠，前山观日出晨曦。

扩建云栖：改建云栖原有建筑，扩大庭院；培植夹道吐翠的"云栖竹径"特色，整理五云山，增植色叶树种。

全面整修西湖山区游步道，分期开辟西湖山区游览道路和车行道，以适应游览之需。

（2）继续造林绿化

在西湖群山的面湖山坡以乡土观赏树种为主，结合经济；其他山地则以经济树种为主，结合观赏。并在一些可借景的山地上栽植成片的色叶林。

此外，加强龙井、狮峰、梅家坞等山地茶园的培育管理，提高茶叶产量与质量。

（四）市区绿化

结合城市规划的实施，尽可能发展街道居住区的小型绿地，加强下城、拱墅、西溪和半山工业区的公园建设，继续充实市区小公园、绿地的文化内容和绿化植物配置，添建建筑小品和文体活动设施。结合市政建设及时栽种行道树，并整理主干道两旁绿带，提高其植物配置艺术水平和质量。市区专属绿地，种植与其性质相适应的树种，尽快发挥其绿化功能。

此外，为实现西湖风景区规划，还必须办好提供优质花木的生产绿地，培训技术人员，开展群众运动，提高机械化、电气化的程度。

八、《杭州市西湖风景名胜区山林现状调查及林相改造规划设想（初稿）》

1979 年 9 月，杭州市园林管理局还组织人员进行西湖风景区山林现状调查，并提出林相改造设想，编制了《杭州市西湖风景名胜区山林现状调查及林相改造规划设想（初稿）》。

规划设想分析了西湖风景林区的气象、地质、土壤、主要乡土树种等概况和目前 5 个类型的林相、林分疏密度、用地情况；提出林相改造设想和完成林相改造的建议。

（一）林相改造的原则

西湖风景林区是西湖风景区的重要组成部分，根据目前风景山林现状，必须继续进行封山育林，大力开展造林绿化，改造林相，消灭荒山，达到无山不青、有林有景，发挥游览作用。根据不同地段有所侧重。凡是西湖及风景点周围的山林地，营造以观赏为主的风景林，选择和突出某一特色树种，同时适当地配植季相变化的色叶树种。其他地区则以特种用材与经济树种为主。重视乡土树种，做到适地适树。贯彻绿化与生产，观赏与经济相结合的方针；林相改造的方式应以常绿、落叶阔叶树混交林，或针、阔叶树混交林为主，切忌营造单纯林。采用植树与直播相结合和封山育林的方法，做好抚育管理等。

（二）林相改造的主要树种

刺杉、柳杉、金钱松、国外松、香樟、冬青、紫楠、天竺桂，青冈、苦槠、木荷、石楠、七叶树、银杏、枫香、山膀胱，无患子、檫树、黄连木、杜仲、柏木、山合欢、山苍子、毛竹和果树等。

（三）进一步充实提高和扩大植物名胜林

如灵隐的七叶树林；云栖、黄龙洞、虎跑、玉皇山的竹林；吴山、凤凰山麓、宝石山麓的香樟林；五老峰、法相寺后山、四眼井的璎珞柏林；小九华山、感应桥的枫香林；圣安山、法相寺后山、鸡笼山、大同坞的金钱松林；桂牌山、牌楼里的刺杉林；五云山的栓皮栎林，大渚桥的油茶林等林区。

切实加强古树名木保护，要登记立牌，定期检查抚育，设置保护范围的支撑护栏。如五云山的银杏（彩图 21），法相寺的唐樟，吴山的宋樟，云栖的枫香、君迁子、豹皮樟，灵隐的七叶树、山膀胱等。

（四）林相改造的初步设想

1．面湖的风景点、线的山林改造设想

九曜山至莲花峰以观红叶为主，种植枫香，适配国外松、青冈、香樟（山麓）、山膀胱等；法相寺后山，扩大银杏，适配青冈、木荷等；北山林区，面湖山坡选种国外松、枫香、青冈、檫树、香樟；挂牌山坳处选种枫香、刺杉、国外松；裸岩地区续种藤本植物，并可直播种子。扩大玉皇山的樱花、杜英、香榧林，适当搭配青冈、黄连木、红果冬青、石楠和花灌木及藤本植物；天真山以杜仲为主；梯子岭以上两旁山麓以金钱松为主，并扩大圣安山、丁婆岭、四眼井畜牧场后山的金钱松林；南高峰选种国外松、冬青、天竺桂、黄连木，山膀胱；南高峰面龙井寺的翁家山的平光头，种果梅、长山核桃和国外松；南高峰面满觉陇选种黄连木、青冈、冬青；石屋洞后山至满觉陇后山种桂花、板栗；水乐洞后山至杨梅岭选种杨梅、桂花；从青龙山经贵人峰、白鹤峰、虎跑后山、月轮山到大华山山脊地区种木荷、青冈、冬青等；五云山种银杏、红花油茶；万松岭公园以雪松为主，因地制宜配植国外松、桧柏；扩大云栖竹林，选种耐阴花木和地被；虎跑至珍珠坞，扩大柳杉林；理安寺后山（山腰以上）种植木荷；凤凰山风景林区，选育国外松、枫香、金钱松、香樟、长山核桃、桂花和毛竹等，适当地选配林下花灌木，形成森林公园。

2．风景点、线外围的林区林相改造设想

根据不同地段、不同地质土壤条件，选配不同树种。土壤瘠薄，土地条件差，应选种耐干旱瘠薄的树种，同时注意选择该地段上生长的乡土树种，如木荷、山苍子、铁冬青、红果冬青、青冈、苦槠、刺柏等。土壤较为深厚，可选植香樟、刺杉、柳杉、金钱松、杜英、黄连木等。在山地岩石裸露、土壤厚薄不均、土壤为砂质黏土或者重黏土区域，宜选择杜仲、黄连木、璎珞柏、杜英、山膀胱、冬青、天竺桂等。为适应山区农民发展林业经济，在水土条件较好的地段，发展经济林，可选种长山核桃、板栗、桂花、七叶树、红花油茶、白花油茶、枇杷、杨梅、果梅、柿子、柑橘等。

九、《1978～1985 年杭州市园林建设发展规划》

1978 年，杭州市园林管理局，根据新时期总任务的要求，中央（78）18 号文件的精神和省、市委的规划要求，制订《1978～1985 年杭州市园林建设发展规划》。规划总纲仍以西湖为中心，充分发挥山峦、江湖、林园、洞壑、溪泉等自然山水的特点，积极保护古建筑、古石窟艺术等历史文物，大力整理环湖名胜，努力扩大公园和市区绿地面积，切实加强园林管理，不断提高养护水平。把杭州西湖风景区建设得更加清洁美丽，达到水质清、大气净、噪声小、环境好，符合风景城市的要求，以适应旅游事业发展的需要。

1978～1985 年园林建设事业发展规划的奋斗目标是：

（一）西湖风景区建设

1．进一步建设环湖公园绿地和名胜古迹

（1）继续疏浚西湖，美化湖面；整理孤山；整修湖心亭；辟建阮公墩；充实苏堤，完善湖滨公园；扩建曲院风荷；提升花港观鱼、柳浪闻莺和儿童公园；同时拆除或迁移长桥、湖滨、断桥边、镜湖厅、岳坟等沿湖地区与公园无关的一般建筑，辟为公共绿地（图 7）。

（2）重建南高峰、北高峰；组织北山风景区，把栖霞洞、紫云洞、黄龙洞、初阳台、抱朴庐和保俶塔等风景名胜点联成一体（图 8）；扩建吴山公园，把吴山、紫阳山、云居山等名胜古迹联成一体；将凤凰山、将台山、慈云岭等地的古迹组合在一起；并在万松岭原"万世师表"处辟浙江革命烈士陵园；改造玉皇山和三台山。

（3）恢复岳庙；重建双峰插云、灵峰景点；改建龙井、虎跑、净慈寺、烟霞洞、理安寺；充实提高云栖、九溪、六和塔、石屋洞、水乐洞和韬光；辟建千人洞。

（4）按规划设想基本建成植物园、动物园和花圃，并以自己的独特风格和内

图7 西湖全景（图片来源：20世纪60年代浙江人民出版社出版的西湖风光明信片）

图8 20世纪80年代初的宝石山和保俶塔（图片来源：公开发行的摄影作品，作者不详）

容融于西湖风景园林体系之中。绿化钱塘江两岸，建设白塔公园，将钱塘江组织到风景区来。

总之，各公园、风景点，应坚持自身的特色，进一步加强气氛，使之更加鲜明突出。凡其建构物的形式、布局安排、植物配景等，均应围绕其主题思想，做到自然得体、融洽无间。

2．开辟风景区内的玉皇山盘山道、龙竺路、龙井路、九溪路和北高峰游览车道。

3．继续改造西湖风景山林，使整个山区形成以香樟、枫香、楠木、木荷、刺杉、金钱松、七叶树、桂花和毛竹等30余种观赏结合经济的大片风景林。

4．西湖游船要多样化，在发展电瓶船的同时，要积极增加手划船。游船式样和装潢要美观，服务要周到，注重行驶安全。

5．西湖风景区内的公、私建设都要经过杭州市建委审批，一般无关单位不准在风景区内搞建筑；有碍净化空气和风景观瞻的所有工厂都要在1980年前外迁，西湖公社各生产队及街道居民地也要根据西湖风景的特质，从有利生产、生活的原则，进行通盘规划。要求在 1980 年前将风景区中农居点规划确定下来，以便按规划实施。

综上所列，可归纳为：一湖、一江、两峰、三园、五山、十五处名胜古迹和九条游览车行道。

（二）杭州郊县

要把各县风景区组织到以西湖为中心的游览网络中；建设、整理市外各风景线路的绿化；扩大市区公园绿地，改善环境，实现城市园林化。

实现上述规划时，杭州城镇达到普遍绿化，江湖一体，湖水澄碧，景林茂密，车行道纵横，游步道上下于密林之间，景点星罗棋布，内容丰富多彩并各显特色，交通便捷，促进西湖游览事业发展。

十、《杭州市城市总体规划》中的《杭州市园林绿化规则》（1978 年）

1978 年，浙江省建设厅、杭州市建委联合组织编制《杭州市城市总体规划》，下设总图、工业、市政和园林等组，分别负责编制有关事项。园林组负责编著《杭州市园林绿化规则》，其主要内容仍是西湖风景名胜区规划。

杭州是一座历史文化名城，既有文化之胜，又有独具风格的湖山之美。规划要处理好城市与西湖、保护与建设、传统与创新等关系，努力保护好、规划好、建设好和管理好西湖风景名胜区。

规划以西湖为中心，风景名胜为重点，普遍绿化为基础，历史文化为内涵，山水兼顾，江湖兼顾，自然与人文结合，充分发挥江湖、山林、洞壑、溪泉等自然特色，妥善保护古建筑、古代石窟艺术等历史文物和古迹，丰富植物景观，充实游览内容，增添文化娱乐服务设施，组成点、线、面相结合的游览网络。同时扩大市区绿地面积，提高城市绿化指标。开辟和整修杭州地区郊、县的风景名胜，通过各县（区）特色的风景游览线的联系，逐步形成山山相连、区区相通，把杭州建设成湖水清、大气净、绿树成荫、色彩缤纷、花果满园、设施齐全、游览方便的风景游览城市，达到城市园林化、郊县田园化和西湖景观艺术化。

西湖风景名胜区融自然风景、文物古迹、历史文化于一体。根据地理位置、资源条件、主题内容和风景特色，规划将其划分为环湖、孤山、湖中堤岛、北山、玉泉、灵竺、西山、龙井九溪、南山、五云山、钱江、南屏虎跑、玉皇凤凰山、吴山、市区和近郊等 16 个景区，计 102 个景点，其中风景区内 14 个景区，88 个景点，新建重建的景点 58 个。

（一）治理西湖，扩充环湖公园绿地

西湖周围及湖中有 3 个景区：环湖、孤山及湖中堤岛，包含 27 个景点。其特

点是"湖开一镜平","水色入心情",以水景为主,多为园林名胜,西湖十景大多荟萃于此,集中了园林艺术的精华,是西湖风景区的游览中心。规划将环湖道路(即湖滨路、南山路、西山路、北山路)与西湖之间的沿湖地区扩建为环湖公园绿地。在上述范围内不应再建与风景园林无关的新建筑。现有单位和住户应限期逐步外迁。从现在起"只拆不建、只出不进",对现有的严重影响风景园林的建筑物、构筑物(如一公园的大华饭店分部、省中医院宿舍和六公园一带的省高级法院、省委统战部及其宿舍部分用房)要限期拆除。被侵占的郭庄、净寺等名胜古迹,侵占单位应限期尽早搬迁,古迹整修开放。重建雷峰塔、白云庵等风景点,使环湖处处相通、景景相连。

综合治理西湖,必须将环湖污水截流接到城市污水管。继续疏浚西湖,从平均水深1.47m加深到2m。迁移西湖周围有碍风景和污染环境的工厂,环湖地区的烟囱要采取消烟除尘措施。农事植保要采用生物防治和低毒高效的农药;淘汰汽(柴)油的机动船(艇);控制养鱼数量、防止水土流失,引水补给湖水,繁殖沉水水生植物和开展净化西湖水体科学研究工作,使西湖成为大气净、水质清、环境舒适的游览湖。

(二)美化湖周山峦景观

西湖周围的低山丘阜,山峦绵亘是烘托西湖的绿色屏障,更是眺望江、湖、山、城的登高览胜好地方。

恢复紫阳山宝成寺,保护元代麻曷葛剌造像,保护苏东坡牡丹诗刻石与感花岩,增植牡丹,开放七宝山通霄观的南宋造像,添建亭台楼阁,造园补景。将毗连的紫阳山、云居山所有古遗迹连成一片,辟为吴山公园。九华山辟建万松岭公园。

以玉皇山景点为中心,将五代的慈云岭石刻造像、将台山的吴越钱镠的排衙石及题诗、天龙寺的五代造像、南观音洞的南宋造像,加以修复。同时重建南宋郊坛,发掘、恢复原乌龟山南宋官窑和八卦田等,组成从五代到南宋的文物古迹群。开放玉皇山隧道和修建下穿铁路的道路,通过钱塘江绿地,贯通江湖;严格控制闸口地区铁路机务段和沿江工厂、仓库、码头等单位,逐步搬迁。尽早搬迁破坏景观、污染严重的富春江水泥厂,抓紧造林绿化,为远期开辟游览用地创造条件。

开辟凤凰山南宋宫苑遗址公园。

自西山路西侧至南高峰、北至普福岭、西至五老峰地区,是一片背山面水、介于湖山之间的缓坡地,地处要冲,列为重点控制区,是今后风景园林建设用地。规划为既有林间恬静氛围,又有若干文化设施和服务设施的游览活动区。

西湖周围的群山,山麓、山腰地段要种植大片色叶树和常绿树,为西湖创造绿色的屏障。

（三）整理改建以洞、石、溪、泉著称的山区名胜古迹

虎跑、龙井、南高峰、烟霞洞、九溪十八涧、理安寺、灵峰等景点，是风景区溪泉林石、峰峦洞壑、摩崖石刻较集中之处，现在多处于荒芜淹没之中，有的建筑物已破损不堪。

重建南高峰楼阁，整修无门洞五大罗汉石刻，与烟霞洞、水乐洞、石屋洞组成南山五代石刻艺术群。改建虎跑和龙井的破旧庙宇建筑，疏导泉源溪流，整理山石林木。恢复理安寺的楠木景点和灵峰探梅胜迹。疏导九溪十八涧溪流，充实沿溪植物景色，增添山高谷深之野趣。整治鸡笼山至卧龙桥港道。

清理开辟南屏山腰原"小有天园"中的宋刻司马光家人卦等摩崖石刻。

（四）整修古刹名胜

恢复西湖十景雷峰夕照，重建雷峰塔。

在西湖风景区内分布着许多庙宇道观，有的已被占作他用，有的被大部改建，面目全非。规划，除恢复净寺、上天竺的佛寺外，其他则对现有建筑进行改造利用；中天竺辟为竹制工艺品制作陈列场所，下天竺改为花木盆景园，改省政法干校为旅游山庄；恢复北高峰，建朱德诗碑亭；辟梵天寺为南宋王朝史料陈列馆；吴山东岳庙为伍子胥阁，介绍吴越春秋时代历史典故；改净梵寺为旅游服务店。

（五）修复历史名人祠墓

"青山有幸埋忠骨"，西湖周边有纪念抵御外族侵略的民族英雄岳飞、于谦、张苍水的陵墓；有为推翻清王朝的革命志士鉴湖女侠秋瑾、徐锡麟、章太炎等墓葬。这些陵墓除岳飞墓已整修开放凭吊，秋瑾墓已移孤山并立雕像，徐锡麟等辛亥革命烈士已恢复立碑纪念外，其他在原地修复。

此外，重修林和靖墓。恢复白（居易）苏（东坡）二公祠。

（六）加强绿化造林，改造山区林相，扩大植物名胜景观

今后对茂密山林进行合理卫生疏伐，疏林地补植，荒山、半荒山实行封山育林、绿化造林。有计划改造林相，提高森林的观赏效果和经济价值，逐步组成以常绿树为基调的常绿、落叶混交林，反映亚热带北缘植物景观。

同时要整理茶园，促进龙井、双峰、梅坞等地的茶叶生产并增加茶叶产量，不能采用毁林开山扩大茶园的方法，对西湖山林必须加强保护管理，严禁乱砍滥伐。

恢复和开辟植物名胜景区：孤山和灵峰的梅林，苏堤和白堤的桃、柳，天竺的枫树林，云栖的竹林，理安寺的楠木林，满觉陇的桂花林，万松岭和九里松的松林，曲院风荷的荷花，三潭印月的睡莲，夕照山的红叶林，玉皇山的樱花林，灵隐的七叶树，大慈山的金钱松，吴山的香樟，花港的牡丹、芍药，五云山的银杏。有的以色彩鲜艳见长，有的以香味馥郁著称，为西湖增添了万紫千红的景色。

（七）辟建游览车道，整修游步道

西湖风景区内交通欠顺畅，支干不相连，影响游览。规划建设游览交通线7条，其中龙井路、满觉陇路、玉皇山3条已建成，拟建龙竺路（中天竺—棋盘山隧道—龙井村）、吴山路（吴山—云居山—万松岭）、梅留路（梅家坞—东穆坞—留转路）、梅竺路（下天竺—法云弄—梅家坞）。

主要游览交通线的绿化植树要多层次布置，选择树种应各具特色。

整修游步道，拓展山脊游览线；发展水上交通，开辟钱塘江游览线，设置快艇、帆船等。西湖水上游览可增设手划船、画舫等。

（八）统一规划风景区内居民点

农村居民点设置要从有利生产、方便生活出发，不影响风景观瞻为原则，把原有村落逐步建成为有江南茶乡特色的新型山村。原有城市居民逐步外迁。村落农居点要进一步做好详细规划工作，以利于农居点改造。

（九）扩大市区绿化面积（公共绿化），实现城市园林化

市区绿化建设应与新建住宅区、旧城改造、河流整治、恢复文物古迹和古树名木等结合，迅速扩大城市公共绿地，建立点、线、面相结合的园林绿化系统，实现城市园林化。近期每人占公共绿地 $2 \sim 3m^2$，远期要求达到 $8 \sim 10m^2$。铁路、城市主干道、江河两岸均需辟设不同宽度防护绿带。要新建、扩建 9 个公园和东河绿地，面积达 $68hm^2$。

（十）续建杭州植物园、动物园，扩大苗圃，充实花圃，整顿果园

（十一）划定西湖风景名胜保护区，制定管理条例，严格执行

（十二）恢复和开辟杭州郊县的风景名胜（略）

十一、《杭州西湖风景名胜区总体规划》（1986 年编制）

1986 年 3 月，杭州市园林文物局根据国务院颁布的《风景名胜区管理暂行条例》的要求和建设部意见，组织人员，着手编制《杭州西湖风景名胜区总体规划》。

（一）编制过程

1986 年 3 月，杭州市园林管理局根据国务院颁布的《风景名胜区管理暂行条例》的要求和建设部意见，着手组织人员，于 3 月 3 日召开编制小组会议，由 12 个同志具体组织调查。

1986 年 12 月，经过调查和起草，形成草稿，由市园林管理局组织有关同志讨论。

1987 年 7 月，规划说明书初稿和图纸形成，杭州市园林管理局组织全局基层单位负责人和有关处室负责人共同讨论会审。

1987 年 10 月，由浙江省园林学会组织专家讨论（在植物园资源馆）。

1988 年 5 月，经过修改后的图纸和文字稿，由杭州市园林管理局邀请本市各

有关方面专家进行讨论（在镜湖厅）。

1988年12月，由杭州市园林管理局邀请机关处室再次讨论规划，并再次向市规划局介绍规划内容，以便与杭州市城市总体规划衔接。

1989年8月，根据各方意见，再组织文字修改、充实，并完成说明书第二稿（讨论稿）。

1989年8月15日，由杭州市建委和杭州市园林文物管理局邀请市人大、市政协部分代表和委员以及有关部门同志讨论规划。

1989年9月，规划编写组同志和市规划院同志一起讨论和协调规划中有关问题，以作进一步修改。

1989年12月，完成规划说明书讨论稿简本，以供有关领导和有关部门审阅讨论。

1990年2月，杭州市建设委员会组织各有关部门同志讨论和协调规划中的内容。

1990年12月，由杭州市建委领导、杭州市规划局、杭州市园林文物管理局负责人和施锦祥同志一起最后讨论研究规划中有关问题。

1990年12月，完成《规划》说明书送审稿和基础资料，图纸上报市政府。

1991年8月，由杭州市政府邀请全国著名专家、学者在柳莺宾馆进行规划论证会，然后修改补充文字内容。

1995年12月，由杭州市人民政府把《杭州西湖风景名胜区总体规划》上报浙江省人民政府及省建设厅。

（二）主要内容

1．宗旨

以西湖为中心，风景名胜为重点，历史文化为内涵，山水、江湖兼顾，充分发挥山林、洞壑、溪泉等自然特色，妥善保护好文物古迹，充实现代的文化、娱乐、旅游设施，逐步组成点、线、面相结合的游览网络，使西湖风景名胜区达到湖水明净、大气清新、花树繁茂、绿草如茵、人文荟萃、交通便捷、设施齐备，成为国际一流的风景游览区。

2．规划基本原则

（1）保持和发展西湖特色。

（2）加强整体保护，坚持可持续发展的生态原则。

（3）提高大环境质量，保持清新优美、舒适雅静的环境。

（4）充实文化和科学技术内容。

（5）体现历史的连续性和发展性，既要保持传统的东方文化的艺术特色，又要体现时代的特色。

（6）远近结合，为远期发展留有余地。

3．性质

西湖风景名胜区是以秀丽清雅的湖光山色与璀璨的文物古迹和文化艺术交融一体为特色，以观光游览为主的国家级风景名胜区。

4．规划范围

总面积为 60.04km²（现已划近 1km² 给之江旅游度假区使用）。外围保护区面积 35.64km²。影响区范围和西湖风景区最近距离（东西向）为 1.1km 左右，南北距离为 5.5km 左右（中河的梅登高桥至南星桥）。影响区范围总面积为 3.745km²。

5．规划期限

近期 1990~2000 年，远期 2001~2020 年，目标为 2030 年。

6．总体布局

根据地域连续性和风景资源特色，将西湖风景名胜区划分为 11 个景区：环湖景区、北山景区、吴山景区、南山景区、凤凰山景区、灵竺景区、虎跑龙井景区、钱江景区、五云山景区和植物园。规划要点归纳为：

（1）沟通环湖公园绿地。

（2）开拓湖周山峦平陆景区。

（3）开发西湖山区名胜古迹。

（4）开辟江干文物古迹区。

（5）建设湖滨旅游服务区。

（6）创建名人纪念（艺术）馆或科技馆。

（7）贯通道路交通。

通过规划，使西湖风景名胜区成为艺术格调高雅、湖水明净、古迹生辉、人文荟萃、交通迅达、生态环境优良、游览服务设施俱全的我国一流的风景名胜区。

附录

杭州风景园林规划大事记

民国元年（1912 年）7 月 22 日，开始拆除钱塘江至涌金门的城墙。规划辟建为湖滨公园；改造孤山原清行宫的部分园地为公园。

1949 年 11 月，杭州市人民政府颁布《护林布告》和《西湖山区森林保护办法》。

1950 年 3 月，规划将孤山辟为公园（包括中山公园和西泠印社）。

1950 年 7 月 12 日，杭州市人民政府颁布《西湖风景区管理暂行条例》。

1950 年，杭州市人民政府为了迅速恢复西湖山区的游览环境，提出《关于绿化西湖荒山的计划》，上报中央。

1950 年，杭州市城建局制订《西湖山林造林五年计划》，并建立西湖山区护林委员会，实施全面封山育林和人工造林。

1952年6月，杭州市人民政府制定了《西湖风景建设计划大纲》，提出了风景区范围与建设目标。

1953年，苏联莫斯科城市规划穆欣专家来杭指导杭州城市规划，性质定位：以风景休疗养为主的城市，完成了《杭州市初步规划示意图》，提出杭州西湖、西湖山区为休疗养的建议，并在"示意图"上标注。1954年在西湖及钱江新建11所休疗养所，正在建设和行将动工的各4所。

1956年4月，杭州市园林管理局成立。

1956年5月7日，苏联专家巴拉金来杭指导城市规划工作，肯定"总图上西山休疗养区建筑的布置是可以的，是好的。"又提出杭州应建成一个风景城市的构想。

1956年9月16日，杭州市城建委员会与市园林管理局共同制定《杭州市绿化系统规划》初稿，更改西湖山区为休息游览区。

1958年，杭州市城市规划确定杭州市为以重工业为基础的综合性工业城市，随之风景区内出现大批工厂。

1961年，杭州市园林管理局制定《1958～1962年杭州绿化建设规划（草案）》。

1961年，中共杭州市委主持编制《杭州市1961～1969年园林绿化规划》，是年11月8日获中共浙江省委批复同意。

1961年4月，国务院公布六和塔、岳飞墓为第一批全国重点文物保护单位。

1961年6月，南京工学院第一系毕业设计小组，编制《杭州西湖山区规划》。

1962年3月25日，杭州市人民委员会发布《关于保护国家在公共建筑、园林文物古迹的规定》。

1962年4月，浙江省人民政府公布良渚文化、灵隐寺、秋瑾墓、慈云岭造像等14处为省第一批省级文物保护单位。

1966年8月，岳庙等一批文物受到严重破坏。灵隐寺因周恩来总理的指示，得到暂保。

1974年5月10日，杭州市园林管理局革命委员会，编制《1974～1980年西湖风景区现状及规划设想》。

1978年杭州市园林管理局制定《1978～1985年杭州市园林建设发展规划》。

1978年，由省建设厅与杭州市建委联合组织编制《杭州市城市总体规划》，包含《杭州市园林绿化规划》，其主要内容仍是西湖风景区规划。1981年成文，以杭州市革命委员会上报省政府、国务院。

1979年2月12日，杭州市园林管理局编制《杭州市园林绿化规划（初稿）》。

1980年3月，杭州市园林管理局编制《杭州市园林绿化建设规划意见（初稿）》。

1980年8月，杭州市园林管理局与杭州市规划局共同提出《杭州市风景名胜区现状及规划设想》。

1981 年 5 月 13 日，浙江省人民政府重新公布杭州市西泠印社、灵隐寺、秋瑾墓等 28 处为省重点文物保护单位。

1981 年 8 月 25 日，国务院办公厅转发联合调查组《关于杭州西湖风景名胜区情况调查报告的通知》，指出"今后任何单位（包括中央部门、省、市属机构和军队系统）都不准在西湖风景名胜区内新建、扩建与风景旅游无关的建筑物。"

1982 年 2 月 23 日，国务院公布杭州市飞来峰造像为全国重点文物保护单位。

1983 年 4 月，杭州市园林管理局规划设计室，拟订《西湖风景名胜区规划设想》。

1983 年 5 月 16 日，国务院正式批准杭州市城市总体规划（含《杭州市园林绿化规划》），重申"今后任何单位都不准在西湖风景名胜区内新建、扩建与风景名胜无关的建筑物。"

1983 年 2 月 3 日，杭州市人民政府发布《关于紧急制止违章建筑的紧急通知》，是年 10 月 8 日又发布立即冻结西湖风景名胜区内在建的违章建筑的命令。

1983 年 12 月 29 日，浙江省人大常委会颁布《杭州西湖风景名胜区保护管理条例》。

1984 年 12 月编制《杭州市历史文化名城保护规划》（1978 年初稿，1996 年底完成）。

1985 年 6 月 26 日杭州市城市总体规划修编大纲通过专家论证。（在西子宾馆）

1985 年 9 月，由《杭州日报》社，杭州市园林文物局组织全国性评"新西湖十景"。

1986 年 3 月，杭州市园林文物局组织编制《杭州西湖风景名胜区总体规划》。1987 年 7 月，总体规划文本（初稿）与图纸形成，经过几年论证和修改补充，1990 年 12 月《杭州西湖风景名胜区总体规划》编制完成，上报市政府。1991 年 8 月，市政府组织专家会审，1995 年 12 月由杭州市人民政府上报省政府及省建设厅。

1988 年 1 月 3 日国务院公布胡庆余堂、闸口白塔为全国第三批重点文物保护单位。

1995 年 9 月 29 日，《杭州市城市绿化系统规划》编制完成，以杭建规发 [1995] 90 号文上报杭州市人民政府，是年 10 月 10 日以杭政 [1995] 124 号批复。

（注：该文系为《杭州市城乡建设志》（1949～1999 年）而撰写，原文录于书中的"规划篇·风景园林规划"章节中。现经过修改，独立成文，标题为《杭州西湖风景园林规划 50 年》）

杭州西湖风景园林建设的历程（1949～1999 年）

西湖以"三面云山一面城"独特风格的湖山之美闻名于世。在它纵深的群山之中，保存着文物古迹、寺庙塔幢、碑刻雕像，穿插着洞、壑、峰岩，与掩映在湖光山色之中的亭台廊榭等融为一体，使人工美和自然美有机地结合起来，成为一个鲜花常开、绿树成荫、湖水明净、景象开朗、富丽多彩、生气蓬勃的大园林。

民国时期，杭州曾建造湖滨、中山、城站等 3 个市级公园，至杭州解放时，城站公园已废弃，仅存湖滨、中山两公园，总面积为 4.15hm^2。西湖周围的山林植被破坏严重，到处荒山秃岭，满目荒凉，水土流失严重，带来湖泥淤塞，莠草丛生，加之一些古迹建筑年久失修，整个西湖呈现衰败的景象。

1949～1954 年，杭州市人民政府对西湖园林、名胜古迹进行了整理和修建，新辟柳浪闻莺、灵隐飞来峰等处公园；不到 3 亩的"花港观鱼"改建为一处 200 多亩的大型公园，孤山、玉泉、黄龙洞、净慈寺等彻底整理，苏堤、三潭印月、湖心亭的新筑驳岸以及重建湖心亭、苏堤六桥先后完成；有 900 多年历史的六和塔被修复，灵隐寺大殿进行重建。环湖山区进行了封山育林，扩充了苗圃，栽种行道树。300 多年没有疏浚的西湖，已经开始试用机械全面疏浚，西湖风景的面貌，得到初步改观。（图 1、图 2）

图 1　六和塔

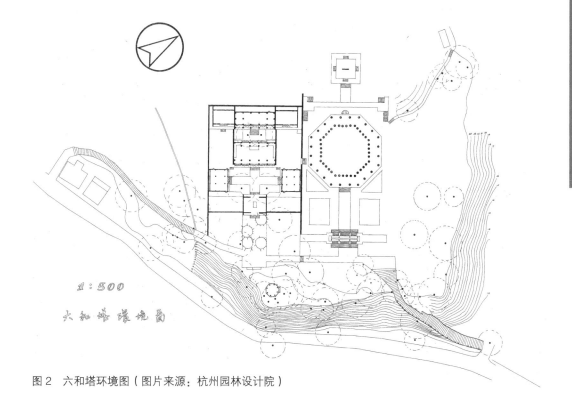

图 2　六和塔环境图（图片来源：杭州园林设计院）

一、公园

从 1950 年代开始，杭州先后新建、扩建了湖滨、孤山、儿童、杭州动物园、杭州市植物园、长桥、曲院风荷、镜湖厅、望湖楼、太子湾、风雨亭、老年公园和花圃展览区等 14 个公园。至 1995 年末，总面积达到 248.83hm²，同时，城区也建设了 31 处小公园，面积为 173.67hm²。

（一）花港观鱼

花港观鱼公园位于小南湖与西里湖之间的半岛上，总面积 19.94hm²。

花港观鱼是西湖十景之一，原址在花家山下，清康熙年间重建时，改址于今处。中华人民共和国成立时，仅剩一池、一亭、一碑，占地 0.16hm²。

1952 年，杭州人民政府建设局确定花港观鱼公园分两期建设。第一期工程于 1953 年初进行规划设计，1953 年 5 月破土动工。总体规划确定公园以恢复发展历史上形成的"花"、"港"和"鱼"的名胜特色为主，以牡丹、红鱼为主题，划分为牡丹园、红鱼池、大草坪、花港和密林等景区。1954 年建成牡丹园区，以迂回小径将园地划分为 18 块种植区域，总面积 14.44hm²。

1963 年春开始进行二期规划与建设，增添芍药圃和疏林草地区，新辟游船港道。整理园地，新建芍药圃、茶室、接待室和亭廊花架等建筑，跨港建造大小各异桥梁，联通各景区，面积为 5.5hm²。

花港公园规划采用开合收放，悠扬变换，多种园林空间组合的形式。（图 3、图 4）

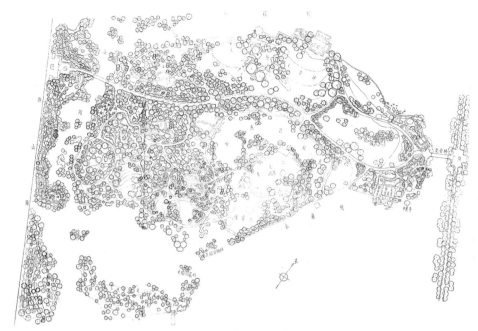

图3 花港观鱼公园设计平面图（图片来源：《建筑学报》1959年5月）

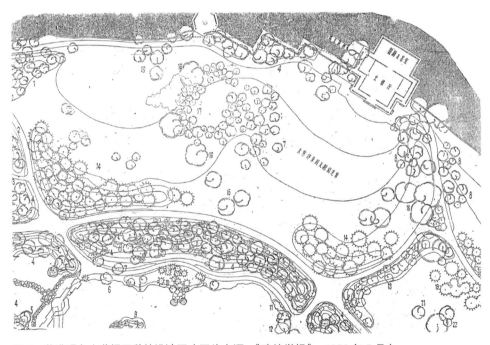

图4 花港观鱼大草坪区种植设计图（图片来源：《建筑学报》，1959年5月）
1—樱；2—广玉兰；3—法国梧桐；4—广玉兰；5—大槭；6—大玉兰；7—白玉兰；8—大紫薇及桂花；9—黑松；10—马尾松丛；11 银薇、翠薇；12—常年红槭；13—桂花丛；14—雪松丛；15—鹅掌楸；16—香樟；17—垂丝海棠及桂花；18—海桐七株；19—金钱松；20—松柏丛；21—女贞；22—朴树、麻栋；23—海桐

（二）柳浪闻莺

柳浪闻莺公园位于西湖东南隅原清波门两侧的滨湖地带。

柳浪闻莺是西湖十景之一，南宋时为御花园（聚景园）所在地，宋亡，园亦

图5 柳浪闻莺闻莺馆、大草坪（图片来源：20世纪60年代浙江人民出版社出版的西湖风光明信片）

圮废。清康熙皇帝南巡，恢复西湖十景，恭勒十景御碑。

1949年6月，仅存"柳浪闻莺"残碑、牌坊和石亭，园地荒芜。

1951年规划拓展柳浪闻莺景区为公园，1955年征用柳浪闻莺公园现中心地区11.3hm²进行全面规划。公园贯彻了以绿化为先导，植物建园的基本建设方案，布局开朗疏旷，适应市民游赏。1957年，柳浪闻莺公园全面挖填土方，拆除回坟，整理地形、进行大规模绿化，种植了垂柳、碧桃、樱花、海棠等乔灌木2万余株。1959年初，新建闻莺馆、花架园门和鸽亭以及园路等，1978年利用钱王祠动物园旧址，改造为典雅、简朴的庭院，取名聚景园。（图5）

（三）曲院风荷

曲院风荷公园位于苏堤跨虹桥以西、北山路以南、西山路以东、卧龙桥港以北滨湖地带。

曲院风荷是西湖十景之一，原系南宋设在灵隐路洪春桥埂的一座酿造官酒的作坊、宋亡，曲院荒湮。清康熙十八年（1699年），在跨虹桥畔重建。

1950年，曲院风荷仅存一亭、一碑、一墙和半亩地，荷花少许。

1963年着手进行总体规划，陆地面积为28.4hm²，水面67hm²，分为3个景区：即岳湖、曲院风荷和密林区，并大量地进行绿化种植。1977年对原总体规划进行修改补充，经多次论证，正式确定规划方案，为岳湖、竹素园、曲院风荷、密林和郭庄古园林区。1982年曲院风荷总体规划再度修改，把"曲院风荷"拆为曲院和风荷两景区，至此，曲院风荷公园规划为岳湖、竹素园、曲院、风荷、滨

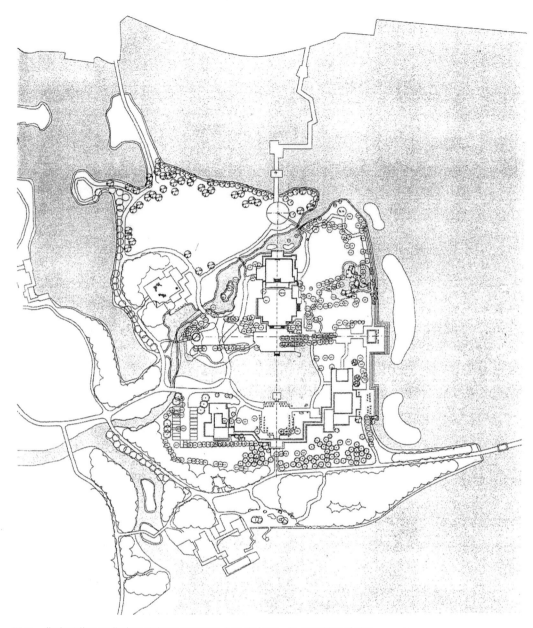

图 6　曲院风荷公园曲院和岳湖景区平面图（图片来源：杭州园林设计院）

湖密林区以及郭庄古园林区。规划的主题思想是增色湖山，十分注意继承中国古典园林的艺术传统。建筑力求清新、高洁、朴素、大方。（图6）

（四）太子湾公园

太子湾位于小南湖以南的九曜山北麓，东临张苍水先生祠，西接赤山埠。

太子湾原为西湖一角，后逐渐淤塞为沼泽地和农田。相传曾为宋时庄文、景献二太子攒园。1960年前后，市园林局在部分地段种植大量水杉和其他树木，设想建设为森林公园。

1987 年，为丰富南线游览内容，杭州市政府决定将净慈寺以西、南屏山九曜山山脊以西以及虎跑路以东地区，统一建设成为集自然风光和历史文化相交融的大型的太子湾公园。根据以上情况，拟分多期实施，第一期建造自然山水园；第二期为山林休闲景区。规划总面积 80.03hm²，其中山地 57.88hm²，平陆及水面 22.15hm²。

1988 年，第一期自然山水园规划，经过集思广益，反复论证，确定规划。利用西湖引水渠道，开挖左右迂回的溪流池湾，将整个山水园划分为翡翠园、琵琶洲、望山坪、逍遥坡等景区。以植物造景为主，铺设冷绿型草种为主的大面积草坪，配以木亭、仿木桥等简朴建筑小品，造就了一幅树成群、花成坪、草成片、水成流的自然山水风光画，颇受人们喜爱。

1990 年对太子湾公园一期规划进行全面修编，功能分区为入口区、琵琶洲、逍遥坡、望山坪、凝碧庄和公园管理区，将公园划分为 6 个景区，规划总面积为 17.25hm²，其中绿地 13.55hm²，水体 2.64hm²，建筑占地 0.2hm²。

1995 年进行第二期公园规划编制。（图 7、彩图 22）

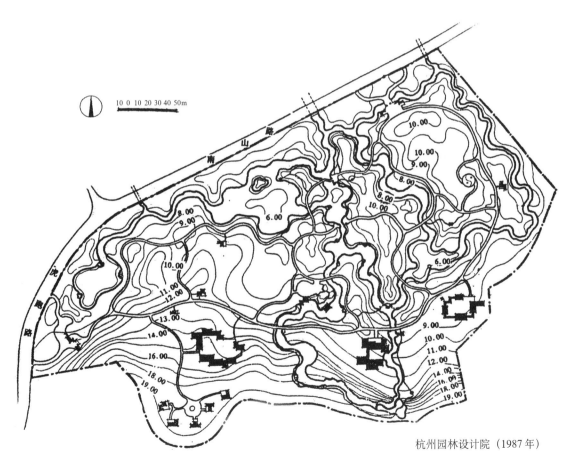

杭州园林设计院（1987 年）

图 7　太子湾公园竖向设计图（图片来源：杭州园林设计院）

（五）孤山公园

孤山东连白堤，西接西泠桥，总面积 20hm²，是西湖最大的岛屿，除浙江博物馆、浙江图书馆、楼外楼菜馆等单位使用的面积外，现有公共游览面积 12.29hm²。

中华人民共和国成立初，孤山南麓和后山，不少景色长期荒芜以及众多单位割据，实际游览面积仅余 2.98hm²。1950 年，全面规划整理孤山，重建放鹤亭，恢复梅林景观，整修中山公园、西泠印社等景点，修建园路增植花木，改农地、水田为绿地，扩大了游览范围。1955 年夏，清理孤山的墓葬。1959 年拆除广化寺、楼外楼菜馆为绿地，辟建公园绿地，恢复六一泉和泉亭。

平湖秋月位于孤山南麓沿湖地带，占地 0.58hm²。平湖秋月是西湖十景之一，唐代建有望湖楼，明代改为龙王祠。清康熙三十八年（1699 年）改建为御书楼，楼前筑平台，楼东建碑亭，立"平湖秋月"碑。

1959 年，经过精心规划设计，通过搬迁住户、拆除旧屋和围墙、修缮临湖古建筑、搬移敞厅、增设西侧平台、铺设园路、增植花木突出秋景、建造曲桥以连接原平湖秋月建筑与平台，形成一个完整的带状景点。（图 8）

图 8　平湖秋月

（六）杭州市植物园

杭州市植物园位于西湖西北隅的玉泉、桃源岭一带。

中华人民共和国成立初，杭州植物园建设就纳入《西湖风景建设计划大纲》。1951年着手筹建植物园工作。1953年由杭州市人民政府邀请本省、北京、南京、上海等地专家教授来杭，研讨杭州植物园总体规划。1955年，杭州植物园筹委会先后举行多次座谈会，着重研究了植物园规划和观赏植物展览区的设计方案，由孙筱祥先生设计并绘制了第一幅《杭州植物园总体规划图》，划分为试验和开放展览两大部分。试验部分有引种驯化试验区、果树试验区、抗性树种实验区、禁伐区。开放游览区由植物分类区、经济植物区、竹类植物区、园林植物区、树木园和山水园等6个园区组成。1956年，植物园筹委会对总体规划进行修编，并制定了12年远景规划和近期实施计划。1957年10月，浙江省人民委员会明确批示："杭州植物园系为浙江省经济建设和杭州市城市绿化服务的地方性的植物科学试验研究机构，它不仅要有科学内容，还要具有与西湖风景相适应的公园外貌。"

植物园规划总面积最初为250hm²，1956年被侵占后，现为228.74hm²（2006年）。（图9、图10）

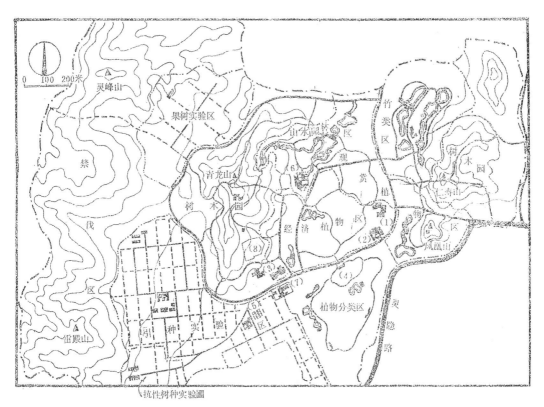

图9　杭州植物园总体规划图（图片来源：杭州市园林管理局，《杭州园林资料选编》，中国建筑工业出版社，1977年12月）

1—植物资源展览馆；2—展览温室；3—实验标本办公楼；4—植物进化宣传廊；5—引种驯化实验温室及荫棚；6—"玉泉观鱼"；7—植物综合利用实验车间；8—珍贵植物保护圃

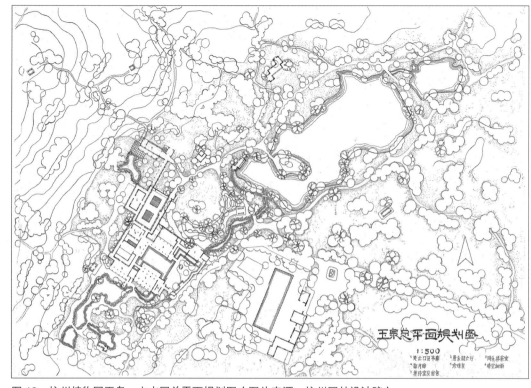

图 10　杭州植物园玉泉、山水园总平面规划图（图片来源：杭州园林设计院）

（七）杭州动物园

杭州动物园位于虎跑路以西，凤凰台以北，满觉陇路以南，白鹤峰以西山麓丘坡地带。

1958 年秋，杭州市园林管理局公园管理处接收 3 家私人动物园 30 余种动物，分散饲养在钱王祠、虎跑、石屋洞等地。1959 年 3 月，拟定《杭州动物园规划方案》，确定为中型动物园，展出动物 500 种、3000 只（头），分 10 年完成。选定现址建设。1960 年春夏间，杭州市领导确认现址。1960 年 5 月由同济大学实习师生帮助规划设计，总面积为 53.33～66.66hm²。最高点海拔 150m，最低处 20m，展出动物为鱼类、两栖爬虫、鸟类、小兽、食草、食肉、灵长等类，并确定以金鱼和鸣禽为主，要求充分体现山林特色和园林艺术之美。1973 年对动物园总体规划进行修改调整，规划建设金鱼园、鸣禽馆、熊猫馆、爬虫馆、海豹池、小动物笼舍、象房、虎山、猴山、珍贵猴舍、游禽湖、走涉禽栏、中型猛兽笼，以及饲料中心、行政服务中心和兽医院等项目。

杭州动物园于 1973 年 10 月 1 日开工，1975 年完成第一期工程 20hm²，于国庆节开放游览参观。（图 11）

图 11　杭州动物园与自然环境融为一体

（八）湖滨公园

湖滨公园位于西湖东岸的湖滨路西侧，南起湖滨的一公园，北至少年宫前的圣塘闸，总面积 6.42hm²。

湖滨一带在清代时为八旗驻防营地和城墙基地。民国 2 年（1913 年）拆除城墙，辟建湖滨公园，面积 1.32hm²。民国 16 年（1927 年）改建湖滨公园。民国 18 年（1929 年），湖滨公园向北扩建，即增辟湖滨六公园，面积 1.33hm²，在 1~6 公园相隔处建 3 组雕塑。1951 年杭州市建设局加高六公园地坪，沿湖种植香樟、垂柳、悬铃木等。

为改善湖滨公园景观，1972 年全面进行规划，增设条状小花台，补植香樟、垂柳等。1977 年，又全面修改湖滨公园规划，拆除条状小花台和埠头，沿人行道矮栏杆布置花带，更换沿湖灯柱为青石灯柱，更新铁链栏杆。为解决草坪春铺冬无的局面，用小卵石铺面的混凝土预制块砂垫层铺装二至五公园地坪，避免雨天泥泞，使地面平整划一，园容整洁、宽敞。

1982 年重新规划六公园，充分利用有阳光照射的地段设置花坛，种植四季花木，利用林荫下的裸露地面为铺装式地坪。1984 年开始拆迁圣塘路居民与单位，进行规划设计。1987 年后，全面整理地形地貌，种植花木，铺以大量草坪。改建修缮保留建筑"石涵精社"、"湖畔居"、"玉壶问景"等建筑。1993 年重建湖畔居。（图 12）

（九）少年儿童公园

儿童公园位于柳浪闻莺公园南、长桥公园北、南山路以西学士桥滨湖地区，现有面积为 9.15hm²。

儿童公园原址在钱王祠南侧柳浪闻莺公园内，1955 年面积为 1.66hm²，1956 年扩大至 2.6hm²，1976~1977 年儿童公园从柳浪闻莺公园搬迁到原涌金公园，进行重新规划设计。规划有革命传统教育、儿童科普教育以及多种多样的文化活动和娱乐等设施。有小火车、高架车、海陆空等游乐设施，项目新颖，适应儿童成长的需要。

北段沿湖立面

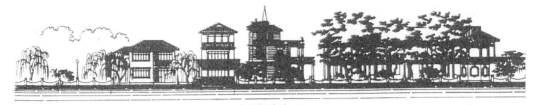

南段沿湖立面

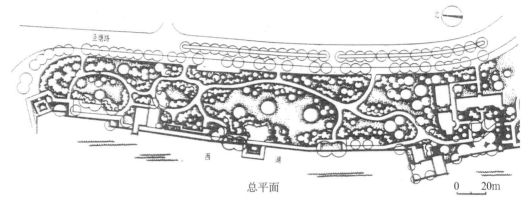

总平面

图 12　湖滨圣塘路景区平立面图（图片来源：《建筑学报》，1990 年第 7 期）

　　1995 年，由于原儿童公园面积较小，许多现代的大型游乐设施无法设置，不能满足现代青少年活动的需要，为此决定在学士桥地区进行全面规划，新建为少年儿童公园。一期工程用地 10.37hm²，规划为入口区、中央活动区、内空活动区、水上活动区、密林活动区和后勤服务区。二期工程将建四季浴场，利用保留别墅建筑作为少儿艺术中心，供儿童在此进行学诗、作画、玩棋、操琴等有利于身心的活动。

（十）区级、居住区公园

　　杭州市区级公园都是在中华人民共和国成立后新建的，先后新建公园 21 处，现存有 17 处，总面积 33.58hm²，主要有墅园、横河公园、紫荆公园、东园、金衙庄公园、半山公园、水城门公园、青年公园、朝晖公园和德胜公园等。

二、生产绿地

　　远在唐代，杭州人工植树已有一定规模，自五代吴越国至明、清时代，人工植树已很普遍；栽花、卖花和盆景制作也有悠久历史，当时花木均出自野外或个人园圃提供。在民国 16 年（1927 年）、民国 17 年（1928 年），杭州开始由政府分别建立苗圃和花圃。中华人民共和国成立后，园林绿化事业得到迅速发展，人民生活水平不断提高，苗圃、花圃面积不断地扩大，繁殖了大量花木，培育了盆栽与盆景，为杭州市和浙江省内外提供了大量苗木与花卉。

（一）苗圃

民国 16 年（1927 年）辟建弄口苗圃、面积 1.43hm^2。抗日战争期间，在虎跑建立小型苗圃，面积 0.2hm^2。中华人民共和国成立后，1950~1956 年，开垦建设了玉泉、西山、桃源岭、老东岳等四个大型苗圃，总面积达 125.41hm^2。1959 年后，又建立了昭庆寺、石濑、花园岗、钱江苗圃，总面积为 29.71hm^2。1965~1992 年，先后在丁家山、吴山、万松岭、赤山埠、太子湾等处建立 6 个小苗圃。由于城市发展建设的需要，许多圃地被征用，截至 1995 年，杭州市园林文物局有专业苗圃 4 处：老东岳、花园岗、灵隐和植物园苗木繁殖基地，面积为 76.35hm^2，加上社会苗圃的面积，总面积为 208.87hm^2。

杭州市大规模辟建苗圃，是为绿化杭州培育所需绿化材料。育苗的指导思想是必须密切地同城市绿化规划需要的植物品种和造园艺术所需要的树木形态相结合，达到绿化美化、彩化杭州和西湖风景区的目的。

1961 年，杭州市园林管理局编制了《杭州市 1961~1969 年园林绿化规划》，随即制定了《育苗方案》，其要点是：在服务方向上，苗圃应坚持为城市绿化、为西湖风景区的园林建设服务的方针；在树种选择上，应以绿化、观赏为主，兼顾经济树种，并确定桂花、香樟、银杏、枫香、金钱松、雪松、水杉、池杉、珊瑚朴、悬铃木、垂柳、白玉兰、广玉兰、无患子、红枫、碧桃、梅、红叶李、樱花、含笑、夹竹桃、杜鹃等 130 种乔灌木作为杭州市常用绿化树种；在苗木培育方式上，坚持繁殖与定向培养相结合，有计划有目的地培育一批用于造园和行道树的高质量的大苗；在经营方针上，采取"以短养长、以副养正"的方针。"文革"期间，上述方案没有得到全面落实。"文革"后，育苗树种也有所调整和发展。行道树选定以悬铃木、枫香、香樟、无患子、珊瑚朴等树种为骨干树种，林相改造以壳斗科和樟科植物为主，配以枫香、银杏、金钱松等色叶树种和落叶树种，重视培养名贵的适应造园需要和单位绿化的观赏树种。

（二）花圃

杭州花圃位于西山路以西，金沙港以南、龙井路以东及 128 医院界墙以北地区，总面积为 27.33hm^2。（图 13）

杭州花卉盆景的发展历史渊源悠久。早在唐代就有梅花、荷花、桂花等花木在杭州栽培。南宋时代，已经"皆植怪松异桧、四时奇花"。清代涌现很多艺术专家，并有我国第一部《花镜》观赏植物专著。民国 17 年（1928 年）建有 0.13hm^2 用以培育花木的圃地，随后又有清波门、万菊园、松木场等花圃建立。

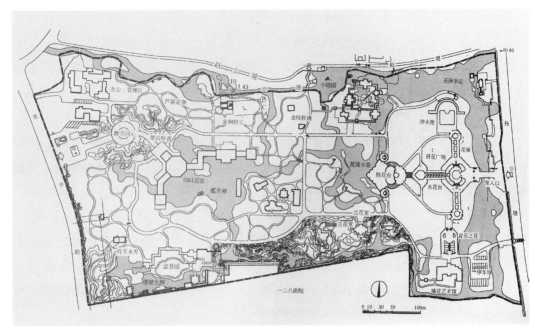

图 13 杭州花圃改造后平面图（图片来源：北京林业大学）

杭州解放后，1950 年扩建松木场花圃。1958 年 6 月，进行全面规划，动工兴建杭州花圃，按照"生产、观赏、科研"三结合的方针，主要依据花卉生长习性，结合传统名花分类，划分成梅兰竹菊、蔷薇月季、盆景、温室花卉、水生花卉、露地草花、球根花卉、木本切花、采种试验、行政和生活等 12 个区域，成为"以花圃为内容、公园为外貌"的新型花圃。

1990 年代后，花圃已不能适应改革开放的需要。1995 年根据"花园世界"这一主题，做出了总体规划，方案经过数年的论证修编，花圃性质拟定为：以花卉展示为主题，以花景、水景为特色，以游赏、休闲为主要内容的综合性公园。其规划为时花广场（绿色剧场）、水生花卉区、室内花园组成的东西向主轴线，周边串联了名花园、兰花园、木屋休闲区、森林餐厅、插花艺术馆等园林空间以及管理区、停车场等区域。

三、道路、河道绿化带

杭州城区在历史上曾是河道如网、池塘星布，诗人描述"万家掩映翠微间，处处水潺潺"的水乡景色。

杭州于民国 3 年（1914 年）开始种植行道树，民国 17 年（1928 年），随着道路的开辟，陆续种植行道树；城市河道两侧只有局部地区有零星树木，没有绿化带。中华人民共和国成立后，杭州市人民政府十分重视绿化事业，在城区和风景区先后开辟了灵隐路、西山路、虎跑路、曙光路、机场路、中河、东河和运河等绿化带，种植了大量树木。

（一）机场路林带

南起艮山路，北至笕桥机场大营门，全长 5.89km。

该路始建于民国 15 年（1926），路宽仅 6m，经 1959 年、1962 年、1972 年和 1992 年 4 次拓宽，改变路幅，道路两侧大部分地段形成 17.5m 绿化带，种植了香樟、广玉兰、桂花、月月红等乔灌木以及大量地被植物等，形成沿路两侧四季常青、繁花盛开的景观。

（二）曙光路林带

曙光路（松岳路）东起保俶路，向西折南直至北山路，全长 2.98km。

该路民国期间建成，路宽仅 6m，为泥结碎石路面。1980 年代开始分三期分段拓宽，宽达 30m，沿路设 5～15m 不等宽的绿化带，其中曙光二村至浙大路口较宽，种植香樟、鸡爪槭、桂花、紫薇、杜鹃、黄馨等乔灌木。

（三）灵隐路林带

灵隐路东起曙光路，向西折南再转西接天竺路，全长 3.04km。

灵隐路原为进香小道，唐代洪春桥至灵隐路段两侧种植马尾松，形成九里云松景观，后松树屡有衰败。

民国 11 年（1922 年）拓建为碎石路、民国 21 年（1932 年）浇铺沥青路面层。中华人民共和国成立后，1952～1953 年拓宽路面，1955 年在道路两侧林带局部地段拓宽至 50m，种植马尾松、黑松、油松、金钱松和栀子花。1987 年林带又配置大量杜鹃、鸡爪槭、红枫、茶花等花灌木，构成"九里云松十里枫、林下片片映山红"的景观。

（四）西山路林带

西山路南起南山路，北至北山路，全长 4.37km。

西山路原为明代杨公堤，系明代郡守杨孟瑛用疏浚湖泥堆筑而成，堤上建有六桥，今尚存"卧龙"、"流金"二桥。民国时，北山路至丁家山段改建为碎石路。民国 36 年（1947 年）延伸至吴泰将军庙。1950～1951 年，全线建成。1958 年改建为混凝土路面，1959 年在路两侧行道树间间植桂花，在 30m 林带内种植香樟、紫楠、水杉、无患子和球根花卉。20 世纪 60 年代，在林带内种植果木与棕榈。1990 年，调整充实两侧树木，增植银杏、茶花等乔灌木和大量开花型地被植物。形成绿色屏障。

（五）虎跑路林带

虎跑路南起复兴街，北至西山路与南山路相接，全长 3.76km。

虎跑路在民国 15 年（1926 年）建成碎石路，种植枫杨行道树，1955 年路面拓宽至 6m，仍种植枫杨行道树。1958 年，在道路两侧辟 30m 林带，种植水杉、池杉、柳杉，形成参天挺拔的三杉景观。1984 年，虎跑路进一步拓宽至 20m 混凝土路面。1988 年在两侧林带增植木绣球、红玉兰、金钟、棣棠等花灌木，每年开花时间，红与黄、白与黄的色调对比，构成了春夏繁花似锦的景观，深受人们喜爱（图14）。

（六）中河绿化带

中河南起凤山桥，北至坝子桥，全长9.4km。

中河由于沿线的工厂和居民的污水均排入河内，河水严重污染，被视为"杭州的龙须沟"。1982年，杭州市人民政府决定对中河、东河进行综合治理。中河工程于1983年动工，其中绿化工程于1985年10月动工，至1987年6月完成。中河两岸绿地及中河路绿地共计6.93hm²。

中河绿化规划布局：河东绿地平均宽度8m，河西绿带平均宽度3m。中河绿化带有下列特点：既是统一体，又有季相和色相的变化；

图14 虎跑路植物景观

改善生态环境，体现以绿为主、多层植物配置的原则；根据立地环境确立景点，使整个布局点、线、面结合，形成统一整体，颇有"烟柳画桥，风帘翠幕"江南水乡的意境。

（七）东河绿化带

东河南起断河头，北至坝子桥，全长4.13km。

东河沿线居民密集，工厂较多，河水受到严重污染。1982年，杭州市人民政府决定对东河进行治理。1983年工程开工，其中绿化工程于1986年开工。东河概以普遍绿化为主，广植速生树木，以改善两岸生态环境为主要功能。一期东河园林段，主要修复桥梁，建亭以及雕塑造型，建平台、修园路，种植花木，园林布局丰富，建筑小品多，标准高。1981～1988年4月，二期工程以全线普遍绿化为重点，覆盖率达到95%以上，大大改善了环境。根据地形，规划布置了自然式园路、活动地坪、花坛等内容，供附近居民休闲。

四、主题公园

杭州旅游活动以前多以游览观光为主，随着人们需求的多样性，旅游活动也从一般的游览观光扩展为寻求感官体验、增长知识和度假疗养等。杭州充分利用自身优越的自然景观和深刻的人文内涵，开发、挖掘和创造新的旅游景点。下面以宋城为例简要介绍。

宋城位于之江旅游度假区中心区块，北依五云山，东濒钱塘江，占地 16hm²，系国内最大的宋文化主题公园。

1993 年，世界城、宋城总体规划由中国美院、杭州园林设计院、清华大学建筑设计院提供方案。后以杭州园林设计院宋城区规划为蓝本，规划为清明上河图区、宋宫城区、驿馆区和园林区构成。该规划经过数次修编，抛弃了世界城部分，最后形成《清明上河图》再现区、九龙广场区、宋城广场区、仙山琼阁区和南宋皇宫区、南宋风情苑区等六部分。上河图区以 600 多米长的街市再现了宋代描述市井风情的名画——《清明上河图》，在环境氛围和参与感上作了精心的考虑，尽可能表现《清明上河图》中的场景气氛，创造了一个有层次、有韵律、有节奏并有历史深沉感的景观游览空间。

（注：该文系为《杭州市城乡建设志》(1949～1999 年) 而撰写，原文录于书中的"规划篇·风景园林规划"一章中。现经过修改，独立成文，拟标题为"杭州风景园林建设历程 (1949～1999 年)"）

附录

杭州公园绿地建设大事记

民国 22 年（1933 年），规划建设城站公园，占地 2.67hm²。

1950 年 3 月，将孤山辟为公园。

1951 年，改建柳浪闻莺景点为公园，占地 1.07hm²。

1952 年 6 月，全面修缮灵隐寺（1958 年 4 月竣工），是年冬，规划花港观鱼一期工程。

1953 年 12 月，对六和塔全面修葺（后来 1971 年，1991 年又修缮）。

1955 年，规划建设涌金公园、儿童公园。

1956 年，规划建拱墅、横河和江滨公园。

1956 年，规划设计杭州植物园。是年 5 月 10 日苏联科学院齐津院士来杭作"关于杭州植物园的建设方向"的报告。1965 年 5 月植物园基本建成。

1957 年 3 月 28 日，柳浪公园扩建工程动工（1959 年 9 月底竣工）。

1959 年建设长桥公园。

1960 年建设紫荆公园。

1961 年，利用钱王祠遗址，建立动物园。

1963 年春，花港观鱼公园二期规划建设；玉泉观鱼景点规划设计，规划改造吴山东部地区。是年 12 月，柳浪闻莺建"日中不再战"纪念碑。

1964 年末，俗称"西湖文化大扫除"，清除一批旧牌坊、石碑、匾额和墓葬。

1968 年 6 月，规划新建展览馆广场（后称武林广场）总面积 4.73hm²。

1971 年 11 月 8 日，国务院、中央军委下达《关于扩建筧桥机场》的紧急指示，是年 11 月 26 日机场扩建工程动工（含绿化工程），次年 2 月 9 日竣工交付使用。

1972 年 1 月 28 日，机场路扩建工程竣工（含绿化工程）。

1973 年，杭州动物园迁建规划设计。

1976 年，拆除大华宾馆分部及民宅，辟为一公园，建游船码头。全面整修西湖驳坎，达 29.8km，码头 10 处。

1977 年 3 月，"曲院风荷"风荷景区工程开工，（1983 年 10 月 1 日建成开放）。是年涌金公园改造为儿童公园。

1978 年，改建钱王祠遗址为聚景园。是年恢复岳飞墓、庙工程和整修灵隐寺。

1979 年，全面修复西湖山区游步道（1985 年竣工），总长 27km。

1980 年，北高峰载人索道建成试运行。

1981 年，西湖引水 2 隧道开工（次年 4 月 2 日交付使用），是年辟建阮公墩景点，次年完工。

1982 年，规划新建一公园工程。是年 6 月，拆除净寺内部队营房，整修净寺建筑物。是年 12 月 19 日韬光景点失火，次年重建完成。

1984 年，规划建设金衙庄公园和半山公园；是年 9 月西湖引水工程太子湾明渠工程开工。11 月规划设计望湖楼景点；规划将孔庙改造为"杭州碑林"。

1984 年 11 月，环湖绿地建设工程开工，包括湖滨一～六公园、圣塘路、少年宫、镜湖厅、岳湖等景点全面动工。

1985 年，辟建青年公园（环城东路），规划设计镜湖厅景点，规划中河绿化带；改造长桥绿地为长桥公园。是年 9 月始评新西湖十景。

1985 年 2 月 1 日，引钱塘江水入西湖工程开工，引水渠 3.19km，日取 30 万 t（1996 年 9 月 30 日建成）。

1986 年，东河绿化带设计；5 月 22 日，规划设计圣塘路景观；是年 8 月 16 日章太炎纪念馆动工（1988 年 1 月 12 日建成开馆）；是年 9 月 1 日杭州碑林工程开工（1989 年 4 月 1 日开放）；10 月规划设计水城门公园；11 月辟建杭州植物园灵峰景区（1988 年春建成开放）；是年整修西湖山区游步道 39km。

1987 年 3 月，少年宫广场规划设计；6 月建设朝晖公园，12 月茶叶博物馆、南宋官窑博物馆动工，云居山浙江省革命烈士陵园、馆建设（1991 年 9 月 19 日开馆）。

1988 年 6 月 7 日，南星桥原烟厂处南宋御街遗址发掘。

1988 年 10 月，太子湾公园规划设计。总面积 80hm²，一期工程开工（次年

10 月 1 日，平陆 13hm² 竣工开放）。是年底，苏东坡纪念馆开工（次年 7 月 15 日开馆）。

1989 年 4 月，曲院风荷郭庄景区复建规划设计并动工（1991 年 10 月 1 日开放）。是年 10 月开辟玉皇山隧道。张苍水祠重建开工（1992 年 5 月 16 日开放）

1990 年，曲院风荷岳湖口景区规划设计。浙江革命烈士纪念碑在云居山落成，次年纪念馆开馆。

1990 年 12 月完成《西湖风景名胜区总体规划》编制

1991 年 4 月 24 日，中国茶叶博物馆建成开馆。是年 10 月胡庆余堂中药博物馆建成开馆。11 月 1 日南宋官窑博物馆建成试开放（次年 10 月 25 日开馆）。

1992 年 2 月 26 日，中国丝绸博物馆建成开馆。

1993 年 3 月，梅家坞周恩来总理接待室改造为周恩来纪念室。

1993 年 9 月 24 日，杭州市举办首届"杭州十佳建筑"评选活动，杭州郭庄、南宋官窑博物馆、镜湖厅、楼外楼等十项建筑入选。

1993 年 12 月，辛亥革命墓群、纪念馆工程动工（1995 年初竣工，1997 年 10 月 10 日正式对外开放）。

1996 年，太子湾公园二期工程开工（1998 年春竣工）。是年 5 月 18 日，宋文化主题公园——宋城正式对外开放。

1996 年 11 月，原儿童公园改造为老年公园工程动工（次年竣工对外开放）。

1997 年 7 月，新建杭州儿童公园竣工开放（四眼井村）。

1998 年 11 月 20 日，三台山于谦祠建成开馆。是年 12 月 18 日吴山城隍庙景点、吴山广场动工（次年 9 月 28 日对外开放）。

1998 年 12 月 24 日，梅灵隧道开工，次年 5 月 1 日贯通，1999 年全线竣工。

1999 年 5 月 26 日，灵隐景区扩建工程开工。是年 12 月 27 日，西湖疏浚（管道输淤泥）工程全面启动，淤泥送抵江洋畈地区。是年 12 月，杭州历史博物馆在吴山动工。

杭州风景园林设计艺术

杭州历史悠久，自然赐予西湖秀丽的风韵和优越的地理条件，使杭州自秦代开始成为县治或州治之地，经过千百年来的辛勤治理，特别是五代的吴越国和南宋王朝，先后建都杭州，使西湖逐步形成为自然山水、文物古迹、寺庙古塔、碑刻造像和各类园林融合而成的游览胜地。南宋时，西湖歌舞升平，大事修饰，建造了众多的御花园，一时亭台馆榭，争相竞艳，形成"一色楼台三十里"的景观，逐步形成了帝王宫苑、寺庙园林、第宅园林和风景名胜等四种园林类型。较著名的皇家御园和达官贵人园圃达 100 余处，寺庙庵堂最盛时达四五百座。宋代初创"西湖十景"、元代创"钱塘十景"、清代又兴"西湖十八景"。

中华人民共和国成立后，园林绿化建设总体以治理西湖、绿化荒山、保护和开发建设风景名胜为重点而展开，同时加速建设环湖公园绿地，整修开发风景名胜点，评选"西湖新十景"，保护和利用文物古迹，分别建成花港观鱼、柳浪闻莺、曲院风荷、太子湾公园、杭州植物园、杭州动物园等景区，并重建、整饬圣塘路、镜湖厅、望湖楼等景点，以及建立中国茶叶博物馆、官窑博物馆、苏东坡纪念馆、章太炎纪念馆等众多的博物馆和纪念馆。

一、 风景园林布局

杭州西湖风景园林历史悠久、文物荟萃，既拥有自然山水之胜、林壑之美，又孕育了众多的历史人物以及神话传说。

西湖景区为山不高而有层次起伏，为水不广而有大小分隔，湖山比例和谐，尺度适中。西湖之妙，在于湖孕山中，山屏湖外，登山可眺湖，游湖并望山。南北两山，势若龙翔凤舞，逶迤连绵，高低远近，曲曲层层，自然天成，加上繁茂而有生机的植物景观，与众多的历史人文景观，成为自然的造就与人工的雕琢完美结合的风景典范，无论淡妆还是浓抹，都给人以"总相宜"的感受。

中国园林多是一切服从自然，或一切有若自然，它具有天趣盎然、气韵生动的特征，具有自由性、多样性、具象性的艺术形态。杭州园林风格是自然与人的功业和创造融为一体，形成了文人写意山水园。在空间艺术上，有人讲"苏州园林有头有尾，杭州园林有头无尾"。杭州园林"虽由人作，宛如天开"，确实是有头无尾，有始无终，实入虚出，以及你中有我、我中有你的无限空间，是以真山真水为本，亭台楼阁为饰，充满着大自然情趣、生趣和野趣的风景园林。

（一）传统的风景园林总体布局

宋室南度后，湖山歌舞，粉饰太平，三秋桂子，十里荷花，杭州除聚景、真珠、南屏、集芳、延祥、玉壶诸园外，为世所称者，不下四十家。清初人称"杭州以湖山胜，苏州为肆市胜，扬州以园林胜"。至清代咸丰、同治年间，杭州私园别业数至七十。中华人民共和国成立前后，杭州仅余皋园（金衙庄）、红栎山庄（高庄）、汾阳别墅（郭庄）、金溪别业（唐庄）、水竹居（刘庄）、漪园（白云庵旧址），三潭印月和西泠印社等古典园林。

1. 园林布局

古典园林布局在于疏密得宜、曲折尽致、变幻无穷。其手法往往采用"借景"，大园包小园，景物上模仿自然，"虽由人作，宛如天开"。花间隐树，水际安亭，利用长廊云墙、曲桥漏窗等手法，创造出许多艺术水准精湛的古典园林。

三潭印月漂浮在西湖外湖的湖面上，南北以曲桥相接，东西以土堤相连，全堤围以环形堤埂，俯瞰形似一个绿色"田"字，形成"湖中有岛、岛里有湖、湖中又有岛"，"水中有园、园里有水"的格局。规划布局独具一格，呈现湖湖岛岛、层层叠叠，四周的山山水水与小瀛洲互为对景、巧于因借。动与静、大与小、虚与实的鲜明对比，使之变化万千，增添了极其丰富的艺术趣味。三潭印月的园林布局，无论在空间变化、组景层次、建筑布局、植物配置等方面，源于自然而高于自然，在园林艺术上有极高造诣（图1）。

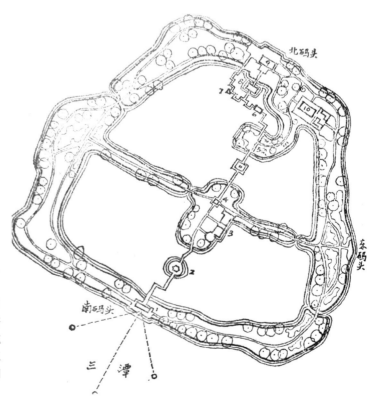

图1 三潭印月平面图（图片来源：《城市园林绿地规划》）
1—我心相印亭；2—"三潭印月"御碑亭；3—永明禅寺（茶食、小卖）；4—亭；5—漏花墙；6—亭亭亭（桥亭）；7—三角亭；8—先贤祠；9—先贤祠正厅；10—闲放台（管理办公）

1998 年，杭州郭庄的规划布局，采取"东借、西隔、南融、北承"的八字手法，规划为南北两个景区，南为宅园区，以厅、堂、楼、阁组成江南四合院，北为"一镜天开"后花园，用"两宜轩"把内院水面划为镜池和浣池两部分，南部浣池以湖石作池墈，保留古树，配置湖石假山和花木，形成一种古典庭园的韵味。北部（镜池）以石板砌成方池，西侧翠迷廊和东北角的曲桥平台，打破了方池的构图，造成一种简练、明快、新颖的感觉。东侧沿湖部分布置了"乘风邀月"、"景苏阁"、"赏心悦目"三个景点和两个临水平台。在园林与西湖之间设计了一堵隔而不断的围墙，使其院内保持庄园的气氛，隔透相间，内观外观交替，形成一条"赏心悦目"的游览线。

2．园林建筑

古典园林建筑布局灵活，继承了重礼仪、讲秩序的儒家文化传统，显得玲珑清雅；建筑风格是青瓦素墙、褐色门窗；建筑造型灵活多样、精巧秀丽。

三潭印月在湖湖岛岛之间，连以曲桥、柳堤，缀以"开网亭"、"亭亭亭"、"迎翠轩"、"御碑亭"、"我心相印亭"等小巧玲珑的建筑物，形成岛中的主景轴。人行于桥上，随曲而转，尽览岛上湖中的绚丽景物。这条主景轴极其突出鲜明，成为统领全园的主题，左右着湖内湖外景色。全园有主有从、相互呼应，构成一气贯之的风景长卷，有"步移景异"、"小中见大"之意境，使人忘记了全岛仅咫尺之地。

西泠印社于 1912 年扩建，是一处山地园林，建筑物沿山坡布置，采取自然灵活布局，作开敞的空间组合形式。小塔、小阁、小泉、小桥、雕像以及玲珑透漏的藤架楼阁，互相穿插，随势安置，组成一个精致的山顶庭园。在空间组合上，采取山岩、竹丛、花木等自然素材，高低搭配，作屏障与隔界，不过多采用花墙、漏窗而落旧套；另外运用摩崖石刻雕像来充实文化内涵，丰富园景。

郭庄：园内建筑粉墙黛瓦，绵邈而筑。"静必居"宅园的主厅"香雪分春"、"汾阳别墅"，中含小清池一口，水面平静如镜，碧绿莲花沉载池中，有"清水点绿波，别有诗意画眼"之意趣。"景苏阁"、"乘风邀月轩"东借苏堤烟水秀色，西接双峰岚气胜景，保持了庄园的古趣格局，融进了浙江民居风貌，使得其在整体格调上和谐协调。"赏心悦目"、伫云亭，亭观八面景，内据外借处处入画。西有翠迷廊、碑亭，与西山路相隔，用围墙与建筑以虚实相间手法来扩大空间。"两宜轩"（云水榭）南面水面，环池设水榭楼台、竹径画廊，院内花木扶疏。建筑外观古朴雅洁，粉墙黛瓦，精美的砖雕木雕使之简而不陋，内部陈设高雅，颇具江南民居风貌。

3．植物配置

古典园林植物配置，基调明确，重点突出，灵活多变，不拘一格，纯朴自然。树木体量不是很大，但要求姿态入画，如处枝傍水，盘根依阿，遒劲苍老。水中植荷莲，略点缀一二，孕孕玉立，摇曳生姿。

三潭印月，全园遍植荷、莲、柳，成为渲染全岛简洁明快的基本色调，在这主调中，"曲径通幽"处栽植的扶疏的刚竹和先贤祠的葱茏树木群，是采用了"景愈荐、景界愈大"的手法，达到步移景异。又采用"善荐者未始露，善露者未始不荐"的手法，在前半轴线上各建筑物间搭配常绿、落叶乔、灌木和花木，随行结合，各得其所，有的使用"俗则屏之，嘉则收之"的原则，岛的东北部原空旷平淡的湖面，用堤岸上高低疏密、聚敛参差的花木，屏得先贤祠前厅景域亭角隐现，掩映有致，达到屏俗嘉收的功效。在九狮石顶栽植凌霄藤把九狮石打扮得既端壮又俏丽；在桥下池岸边点缀红、白、黄、紫各色睡莲，迎翠轩置嶙峋石笋，峭插在五针松盆景间；全岛重点配置桂花、含笑、结香、栀子花、梅花等香花，一年四季芳香甘美，浓郁幽远，所有这些达到阳春桃柳争艳，盛夏莲荷斗妍，深秋丹桂飘香，冬天红梅闹枝，全年景色各献所长。

郭庄南部（浣池）以湖石作池礁，保留香樟古树，配置湖石假山和鸡爪槭、红枫、桂花、竹、梅、紫薇、茶梅等花木，形成一种古庭园的韵味，北部（镜池）方池，池中点缀莲花，背景配水杉密林，造成一种简练、明快、新颖的感觉（彩图 23）。

（二）继承传统、创新的风景园林布局

中华人民共和国成立后，中国现代公园历经了借鉴——探索——创造的过程。杭州园林绿化建设，超越全国前两个发展阶段，于 1950 年代初就从过去仅注意公园内部功能分区的合理性，而逐步转向注重发挥中国传统园林特色的阶段，强调公园艺术形式的主体是山水创作、植物造景和园林建筑三者的有机统一。杭州园林的创作手法，在继承传统的基础上逐步有所创新，实现了现代游憩生活内容与民族化的园林艺术形式的统一，发扬了中国自然山水园的艺术传统。

1953 年设计的花港观鱼公园，在园林布局上由牡丹园、鱼乐园和松林湾后面的花港三部分组成，"花"、"港"、"鱼"三者得到统一。园中模山范水，巧于因借，并配置了亭台楼阁，花廊水榭，空间组合开合收放，虚实相间，互为衬托，聚散有变，特色鲜明、主题突出。全园以"花"、"港"、"鱼"为中心，以"港"为主体，把假山、池沼、亭台、水榭、小桥、游鱼、花草、人流放置在一个大的环境之中，使游人得到宁静的享受，获得了恬淡素雅的美。公园中，人工与天然相契合，清雅与华美相交融，动与静互成，虚与实并济，造就了"多方胜景、咫尺山林"的艺术境界（图 2）。

1963 年设计的杭州植物园山水园，其布局分为玉泉建筑群、山坡空地、湖溪水体等部分。它以山水为主，亭台楼阁点缀其中，以树丛、水体、建筑分隔成有开合变化的园林艺术空间。它不同于旧式庭园，而是以反映山水园林艺术特色为主的现代园林（图 3）。

1977 年，曲院风荷设计，借用历史人文景观作造园的"根"，借用古人的诗词为造园意境，借用古人"因地制宜，因时制宜"的造园法宝，向着现代园林的

图 2　花港公园平面图（图片来源：杭州园林设计院 1989 年测）

图 3　杭州植物园山水园

方向探索。

曲院风荷是环湖绿地的一个重要组成部分，四周环境优美，北以栖霞岭为屏，南临西里湖，与花港观鱼公园遥遥相对，东借六桥烟柳，西可眺群山诸峰。它的造园风格既统一在西湖风景总风格中，又有其本身的个性。它以"增色湖山"为主导思想，十分注意继承中国古典园林艺术传统，充分应用和发扬这一地区的自然特点和历史胜迹。它的布局突出"荷叶的碧，荷花的红，熏风的香，环境的凉"的特色，广植西湖红莲，呈现出"接天莲叶无穷碧、映日荷花别样红"的景观。

阮公墩是1800年浙江巡抚疏浚西湖时堆积而成的小岛。1980年规划设计时，力求与西湖中另外两岛有所不同，又要统一在西湖风景的格调之中，确定以"小洲林中有人家"为意境，构成一个恬静幽逸的园林景点。设计手法上将这个圆形的小岛组织成三个景观各异的环境空间。小岛四周，远山近水，开阔明朗；向岛中心，则加厚原有树木层次，围成一片林间空地，清逸幽静；在偏西北地段，用厅堂、曲廊、竹篱、柴门组成一个院落——环碧小筑。在东北岸赏景最好地方，设眺望亭，与孤山、湖心亭呼应，充分利用古典造园借景手法，丰富景点内容。

笼月楼立面图

1986年，灵峰探梅景点设计，充分结合山岙幽谷、苍松翠竹、山溪清泉等自然环境和历史遗迹，突出赏梅的主题，以山林野趣及梅花的内在品格为创作意境，注重植物造景和植物群体效果，合理地安排休息、赏景、点景等园林建筑设施。按环境划分春序入胜、梅林草地、香雪深处、灵峰餐秀等四个园林空间（图4）。

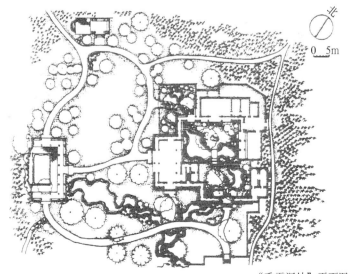

0 5m

"香雪深处"平面图

图4　植物园灵峰探梅景区建筑平面图与立面（图片来源：《建筑学报》，1990年第7期）

图 5　太子湾公园

　　1988 年太子湾公园设计立意是顺应现代人崇尚自然的普遍心理，在继承造园传统的基础上，借鉴欧美园林之精华，融中西方造园艺术中回归自然的思想于一体，创造了一种富有诗情画意和田园风韵，又蕴含哲理、野逸自由、简朴壮观的独特风格。太子湾公园设计的景观构思是严格遵循因山就势、顺应自然、山有气脉、水有源头、路有出入、景有虚实的自然规律和艺术原则。虽源自人工改造，然而"既雕且凿，复归于朴"，富于山情野趣和流水情趣，突出"静中荐野，野中荐乐"的天趣个性，成为一座"宜隔者隔之，宜敞者敞之"，可观可赏、可游可居、可触可闲的自然山水园（图 5）。

二、风景园林建筑

　　杭州西湖园林建筑格调是形式多样，尺度得当；建筑平面自然活泼，建筑造型空透玲珑；建筑色调淡雅明快，与西湖自然环境、山野气息十分谐调，体现了建筑美与自然美的高度联系和统一。

（一）传统的风景园林建筑

　　中国古代建筑以木结构为主体，它的基本艺术造型特点来自结构本身，建筑注重群体组合，形成以"院"为单位的组合体，有自己的独特的装饰方法和室内布局形式。

　　江南杭州园林建筑风格，承借文人山水园的轨迹，以淡雅、朴素、赋有诗情画意见称，是宋代以后园林建筑风格的主流。其布局特点是自由灵活、形式多样、堂馆亭榭随势安排，尺度得当；建筑平面自由活泼；建筑造型空透玲珑、朴实无华，结构型制不拘形式，亭榭廊台、小桥流水宛转其间；建筑色调淡雅明快，呈现出清新洒脱的文人园的风格。

中华人民共和国成立后，1950～1959年，杭州园林建筑主要是以继承传统的形式出现，翻修、翻建后的建筑则以砖木或钢筋混凝土结构仿传统形式为主。凡新扩建的绿地，其建筑采用轻质材料的结构型制，如花港观鱼的牡丹亭、翠雨厅，均采用木、竹材料建造。

中华人民共和国成立后，对于杭州的园林建筑风格采取区别对待：凡是在文化艺术上有一定价值的古迹、古建筑，妥善地严格保护；对某些名胜古迹的建筑和构筑物，扬长避短，保留精华舍其糟粕地进行装修；凡名不符实的风景点，为充实提高而修建的园林建筑，采取传统的形式和格调为主，达到相互协调。在主要名胜风景点的周围营建的建筑物，传统和地方格调较浓；远离主要景点、景线的新建建筑物，传统的气氛略淡。凡属新型的园林，如动物园，建筑形式以新型为主，适当地吸取一些传统的手法。

杭州西湖的建筑使用粟棕色色调，有富丽之感，这主要是两代建都，受北方园林风格和皇家园林的影响。这种相对浓郁的色彩，在广阔的自然环境中，在青山绿水、丛树密林环绕下，得到了"稀释"，但尚存"万绿丛中一点红"的对比，映衬和烘托了建筑。

1984年11月，望湖楼的重建是以百年古樟为中心，东西分别两座楼阁，北侧以曲廊、垂花门连接，形成一个向湖面敞开的广阔空间，由于景点紧临西湖并有历史掌故，则采用古朴典雅的古建筑形式。在设计中，建筑尺度比例，细部装饰以及色彩都被赋予一些古色古香的处理手法。在古树的掩映下和题刻岩壁、石基的烘托下，该景点颇具历史遗迹的景观气氛（彩图24）。

镜湖厅位于环湖北山路临湖处，面对后孤山。1985年，建筑设计采用木结构和仿木结构，歇山飞檐、小青瓦屋面、栗壳色柱、落地长窗、花式美人靠等具有地方传统特色的做法。主体建筑群借鉴中国古典园林造园手法，楼、廊、轩结合，主次分明，高低错落，虚实兼蓄，巧妙结合，形成一组建筑空间与自然空间互相引渡渗透的一个恬静幽雅的境界（图6）。

苏东坡纪念馆，1988年3月至1993年设计完成。该馆位于苏堤南端，用地为4.7亩，建筑面积为530m²，由陈列室、东坡画廊、碑廊、酹月轩、百坡亭和东坡石雕像等组合成围而不封的空间环境，借湖光山色之灵气，与西湖环境融为一体。纪念馆承袭了西湖园林的传统风格，布局自由。入口于东南角南山路与苏堤的交汇处，斜向而进，中心小广场上设苏东坡石雕像，为入口轴线的转折点。建筑紧扣苏东坡在杭之史迹和文学艺术成就而设置，采用传统歇山卷棚顶的建筑形式，粉墙黛瓦，造型自由轻盈，颇有杭州特色。园路自由环通，庭院空间疏密相间，绿树掩映成趣，具有丰富的文化内涵。

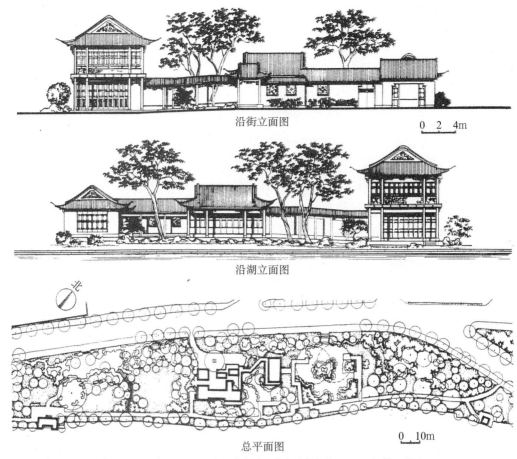

沿街立面图

0 2 4m

沿湖立面图

总平面图

0 10m

图6　镜湖厅景区总平面图及建筑立面图（图片来源：《建筑学报》，1990年第7期）

曲院风荷岳湖景区位于岳庙南面，改建前已形成旅游、商市、居住和办公中心。

岳湖景区包括岳湖口和竹素园两部分。1991年设计构思是烘托岳庙主题，使之具有特有的时空感和文化氛围。从岳庙广场布局上来创造庄严肃穆而有生机活力的氛围，创造能感动人心的气势，体现岳飞"满江红"的英雄本色。

布局特点为尊重历史，结合一轴，恢复一园。一轴把岳庙山门的中轴线延伸至岳湖中，建码头，恢复"碧血丹心"石牌坊，并铺一条石板通道直至码头，两边对植香樟，扩大广场宽度，精心设计两侧建筑的动态平衡（东侧餐饮，西侧购物）。两侧建筑体量、空间比例尺度与岳庙山门建筑相协调；一园参照清代布局，恢复竹素园，以秀竹、清泉、溪涧为特色，复建十二花神廊和聚景楼（名石苑），形成一个以静观为主、闹中取静的休闲游憩之地。

建筑形式，岳湖口采用宋代营造法式，建筑格调追求清淡、简洁、素雅、古朴，以体现岳飞的时代背景，使之具有中国传统庙市风貌，满足游憩、购物、餐饮、集散等功能。

（二）民居形式的风景园林建筑

杭州园林建筑从理论到实践的探索创新，趋向借鉴民居形式。

1963 年花港观鱼茶室，由同济大学建筑系承担设计，原设计意图是应用流动空间的建筑理论，采用长短两坡顶的形式，用于园林建筑上。由于建筑的空间尺度过大，经多次修改，形成一组通透、简洁、粗犷的建筑物。

1963 年吴山太岁庙（极目阁、茗香楼）和药王庙（评书场）的改建设计中，都采用了将江南园林建筑和民居优秀传统相结合的思路（彩图 25）。

1963 年杭州玉泉观鱼改建，其方案是由建工部建筑科学院建筑历史研究室，通过对浙江民居的深入调查，分析民居具有纯朴、淡雅、灵活多变等优点，结合江南园林建筑中细微、曲折、层次丰富，对景、借景交互出现，室内室外景观互相渗透等特点，创造出一组两坡屋顶形式、室内外联系密切的院落。屋顶以富有"弹性"的曲面两坡形式为基础，大胆地采用新材料、新结构以及屋角不起翘的新形式；白粉墙，小青瓦，斩假石柱，仿金砖地坪、磨光大理石贴墙面和栏杆扶手，青石板池壁与阶沿，卵石拼花路面，均以材料本色承胜，淡棕色为主。重点部位做木花格窗、木挂落处理，以简洁朴实、大方清新的艺术效果取胜。

1973 年，杭州市动物园的鸣禽馆设计利用其起伏的地形和淙淙不断的山水条件，采取跨溪聚水组合院的水庭格局，中间蓄水成池，池中置二岛，花木掩映。建筑造型采取薄板微翘酱灰色坡顶，绿灰墙面，豆绿色檐柱挂落，饰以花鸟为主题内容的砖雕花窗和壁嵌，蕴含传统而又富有新意（彩图 26）。

1981 年阮公墩景点建设，岛上建筑采用竹屋茅舍的形式，在设计手法上避去民间茅屋的简陋粗俗，通过形式上的再加工，赋予竹屋茅舍以艺术魅力。结构上为适应软土地基，采用轻型钢骨架结构，清漆竹材装饰。整体建筑显得轻巧、简洁、淡雅、朴素，与西湖别处的景点建筑截然不同，具有浓郁的江南特色，与湖周环境取得协调。

1986 年杭州植物园灵峰探梅景点的建筑设计，在布局上充分结合地形，因地而设，自由组合，注重视线关系，形成院落空间。在建筑造型上，采用了大出檐、吊脚楼、门窗开敞和外楼环绕的形式。白墙灰瓦，块石墙垣，不着色彩以清漆原木色调展现的木构件，构成一种简练素雅，朴野粗犷的山林乡土气息（图 7）。

1987 年设计的中国茶叶博物馆坐落在吉庆山的碧绿苍翠的茶园与山林丛中，是富有野趣的山庄式建筑，拥有 5 个展厅。总体布局因地制宜，高低错落。建筑设计吸取了传统民居中空间环境的组合手法，采用坡顶屋面，紫砂波形瓦与白墙，色彩清新淡雅，结构洗练。建筑处理采用现代设计手法，运用石墙、半人高的竹篱笆环馆而设，使建筑物与周围的茶园石坎相呼应。馆区内小桥流水、花廊曲径，配以园路、小品和植物，使建筑物融于环境之中。建筑新颖别致，既有时代感，又具有江南民居的乡土特色。

（三）新型的风景园林建筑

为满足园林功能和广大游人游园活动的需要，为适应功能要求所产生出来的

图 7　灵峰探梅景区建筑

新的园林建筑类型，如动物园笼舍和饮食、服务性建筑。

　　1973 年设计的动物园笼舍建筑，由于功能是多方面的，动物的本能又具有多样性，其形式也呈现多样化。大熊猫馆平面采用矩形室内活动场，北侧参观廊和室外运动场，采用绿色琉璃瓦双坡顶，浅绿色外墙；小熊猫馆采用圆形加进出门斗，扇形内笼，北侧参观廊为穹顶屋面，淡绿色墙面与周围竹林环境相协调。金鱼园布局采用隐内蔽外的手法，由古观鱼廊亭、山池花木园组成，具有传统和地方风格相结合的形式。爬虫馆利用其地标高差，设条形展箱式廊。象房采用钢筋混凝土结构，平屋顶两侧以小青瓦翘翻马头墙和前后檐小青瓦小桃檐处理。虎舍采用六开间的钢筋混凝土框架结构，扇形平顶房，用本山黄石堆贴成自然山体状，把建筑物隐蔽起来。

　　1977 年设计的山外山菜馆建筑，在选址、建筑的体型组合和建筑风格上都取得了与玉泉山水园整体环境的协调与统一。

　　总之，杭州风景园林建筑汲取和运用了我国园林建筑与民居的丰富经验，并根据建筑物的使用功能、结构材料特性以及杭州的文化和自然环境，进行了精心的构思与可贵的创新。建筑设计顺其自然，结合地势，高低起伏，自由错落；建筑格调质朴淡雅，精巧洗练，具有地方特色，使建筑物与环境统一在自然和谐的气氛之中。

三、园林植物配置

　　城市园林要求植物造景，进行合理的植物配置。杭州既有极为丰富的文物古迹，又有独具风格的湖山之美，是以自然美为主结合人工艺术美的风景园林。杭州风景园林最大限度地发挥自然景色的优势，在主题内容安排、树种选择和植物配置诸方面，既突出各风景点、公园和风景线的独特性，以形成特色，又达到与西湖环境和地方特色相协调的整体性。

（一）杭州园林绿化总体布局

西湖风景林组成，主要采用亚热带常绿阔叶林与暖温带的针叶、阔叶混交林，而以亚热带常绿阔叶乔、灌木为主。主要树种有冬青、石楠、青冈栎、苦槠、构栗、红楠、紫楠、浙江楠、香樟、木荷等30余种以及马尾松、毛竹等，为西湖山区创造了四季常青的景观效果。

西湖的山麓地带，植物配置以观赏为主，以常绿树为基调，大力发展色叶树种，其他山区则营造经济与观赏相结合的风景经济林，同时营造和恢复具有历史特色的植物景观，如理安寺的楠木林、灵隐的七叶树林、吴山的香樟林、大慈山的金钱松林、云栖的竹林、万松岭与九里松的松林、七佛寺的枫香林等，以突出季节性的风景特色。

西湖环湖四周，以欣赏湖景为主，采用开朗空间的布置形式，植物配置多从景观的整体效果着眼，采取宜疏不宜密、宜透不宜屏的办法，有利于因借，着重于群体美和林冠线的节奏变化。环湖地区以柳树为主，保持"袅娜纤柳随风舞"的西湖地方特色。

公园和名胜古迹点的植物景观，总体要求是春花烂漫、夏荫浓郁、秋色绚丽、冬景苍翠，四时有景，多方胜景，并突出各公园、景点的不同主题内容与特点。如苏堤多配置以垂柳和春季花卉，体现"六桥烟柳"的特色；曲院风荷以品种荷花为主，呈现"接天莲叶无穷碧，映日荷花别样红"景色，配以紫薇、鸢尾突出夏景（彩图27）；白堤以"树树桃花间柳花"的桃柳为主景；花港观鱼以牡丹、芍药为主景；柳浪闻莺以垂柳为主，海棠、月季为配景。

总之，整个风景区的植物花木配置的艺术特色有的以色彩鲜艳见长，有的以芳香馥郁著称，有的以苍翠挺拔取胜，突出各个季相特色，并以香樟、桂花等常绿阔叶树为基调树种，呈现出景景不同、季季不同、处处不同的景象。新建公园、绿地，以乔木为骨干，草坪、花木为重点，根据立地条件和设计意境的要求，创造出多样变化的园林空间。

（二）杭州园林植物配置的特色

杭州园林植物配置是根据因地、因时、因材制宜的原则，体现因景制宜，来创造园林空间的景变（主景题材的变化）、形变（空间形体的变化）、色变（色彩季相的变化）和意境上的诗情画意，力求符合功能上的综合性、生态上的科学性、配置上的艺术性、经济上的合理性、风格上的地方性等要求。

1. 因地制宜

根据杭州的气候特色和立地条件，以及公园、风景点和建筑的性质、功能要求，采用不同的植物配置构图形式，组成多样的园林空间。如花港观鱼公园，以牡丹、芍药、樱花为春景，以广玉兰、紫薇为夏景，以红枫、鸡爪械、无患子为秋景，以茶花、蜡梅为冬景。岳庙、六和塔以常绿阔叶树香樟的高大树冠作烘托，增强环境气氛；张苍水、章太炎墓园则以葱茏的常绿松柏树种为背景，衬托庄严、肃穆氛围。

杭州夏季炎热，为满足提供市民集体活动和消夏场所的功能，公园空间上要求宽旷、便于集散。中华人民共和国成立后，杭州新建的公园绿地、草地占有一定比例，在植物配置上力求简洁，如花港观鱼公园的大草坪，只在东西两端配植雪松丛，柳浪闻莺公园的大草坪，也只在东西两头种植枫杨树丛。由于草坪面积大、视线长，体量虚实对比强、景物的群体形象鲜明，形成了植物组合的群体美。又利用不同树龄的树木和地形高程的变化，丰富了树丛、树群的立体轮廓线。

2. 因时制宜

杭州园林植物随树龄的增长而改变其形态，随着季节变化而形成不同的季相特色。西湖风景区具有丰富多彩的季相变化，四季有景，各具特色。春有桃、夏有荷、秋有桂、冬有梅。如平湖秋月景点，以银杏、红枫为主景树，配以含笑、栀子花和晚香玉等芳香植物，以体现中秋赏月的主题。植物园山水园，绿化设计以松、樟、桂花等常绿树为基调，以红枫、杜鹃、樱花为主调，且主调植物多采用群植。

3. 因材制宜

园林植物配置的形式有助于园林特定风格的形成，园林树种的选择有利于创造园林境界的特定气氛。自然形的阔叶树能形成潇洒柔和的景象，整形的针叶树则会创造庄严、肃穆的气氛。西湖沿岸种植柳树，既达到适地适树，柳条丝丝又与西湖宁静的湖水非常亲和；西泠印社以松、竹、梅为主题，来比拟文人雅士清高、孤洁的人格，把植物加以性格化。阮公墩绿化着重以适应岛上环境的花木为主，配植成上、中、下多层次的丛林效果。为加深意境，在竹篱边种植野菊，屋隅漏窗前种植芭蕉，柴门外植竹等，以体现民居环境。1988年，太子湾公园植物配置力求简洁，高层突出川含笑、乐昌含笑等木兰科植物；中层，春季突出樱花和玉兰，秋季突出丹枫和白芦；低层突出火棘和绣球；地被突出宿根花卉和水生湿生植物；草坪以剪股颖、瓦巴斯和早熟禾等常绿草坪为主，部分草坪仍沿用狗牙根。植物配置重整体，求气势，着意创造树成群、花成坪、草成片、林成荫的壮阔景观。

总之，杭州风景园林植物配置的原则、方法取得了较好的艺术效果，植物配置的实践经验为全国园林绿化事业树立了榜样。

（注：该文系为《杭州市城乡建设志》（1949～1999年）而撰写的，原文录于书中的"设计篇·风景园林设计"一章中。现经过修改，独立成文，拟标题为"杭州风景园林设计艺术"）

规划设计

西湖风景名胜区总体规划（总纲）

一、风景资源的构成及特点

（一）秀丽清雅的江南自然景观

1．典型的湖泊风景和江南水景特色

（1）湖：西湖是景区的主体，西湖景观是自然美中秀美的极致。水不广，但湖平如镜，山屏湖外；登山兼可眺湖，游湖亦并看山；山影倒置湖心；湖光反映山际，山抱水回，山水相依，婉约秀逸。

（2）江：钱塘江烟波浩渺，雄丽俊逸，江流湖外，与湖若即若离，江潮湖影，相映并美。

（3）溪：西湖的溪涧以九溪、天竺溪为特色，清幽朴拙，自然天成，叮叮咚咚，婉约曲折，景色清丽。

（4）泉：虎跑、龙井、玉泉等西湖泉水，水质清甜甘美。涓涓细流，恬雅静谧。

2．逶迤绵连的低山丘陵和曲曲层层的多层次景观

西湖的自然美在于有一个秀色可餐的西湖，还在于与湖结合和谐的逶迤绵连的群山，湖山的尺度比例给人以亲切感。视觉由湖上向外延伸，显现在多层次的景观，使人有曲曲层层皆入画的感觉。

第一层：波光、云影、莲荷、舟船、候鸟、游人。

第二层：堤岛、岸树。

第三层：伸足湖中的丁家山、夕照山、孤山。

第四层：宝石山、吴山、凤凰山、玉皇山、南屏山、南高峰、三台山、灵峰。

第五层：天竺山、五云山、石人岭、北高峰。

西湖的山体呈现小体量、多层次、低视角，天际线柔和委婉，从而形成典雅、秀逸、舒展、清丽的空间格调。

3．繁盛而富有生机的植物景观

杭州地处亚热带北缘，植物品种繁多，西湖山区的绿化覆盖率达70%以上，主要以常绿和落叶阔叶混交林为特色，四季的林相变化丰富多彩，春花、夏荫、秋叶、冬枝，随着时序的变化，给人以生命的韵律感。景区内有许多历史形成的植物景观如三秋桂子、十里荷花、六桥烟柳、九里云松、云栖竹径、灵峰探梅等

都为西湖的自然景观增添了绚丽的华彩。景区内的各种古树名木，使景观更为古朴苍润，显出历史的魅力。

4．随时入景的气象景观

西湖因朝夕晨昏之异，风雪雨雾之变，春夏秋冬之殊，呈现异常绚丽的气象景观，瞬息多变，仪态万千。苏堤春晓、平湖秋月、断桥残雪、南屏晚钟、雷峰夕照、葛岭朝暾、双峰插云，这些著名的西湖胜景都因时令、气象的变化而得景。前人说："晴湖不如风湖，风湖不如雨湖，雨湖不如月湖，月湖不如雪湖。"这是对西湖自然景观体察精微之说。

（二）与自然景观交融一体的丰富的人文景观

西湖不仅钟灵独秀，而且有丰富的和自然景观交融一体的人文景观。人们游览景区，从秋瑾墓到岳飞墓，从灵隐寺到六和塔，从西泠印社到三潭印月，在欣赏湖光山色、优美风光的同时，可感受到精美的园林、雄伟的古建筑给予的人文美和艺术美，而思绪还会伸入到历史文化的天地中。西湖，到处有优美的神话，动人的传说。游览西湖，可随着历史的踪迹，寻找历代英雄人物的丰功伟绩，名人志士的萍踪轶事，帝皇将相的来去浮沉。

（1）杭州是我国六大古都之一，吴越和南宋两朝都城的遗址和散布于景区各处的文物古迹。

（2）各种神话故事、民间传说、杂剧记事、诗词曲赋。如白蛇传、梁祝故事、济公传等等（见基础资料附表）。

（3）浓郁的宗教文化，给人神秘和玄奥感，如灵隐寺、三天竺、净慈寺等，都是江南著名的古刹。

（4）纯朴的民间民俗和富有特色的特产种植业，如龙井茶的生产、制作。

（三）较好的环境质量和游览活动条件

（1）杭州气候温和，四季分明，除7、8两个月高温酷暑，1～2月份低温寒冷外，适宜于旅游的季节较长。目前，风景区植被保护较好，环湖的绿化覆盖度超过70%，空气质量和环境面貌都较良好。

（2）交通便捷，对内一小时可达各景点；对外铁路、公路、水运、航空四项具有，并具备一定的运力。

（3）旅游服务设施较完善，基本上满足每年1500余万人次的国内游客和35万国外旅游者所需。

（4）有一定的基础设施，电力、电信、医疗、卫生等基本满足旅游者的需要，污水处理实现了环湖截流工程，一些地区的上、下水并入了城市给水和排污系统。

（5）游览活动内容较多，发展潜力大。

（6）地处上海经济区，该区域经济现状较好，在占国土6.6%的土地上，集中了占全国21.3%的人口和26.5%的工农业总产值。

图 1 西湖风景名胜区总体规划图（图片来源：杭州园林设计院）

（7）区域风景资源丰富，便于组织各种游览活动，以西湖为中心，450km 为半径的范围内，其陆域面积占国土总面积的 4%，而第一批国家级风景名胜区和历史文化名城各占 1/4。

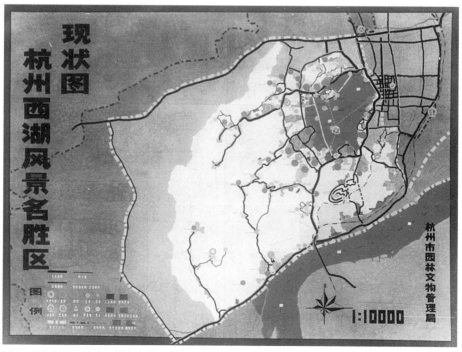

图 2 西湖风景名胜区现状图（图片来源：杭州园林设计院）

二、规划的宗旨和基本原则

风景名胜是国家宝贵的环境资源，西湖是祖国的瑰宝，民族的珍珠，规划要以继承过去，立足现在，放眼将来的观点，处理好历史、现在和将来的三者关系，努力保护好、管理好、建设好西湖风景名胜区。规划以西湖为中心，风景名胜为重点，历史文化为内涵，山水、江湖兼顾，充分发挥山林、洞壑、溪泉等自然特色，妥善保护好文物古迹，充实现代的文化、娱乐、旅游设施，逐步组成点、线、面相结合的游览网络，使西湖风景名胜区达到：湖水明净，空气清新，花树繁茂，绿草如茵，人文荟萃，交通便捷，设施齐备，成为国际第一流的风景游览区。规划的基本原则如下：

1．保持和发展西湖的特色

西湖风景名胜区融自然风景、文物古迹、历史文化于一体，风景优美，文化内涵深邃。规划要充分体现西湖独特的艺术风格，考虑各个景区、景点的整体格局和风格的协调；同时，又要突出各个景点的历史文化、文物古迹、园林建筑、植物景观等方面所形成的各自特色，组成一幅绚丽多彩的画卷。

2．加强整体保护

风景名胜区的保护是风景名胜区的首要任务，也是规划的基本出发点，要保护好水体、山峦、溪泉、动植物等自然景观和文物古迹等人文景观，要从个别的风景名胜点的保护扩展到加强整个风景名胜区地域环境的保护，为后代留下一个美好的景观环境。

3．提高大环境质量

西湖风景名胜区要建成绿树成荫、彩色缤纷的自然大公园，保持清新优美、舒适雅静的环境，使人赏心悦目，情畅神醉，必须努力提高大环境质量。规划要利用丰富的植物资源优势，发挥植物景观的特点和生态效益，努力提高绿化、美化和彩化水平，做到春花烂漫、夏荫浓郁、秋色多彩、冬草如茵。不同季节，有不同的植物景观，使西湖山围水抱，林绕花环。

4．积极充实文化和科学技术内容

西湖风景区内的文物古迹是国家的珍宝，必须严加保护，同时要积极地、不断地充实新的文化和科学技术内涵，提高西湖的文化层次。要结合环境条件，创建各类专业博物馆、艺术陈列馆以及融科学性、知识性、趣味性于一体的科学技术馆或场所，游人通过游览，不仅可以欣赏大自然的风姿神采，而且还可以进一步了解历史，认识自然，增长文化科学知识，使西湖的游览内容更加丰富多彩，使西湖灿烂的文化艺术更加发扬光大。

5．体现历史的连续性和发展性

历史在发展，时代在前进，人们的时空观念在不断发生变化，活动范围在扩大，西湖既要保持传统，充分反映传统的东方文化的艺术特点，又要体现时代的特色。要积极引用先进的生产方式和生产技术，改善风景区的各种基础设施，因地制宜、因时制宜地充实新的游览内容。

6．远近结合，为远期发展留有余地

规划要从远景着想，近处着手，远近结合，为远景建设留有充分余地。近期建设需体现投资少，收效快，一般维修和重点改建相结合，根据勤俭办一切事业的精神，尽可能利用现有基础条件，增添必要的设施，增加游览开放点，扩大环境容量。

三、西湖风景名胜区的性质

西湖山水秀丽，风光明媚，时时有景，处处生情，诗情画意，情景交融，不仅独擅山水之胜、林壑之美，还具有璀璨的文物古迹和文化艺术，融自然美与艺术美、伦理美为一体。西湖自然条件得天独厚，又因紧紧依傍在杭州市区，游览交通便利，为观光游览创造了有利的条件，历来为中外游人所驻足之地。因此，它的性质是：西湖风景名胜区是以秀丽、清雅的湖光山色与璀璨的文物古迹、文化艺术交融一体为特色，以观光游览为主的风景名胜区。

四、范围和外围保护地带

西湖风景名胜区范围已经省人大常委会发布保护条例确定，本规划根据现状情况，建议作局部修改，同时增加了城市影响区。

（一）规划风景区范围

东起松木场、保俶路转少年宫广场北，经白沙路、环城西路、湖滨路、南山路至万松岭路以南以及吴山、紫阳山、云居山全部。南自鼓楼沿吴山、紫阳山、云居山东侧山麓，经凤山门沿凤凰山路（规划）至天花山沿西湖引水渠道至钱塘江北岸，转珊瑚沙贮水库北河至留芳岭以北。西自留芳岭、竹竿山、九曲岭、石人岭至美人峰、北高峰、灵峰山至老和山山脊线以东。北自老和山山麓（浙江大学西围墙）转青芝坞路北侧 30m，接玉古路、浙大路、曙光路至松木场以南。总面积为 60.04km²。

建议修改范围：闸口新增加白塔起至六和塔沿江绿地，浙大南侧退至青芝坞路北 30m，玉古路为界。凤山门增加馒头山地区等（详见风景区范围图）。

（二）外围保护区范围

东起南星桥江滨公园、江城路、凤山桥、中山南路、鼓楼，转河坊街、延安南路（规划中）、延安路，转青春路、武林路、教场路至环城西路一线以西地区。南至钱塘江主航道中线，杭富路至转塘路以北地区。西为留转路以东地区。北自留下，经杭徽路、天目山路至武林门以南地区。

外围保护区范围净面积为 35.64km²。

现建议修改范围：剔除原二堡经杭沪路、秋涛路东南侧钱塘江滨江地区。

（三）城市影响区范围

东以中河路为界，北至环城北路，南凤山桥接江城路至南星桥以西地区。西接西湖风景名胜区。北自武林门环城北路至中河路以南地区。

影响区范围和西湖风景区的最近距离（东西向）为 1.1km 左右，南北距离为 5.5km 左右（中河的梅登高桥至南星桥）。

影响区范围总面积 3.745km²。

五、规划期限

风景名胜区的保护和建设是一项长期积累的系统工程。自然和历史文化遗产的保护是永无终点的，是代代相传的艰巨任务；风景名胜区的建设是一个渐进的过程，发展的过程。因此，风景名胜区的规划也只能是提出一个历史阶段中的目标和任务。根据西湖风景名胜区的实际情况，参照国民经济的发展进程，这次的总体规划到 2030 年，分三期实施：

近期：1990～2000 年（十年计划）；远期：2001～2020 年。

六、总体布局规划

（一）景区和景点规划

根据地域上的连续性、风景资源的特色，将西湖风景名胜区划分为 11 个景区：环湖景区、北山景区、吴山景区、南山景区、凤凰山景区、西山景区、灵竺景区、龙井虎跑景区、钱江景区、五云山景区、植物园。

1．环湖景区

本景区包括环湖公园绿地及孤山、苏堤、白堤及湖中三岛，是西湖风景名胜区的核心和精髓，西湖十景多荟萃于此。它以"湖开一镜平"、"水色入心清"的水景为主，集中了西湖造园艺术的精华。但目前环湖路以内 212.3hm² 土地，对外开放的公园、风景点只 111hm²，占总面积的 52.2%，还有 101.3hm² 的土地被机关、招待所、部队、居民住户占用，形成了大片的"禁区"。由于建筑过多，湖景被遮挡，影响了游览。为了增加环湖景观，扩大沿湖游览面积，规划将环湖道路（即湖滨路、南山路、西山路、北山路）与西湖之间的沿湖地区扩建为环湖公园。在上述范围内，不再新建与风景园林无关的建筑物。现有的单位和住户应逐步外迁，做到"只拆不建"、"只出不进"。近年来，环湖北线已经搬迁了一批机关、居民住宅，建成了湖滨一公园、望湖楼、镜湖厅、圣塘路等景点，今后要继续搬迁岳湖周围、孤山以及环湖南线的省邮电管理局、省军区政治部、市公交二场等机关、部队、居民住宅，同时开放夕照山、汪庄、刘庄、柳莺宾馆、大华饭店等"禁区"，重建雷峰塔。环湖景区应是处处相通、景景相连、花团锦簇的开放游览区。

本景区内的公园，风景名胜点的规划要点如下：

（1）三潭印月：突出水景，保持湖中有岛、岛中有湖的独特艺术格调，现在的中路曲桥游览线的布局具有历史和艺术的很高价值，要重点保护。为疏散中路游人，在岛的西部可适当点缀小体量建筑，整理游船码头；改造服务设施；控制上岛游人量，保护游览环境和气氛。

（2）湖心亭：目前岛上布局单调呆板，游览内容空乏。应适当添建临湖亭廊，增加空间层次，整理现有码头和杂乱环境。

（3）阮公墩："阮墩环碧"为"新西湖十景"之一，以云水居竹屋、茅亭为特色，环境幽雅（彩图28）。应控制游人量，提高仿古游览的艺术质量。

（4）苏堤、白堤："苏堤春晓"、"六桥烟柳"及白堤桃柳，既是西湖著名的春景，又和白居易、苏东坡两位历史名人相联系。因此，两条堤要恢复原有特色。苏堤、六桥复建桥亭，临湖点缀少量休息亭榭，南端辟建苏东坡陈列馆；白堤，控制机动车辆行驶，断桥复建古朴简洁的牌楼。

（5）孤山：孤山为西湖精华所在。应开放文澜阁，整修清代行宫遗址，现浙江博物馆恢复为西湖博物馆，陈列展出西湖的历史文物。保护西泠印社的艺术格局，辟建白居易、俞樾和林启陈列室，重修林和靖墓，使孤山成为开放式的文化园地。

（6）湖滨公园：为西湖的门户，要求布局简洁开朗，花草繁茂，适合游人集散和早晨市民的体育锻炼。可建立杭州城市标志物和西湖整治工程历史纪念碑。圣塘路景点设导游介绍中心和花卉盆景展览场地。

（7）柳浪闻莺：在保持原有花木配植的基础上，可建综合性的文化娱乐公园。充实百鸟天堂内容，扩大聚景园，新建音乐喷泉、夜西湖俱乐部，使夜花园的内容丰富充实。市交二场搬迁后建西湖美术馆；军区政治部搬迁后建青少年文化娱乐园，兴建音乐厅。沿湖添建亭廊，辟建水上餐厅。

（8）花港观鱼：为西湖风景名胜区中的主要公园，要具有第一流的造园艺术和养护管理水平，所有设施都要服从造园艺术的需要。现有的陈旧破烂的菜馆需改建，恢复翠雨厅，完善观鱼亭廊的布局，西里湖处可考虑增加水上活动。现花港观鱼西门北侧的松鹤山庄一带要和公园连成一体，开展钓鱼、野餐等活动。

（9）曲院风荷：在原有风荷区、密林区的基础上完成岳湖区、曲院区以及郭庄的建设，搬迁园内的部队、机关、居民和部分商业建筑等，使之成为以赏荷品曲为主的综合性文化休息公园。郭庄恢复为江南古典式庭院；开辟西里湖水上活动区；充实密林区的野营、野餐内容；恢复竹素园，辟设盆景展览；调整岳庙前商业网点布局。

（10）长桥公园：应和苏家山东侧绿地连成一片，添建廊桥，点缀临水亭榭，开展棋类活动。

（11）雷峰夕照：重建著名的"西湖十景"之一——雷峰夕照的主体"雷峰塔"，开放汪庄，成为向公众开放的游览区，同时活跃西湖的南部水面。

（12）刘庄：可以开放游览和接待宾客兼顾，恢复"蕉石鸣琴"等景点。

西湖水体是西湖风景名胜区的主体所在。现在西湖湖岸轮廓线是最近几十年中形成的，西湖的湖面面积比清代已缩小了 200 多公顷。为了丰富湖岸线，增加景观层次，西湖水面应向湖西作适当延伸，在茅家埠地区恢复部分水面。

西湖引水工程于 1986 年 9 月 30 日竣工后，西湖水质有了一定改善，但要从根本上改善水质，使湖水透明度达到 80cm，还需进行综合治理：继续搬迁污染环境、有碍风景的工厂，治理溪流；完善环湖污水截流管道并铺设灵竺地区的排污管道；继续疏浚西湖，使湖水平均深度达到 1.8m 以上；环湖地区继续抓好消烟除尘，成为无黑烟区；尚余的汽（柴）油动力船在 1990 年前淘汰；开展水生植物净化水质的科学研究；继续控制养鱼数量，调整鱼类结构。

2．北山景区

本景区包括宝石山、栖霞岭一带，包括岳飞墓、黄龙洞、葛岭等景点。这里文物古迹多，其中保俶塔为杭州和西湖的标志，岳飞墓是全国重点文保单位。地域贴近市区，为进入风景区的主要通道。登山俯瞰市区、西湖，气象万千，山南、山北景色迥异。目前，该景区的主要问题是山体的东、北、西三部分被一大批机关、居民和其他一些企事业单位所侵占蚕食，山南有 10000 多平方米的破旧建筑为居民、单位所用。这些都影响了观瞻，也不利于景区保护。今后的重点，首先是保护好现有绿地不再被侵占，对已经占用的要分别情况予以清理。严重影响景观的建筑、围墙要坚决拆除，工厂应搬迁，保俶塔以东山坡直至保俶路，要保留绿地。搬迁宝石山南坡现杭州铁路分局的所属部门和居民，改建为开放式的国际花园别墅区——宝石花园。在建中的东山弄居住小区以解决原住在风景区内的拆迁农居和居民为原则，要严格控制外来居民迁入。居住区中的绿地面积占总用地面积应不少于 40%，建筑高度不超过 15m。

（1）保俶塔：宝石流霞为"新西湖十景"之一。按照修旧如旧的原则整修保俶塔，入夜可以灯光返照，突出宝塔的轮廓线。整理宝石山的山石环境，利用裸露石岩，辟设现代摩崖石刻。

（2）宝石花园：利用现在宝石山南坡依山而筑的别墅、民房，改造成既可开放游览，又接待入境游客的花园别墅区。整修大佛寺石刻造像，使之成为西湖演变的见证。

（3）葛岭朝暾：整理葛岭环境，修建观日出台榭。抱朴道院为对外开放的道教寺院，整修假山叠石。整理"半闲堂"遗址，揭露南宋权臣贾似道等的罪恶史迹。

（4）栖霞岭：整理紫云、金鼓、蝙蝠三洞；整修牛皋墓；开放黄宾虹纪念室，山林要突出红叶，衬托西湖秋景。

（5）岳飞墓：整顿庙前环境气氛，改造岳庙街，恢复"碧血丹心"牌坊，充实岳飞史迹陈列内容，恢复牛皋、岳云、张宪塑像。

（6）黄龙洞："黄龙吐翠"是"新西湖十景"之一。适当扩大黄龙洞的景点范围，突出竹景、假山、黄龙泄水等自然景观，同时加强仿古园的古典气氛，提高仿古的艺术质量和趣味。

3．吴山景区

"吴山天风"为"新西湖十景"之一。本景区包括紫阳山、云居山、七宝山、城隍山等，山体深入市区，游览便捷。山上历史遗址众多，登山远眺，钱江、西湖及市区历历在目，风景佳丽，曾有"秀夺江南第一洲"之誉。目前的主要问题是一些建筑向山上蚕食，风景区的土地遭到侵占。

本景区的规划重点是利用吴山历史的、地理的、气候的有利条件，和凤凰山景区连缀成以历史文化为主体的游览胜地。在原城隍庙遗址恢复"吴山大观"楼，展示杭州和西湖悠久的历史文化，兴建"梦梁楼"仿宋菜馆；利用原东岳庙旧房，改建为民居式的"吴山别业"（"有美堂"），在接待旅游者的同时，可利用别具一格的戏台演出古典剧目；整理紫阳山环境，使"江湖汇观"亭与宝成寺、感花岩、瑞石洞连成一体；伍公山、七宝山可恢复"伍公庙"（彩图29）；兴建"涌涛阁"，展出吴越春秋和伍子胥的历史故事；现退休工人茶室可改建为南宋"小画院"；恢复"三茅观"；云居山新建"天开图画阁"；现正在建设中的浙江省烈士纪念馆和吴山的总体规划要相互联系，相得益彰。

4．南山景区

本景区包括玉皇山、南屏山、禹王亭、太子湾一带。这里地理、自然环境均十分优越，许多景点尚待开发，是西湖南线的黄金带。本景区可以根据各景点的不同特点，建成各具风采的游览点。玉皇前山长桥湾地区，要严格控制用地规模，要考虑预留禹王亭一带建设风情苑时农居搬迁的用地，以及净慈寺扩建和学士桥开放后风景区管理机构和花卉基地的用地。

（1）南宋风情苑：禹王亭至长桥一带，东靠凤凰山、万松岭，西接长桥公园、夕照山，交通便利，地形平整而略有起伏，目前为农地和部分农居、部队住房。规划辟为反映南宋临安风物的古典园林，与吴山、凤凰山相连，成为集中反映杭州历史文化的风景游览区。风情苑内可辟设手工艺作坊、活字印刷、画苑、茶楼酒肆等。

（2）太子湾公园：本园在外观上应是简朴自然的田园式山水园林，富有野趣、幽趣，充分运用植物造景的手法，构筑有别于西湖其他园林的空间意境，在内容上可结合现代的各种科技手段，寓知识性、趣味性、娱乐性于一体，为青少年提供休息、娱乐和审美的良好场所。在完成第一期环境整理工程后，第二期可充实内容，并向南屏山、九曜山扩展，使草地、水池和山林连成一个整体。南屏山山石玲珑，应整理环境，开发山顶游览线；恢复"小有天园"，使净慈寺以西地区全部对外开放。

（3）玉皇山："玉皇飞云"为"新西湖十景"之一。现有山顶建筑已较多，不宜再增加，可增添我国古代天文知识的内容和实物；恢复"七星缸"；开展登山活动。

（4）净慈寺（南屏晚钟）：进一步完善净慈寺的寺庙布局，恢复塔院。在净慈寺西部，恢复我国最早的金鱼饲养地——南屏金鱼池。

（5）丝绸博物馆，章太炎、张苍水纪念馆：三馆有的在建，有的已建成开放。今后主要是充实内容，提高陈列展览的水平。

5．凤凰山景区

本景区包括万松岭、凤凰山、将台山至八卦田、白塔一带。凤凰山是吴越、南宋故宫遗址所在地，景区范围内有丰富的历史文化，因此，规划为吴越、南宋历史文化区。目前景区内自然环境较好，但江干一带各种建筑杂乱，近年来还有不少违章建筑，一些重要文物古迹附近被单位仓库所占，特别是南宋故宫的所在中心尚被省军区后勤部仓库占用。今后应严格制止违章建筑，控制居住区的发展。省军区后勤仓库和打靶场应尽快搬迁，对故宫遗址进行考古发掘。

（1）凤凰山南宋宫苑遗址公园：以凤凰山和现省军区后勤仓库为中心，包括馒头山、圣果寺、月岩、梵天寺等建设遗址公园。现馒头山的南京空军部队已经撤出，该处应移交给风景区管理部门管理。梵天寺的省军区幼儿园亦应创造条件搬迁，作为南宋的科技陈列馆，保护好五代经幢。

（2）慈云岭石刻造像群：景区内的慈云岭以及天龙寺、南观音洞等五代、南宋石刻造像和将台山吴越排衙石题诗均应妥善保护，并修筑游览道路，整理环境，使之连成一体。

（3）南宋官窑博物馆：建成以官窑为主的浙江瓷器展览中心，现正建设第一期工程，以后逐步充实完善。在龙窑遗址前的省电力局仓库应尽早搬迁；富春江水泥厂搬迁后留下的厂房仓库应拆除，原水泥厂开山留下的石壁可凿刻为巨型石雕，和八卦田、官窑组成一处新的旅游点。

（4）八卦田：保护好八卦田的历史风貌（彩图30），整修吴越王妃吴汉月墓。八卦田西侧的南山公墓需美化环境，不再继续扩大。江干的白塔应妥善保护，拆除周围破旧住房多开辟成一处小游园绿地。

（5）万松书院：恢复万松书院，展示我国古代的教育史迹。以书院为主体，开辟民间故事"梁祝"旅游线。

6．西山景区

本景区包括环湖西路以西的茅家埠、金沙港及赤山埠等地区，环境优美，丘陵起伏，是湖与山之间的过渡带，规划建设好这片地区，对于西湖的景观和发展旅游至关重要。现在该景区集中了一批宾馆、疗养院以及农村居民点，成了西湖和山林之间梗阻区，与风景景观不相协调。今后要控制农村居民点的规模；疗养院、宾馆都要改建成对外开放的、庭园式的；严格禁止兴办工厂企业。

（1）湖西公园：在茅家埠一带，利用湖泽、丘阜，创造恬静、舒畅的田园气氛，辟建具有多民族特色的民居，开展民俗风情旅游；在黄泥岭和金沙港园艺场一带，作为国际园艺博览区，突出中国的名石、名花，并介绍世界有代表性的园林艺术和花卉。正在建设中的中国茶叶博物馆，今后将逐步建成为茶文化中心。

（2）国际花园俱乐部：现空军疗养院以南至赤山埠一带，集中了一批宾馆，这些封闭式的宾馆应逐步改造成能对外开放游览的、花园式的宾馆，增添并完善必要的文化娱乐设施，配套服务设施，建成以国际旅游者和国际会议为服务对象的花园俱乐部。

（3）百花园：现在的杭州花圃逐步建成以开放为主的花卉公园，开辟花卉专类园、花卉展览温室，同时兼顾花卉科研和生产，成为花卉研究的基地。

7．灵竺景区

本景区包括灵隐，上、中、下三天竺及北高峰等地，是佛教寺庙集中的区域。原来天竺一带的农居富有浓郁的乡土气息，天竺香市也是饶有情趣的旅游特色。现在的主要问题是游人比较拥挤，中天竺尚待恢复，农居布局零乱，新的建筑已失去原有特色。北高峰也尚待整理。

本景区逐步成为以佛教文化为主的游览景区，要保护好飞来峰石刻造像等文物古迹，保护好古树名木，保持幽深的环境；要疏导游览交通，开辟龙井到天竺，梅家坞到法云弄隧道；完善灵隐寺的布局，整理上、下天竺，修复中天竺；北高峰的电视转播台应搬迁，整修华光庙，使北高峰成为对群众开放的游览点。灵竺地区的农居建筑应成为风景区的有机组成部分，保持和发扬原有的地方特色。

8．龙井虎跑景区（龙虎景区）

本景区包括龙井、烟霞三洞、南高峰、虎跑等地区。溪泉洞壑是本景区的主要特色。虎跑泉、龙井泉是西湖的著名泉水，龙井又是著名龙井茶的产地，"龙井茶叶、虎跑水"，称为西湖"双绝"。满觉陇是传统的赏桂胜地，登南高峰可俯瞰西湖山水，景色佳丽。目前的主要问题是本景区范围内农居失控，布局杂乱，翁家山、满觉陇、四眼井一带新建了一大批与景观不协调的建筑，搬迁工厂留下的厂房挤进了新的单位。今后要重点做好农居规划和设计，严格控制用地，农村的旅馆等服务设施要采取环境保护措施。

（1）龙井："龙井问茶"是"新西湖十景"之一。改建龙井的破旧建筑，整理林木山石，辟建岩石园，修复胡公庙。开辟狮峰登山索道。

（2）一峰四洞：重建南高峰楼阁；开发千人洞；保护烟霞洞五代石刻；整修

风景建筑；整理水乐洞、石屋洞环境；扩大满觉陇赏桂胜景。青龙山南空基地可改建为旅游服务设施。

（3）虎跑：以"新西湖十景"之一的"虎跑梦泉"为主题，整理入口处环境，疏导泉源溪流，增加"寻泉、试泉、听泉"的艺术情趣。积极利用虎跑泉、珍珠泉泉水资源，开辟珍珠坞氡泉保健活动。

9．钱江景区

本景区包括六和塔、九溪一带。巍峨古塔与之江风帆，秋江红叶与九曲清溪为其景观特色。现除九溪口附近建筑零乱外，景观保护尚好。

（1）六和塔：重点保护好珍贵文物，充实古塔陈列室，恢复御碑亭，提高环境质量。景点入口处应改建服务、售票设施。沿江应加强绿化，突出红叶。

（2）九溪：发挥"新西湖十景"之一"九溪烟树"的特色，突出山野景色，溪泉两侧，多植杏、李等山花，开辟野餐、野营地；整理和改建九溪餐厅等服务设施；九溪口开辟水上活动区，改造环境，清理杂乱建筑。

（3）理安寺：保护和扩大楠木林，整修游览道路，利用理安寺优美环境，建造具有山野气息的园林式旅游山庄。

10．五云山景区

本景区包括原钱江果园、云栖、五云山及琅珰岭一线。本景区的特点是幽谷、竹林、茶园、红叶，以及山岭风光。目前从总体上说景观保护比较好，但梅家坞的茶乡建筑格调已受破坏。

（1）五云山森林度假村：利用钱江果园至五云山之间的背山面江的优越条件，开辟钱江森林度假村，为发展国际旅游服务。

（2）五云山：保护古树，改建山顶建筑，开展登山和夏令营等活动，整理琅珰岭游览道路，开辟野营地。

（3）云栖：保护好云栖竹径及幽静环境；搬迁竹径入口处的部队营房；整修建筑；首先控制占用部分云栖景点的杭州市工人休养所的发展，并创造条件搬出景点范围。

（4）梅家坞：要保护梅坞茶乡风光，梅家坞村的建筑要有浓郁的乡土气息。今后灵隐法云弄和梅坞之间隧道打通后，开辟柴窑里野营活动，发展茶乡旅游。

11．植物园

杭州植物园占地面积226.6hm^2，它既是对外开放游览的公园绿地，又是进行植物科研和进行科普教育的园地。目前，开放游览区已初具规模，有植物分类区、经济植物区……及山水园、木兰山茶园、桂花紫薇园、槭树杜鹃园等观赏植物专类园，重要的树木园尚待建设。主要问题是园中心区还有几十户农居，有一条公共交通线路穿过园的开放区。

规划要求在植物园原有的基础上，对已经开放的游览区进一步充实提高，丰富展览和游览内容，添建观赏植物展览温室；扩大玉泉景点，整理资源馆周围环境；搬迁园内农居，停驶 28 路公共汽车，变公交线为园内游览线；竹类区可增加竹楼、竹亭等观赏游览建筑；进一步充实扩大灵峰探梅景点；完成树木园的建设；在增加观赏游览内容的同时，加强植物园的科研工作，增加科研设施，为西湖提供更多的优良观赏植物种类。

（二）保护规划

西湖风景名胜区是千百年来人们致力于保护和精心创造的自然与历史的文化遗产，它融汇了前人的智慧和心血。早在 900 多年前，苏东坡就曾经说过："杭之有西湖，如人之有眉目"。出于对西湖的重要地位的认识，历代的仁人志士和劳动人民，为保护西湖作了坚持不懈的努力，当西湖遭受人为的蚕食、鲸吞和自然界的泥沙侵蚀而将湮没的时候，人民用自己的劳动和心力保护了西湖的锦山秀水。

如今，西湖的地位早已跨越了杭州的地域界限，保护西湖风景名胜区已是这一代人的历史责任。西湖风景名胜区既是自然保护区，担负着保护自然，维护和改善杭州生态环境的重要任务，又是历史文化和名胜古迹的保护区，人们通过游览，可以加深对中华民族悠久历史和灿烂文化的认识，加深对中华大地锦绣山河的热爱。西湖的山水构架，协调和谐，它的自然美是一份珍贵的财富，是无法以任何人造的物质形象所替代的。因此，西湖风景名胜区的各种风景要素、风景景观必须得到妥善保护，使人们的生产活动、生活活动和景区的自然环境、文化氛围相协调，使景区的自然美、人文美逐步趋于合理、完善。

根据景区的具体情况，对风景名胜区、外围保护区和城市影响区分别提出保护措施：

1. 风景名胜区

（1）风景名胜区范围内的各种建设和设施，都必须按照风景名胜区总体规划的要求进行。在风景名胜区内不得新建、扩建同风景和游览无关的建筑物或构筑物。原有的有碍景观的建筑物、构筑物要按规划进行遮挡、改造，影响严重的应坚决拆除。

（2）占用风景名胜点和公共绿地的单位、部队应限期迁出。现有的疗养院、休养所、医院、部队等单位要严格控制扩建，有的创造条件逐步迁出，有的可改造成对外开放游览的旅游服务设施，不准在院内建家属宿舍。现有的工厂要逐项清理、整顿，不得新建、扩建设施，污染环境、破坏景观的需限期停办、搬迁。凡风景区内搬迁的单位、部队所遗留的房屋建筑和土地，由风景区管理部门接收，改为风景游览服务，不得移作他用。

（3）风景名胜区内的一切建筑，只能点缀湖山，从属于湖山，密度宜疏不宜密，体量宜小不宜大，高度不得超过 3 层（10m），造型要和景观相协调，屋顶以坡顶为宜。

（4）旅馆及旅游服务设施要合理布局，严格控制，不影响公共游览。环湖路以内不得新建、扩建旅馆。风景名胜区内新建宾馆、旅社必须以低层次、开放性、园林式为原则。

（5）保护山体，禁止开山采石取土。不准立新坟。现有的坟墓应进行清理，分别不同情况处理。现有公墓不得再扩大，风景名胜区内不得建设骨灰馆（所）。

（6）保护水体，严禁向景区内水域排放污染水、污物。污染水质的机动船艇，限期淘汰。不准在景区内打深井，不准堵截泉源，打井取水。

（7）保护动植物资源，禁止破坏损毁植物。禁止狩猎、打鸟、放牧。禁止毁林垦荒、毁林种茶，景区内的茶叶种植面积不再扩大，以提高单位面积产量来增加收益。

（8）保护大气，景区内各单位的烟尘和有害气体的排放量均不得超过环境保护的质量标准，不准冒黑烟、浓烟。

（9）严格控制景区的常住人口，人口应只出不进。调整农村的产业结构，景区内的生产活动逐渐转向为风景旅游服务，要从严控制农村居住用地，农村建房要纳入景区的规划建设管理范围。

2．外围保护区

（1）外围保护区内不准新建污染环境的工厂企业。现有的污染源要限期治理，不准冒黑烟、浓烟。污染严重而又治理不好的工厂要停产、搬迁。

（2）保护山、水、植物、动物。不准开山采石、污染水源；不准毁林垦荒、破坏植被，不准狩猎、打鸟。

（3）保护生态环境，建立森林生态系统。在湖西的区域内，应尽量缩小工厂企业以及其他单位的开发用地，连片开发用地不得超过30hm²，开发用地间的森林面积不小于50hm²。

（4）外围保护区内建筑物的布局、设计要与风景旅游城市的要求相适应，不得有碍西湖风景名胜区的观瞻。湖东的区域内，须有35%以上的绿化用地面积，作为风景区与城市的过渡缓冲地带。特别是湖滨路东侧是西湖的门户，建筑密度应不超过25%。要有开敞式的绿化庭院和西湖的风景相渗透（建筑物的高度控制见城市影响区保护规划中的规定）。

3．城市影响区

城市和风景区应组合成一体，城市的建设要充分考虑西湖的自然景观特色，不能破坏西湖山水风景的空间构架和尺度感，实现自然环境和人工环境的和谐统一，保护风景名胜区的视觉环境，这是城市影响区保护规划的核心。

视觉环境的空间尺度，应以控制建筑物的高度、体量为重点。根据对西湖空间界面的分析，在该范围内的建筑物高度的控制标准，按以下方法测算：

西湖东北隅的宝石山和东南隅的吴山，是西湖群山伸入市区的主要山体，也是孕育杭州市区陆地形成的母体，两山之间形成的空间，恰好是西湖和城市之间的空间景域，而宝石山上保俶塔所在的位置，和吴山的城隍山的高度又几乎相等，均在海拔 70m 高度上。因此，以两个山体的高度作为基准点，以西湖的构图中心湖心亭为测视点（海拔 7.60m），运用形式美的规律，用湖心亭至宝石山和吴山的视角（宝石山 2.1°，吴山 1.59°）的 1／3（0.7°和 0.53°）来控制城市影响区的建筑物高度是合适的。考虑到两山的影响范围，可以解放路为分界线，解放路以北至环城北路，天目山路的区域为宝石山控制区；解放路以南至河坊街为吴山控制区。

根据计算，在宝石山控制区，延安路以西的湖滨地区，建筑物最高高度应不超过 22m，浣纱路西侧不超过 28m，中河路西侧不超过 36m，其中湖滨路东侧的建筑物，因紧傍西湖，近距离视觉效果会更为显著，考虑到西湖山水的尺度较小，所以为突出西湖的自然美，使建筑的尺度与山水的尺度比例和谐，这一带的建筑物高度应低一些，不超过 15m。

在吴山控制区：延安南路以西不超过 18m，中河路以西不超过 25m。

在影响区范围内的建筑物应高低错落，要考虑到建筑的群体美。对单体建筑的体量、色彩、造型，质感等方面亦要精心构思，与西湖典雅秀丽的格调相映衬，使湖东形成一条委婉、和谐而富于变化的景观天际线。对于建筑形式，《杭州市城市总体规划》中强调的在湖滨地区"应具有民族风格和地方特色，不搞条状、方块式建筑"，是非常重要的原则，应予遵循。

（三）土地规划

1．土地利用现状

（1）风景区行政区划现状：风景区地属西湖、上城、江干 3 个行政区，下辖 3 个行政乡、15 个村民委员会、11 个街道、53 个居委会，其中西湖区占总面积的 91.2%。风景区常住人口达 56356 人（1983 年），其中农村人口为 10110 人，城镇居民为 46246 人。此外，尚有机关、工厂、部队、文教卫、服务等企事业单位 400 余个（表 1、表 2）。

风景区区划现状调查（60.041km² 范围内）　　　　　表 1

区属	乡政府	村民委员会	街道办事处	居委会
西湖	西湖	梅家坞、钱江、九溪、龙井、翁家山、满觉陇、杨梅岭、南山、双峰、茅家埠、灵隐、金沙港、玉泉	灵隐、北山、南山、西溪	25
	古荡	武林村		
江干	四季青	玉皇	闸口、南星桥、紫阳、通江	17
上城			湖滨、涌金、清波	11

土地分布现状　　　　　　　　　　　　　表2

区属	面积（km²）	占总面积的（%）	备注
西湖	54.75	91.2	
江干	4.32	7.2	
上城	0.97	1.6	

（2）景区土地组成：见表3。

风景区土地组成　　　　　　　　　　　表3

类型	面积（km²）	占风景区总面积的（%）	说明
山地	40.209	66.97	
水体	5.832	9.71	
平坦地	14	23.32	

（3）土地利用现状：见表4。

（4）土地利用现状评价：根据风景区土地分布现状、用地性质和用地组成以及用地现状，大体可归纳为四类，即：第一类，风景山林、水体、风景游览；第二类，茶地、农业用地；第三类，旅游服务、后勤供应、交通用地；第四类，机关、公建、医疗卫生、工业及特殊用地、居住用地。

西湖风景名胜区土地利用现状　　　　　　　　　　　表4

用地类别	风景山林	水面	风景游览	旅游服务	后勤管理	生产绿地	农业用地	交通	城市居住区
面积（hm²）	3636.79	583.2	350.79	210.6	48.59	54.14	116.7	96.91	68.63
所占百分比（%）	60.57	9.71	5.84	3.51	0.81	0.90	1.94	1.61	1.14

用地类别	农居	行政机关	教科文体	卫生医疗	工业	特殊	茶地	其他	注：据林权发证统计，西湖风景区共有山林3817.43hm²，其中180.64hm²已建成景点，划入风景游览用地
面积（hm²）	79.3	60.85	71.23	127.86	56.59	67.7	261.5	131.10	
所占百分比（%）	1.32	1.02	1.19	2.13	0.94	1.13	4.36	1.88	

（附土地利用平衡图）

第一类用地共占风景区用地的76.12%，从性质来看，本类用地是风景区的主体，起到保证游览、保护生态环境的作用。

第二类用地占风景区面积的6.3%，其中4.36%的茶叶用地是著名龙井茶的生产基地，须保留。

第三类用地约占风景区用地的6.83%，从性质讲，这是保证风景机制能正常运转所必须的，目前风景机制尚不完善，通过规划，在不应占用第一类用地的前提下，扩大三类用地（向四类地要地）。

第四类用地共占风景区用地的9.3%，从性质讲，这类用地与风景机制基本无关，但却占据了较大比例，而这种用地趋于增长，势头很猛。风景区内除去水体、山林外，仅有平坦土地1400公顷，而四类用地占平坦土地的40%，显然其影响远比9.3%的份额大，风景遭到损害，是阻碍景区发展的主要原因。为此，控制、压缩这类用地，将成为风景区土地规划和环境保护规划的重要任务。

2. 土地规划设想

（1）风景山林用地：西湖山区的5%山林林相较好，已作为风景点开放游览，是西湖景观的补充，另外95%的山林，是构成风景区的主体，具有发展潜力的土地，这部分山林，必须加强管护工作，提高林相质量和观赏价值。设想在西湖风景山林地中，辟出适量的林地，充实游览内容，增设服务设施，提高风景山林的利用率，开辟一些野营基地，扩大环境容量。部分山林（约810hm²）逐步建设成风景游览用地。

（2）水体：水体占有风景区土地的9.71%，其中西湖占有9.43%，山溪水塘占有0.28%。

西湖作为湖泊型的风景名胜区，水体占有率是偏低的，尤其山溪水塘面积更小，然而水体又是造成园林空间氛围极其重要的因素。西湖自形成以来，历经沧桑，不断缩小，时至今日，靠大规模人工开拓来扩大西湖平面面积，其可能性不大，只能在太子湾、茅家埠东畈地区、长桥等处适当扩大水面，故设想在立体

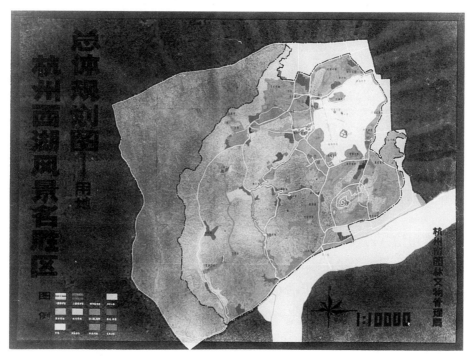

图3 西湖风景名胜区总体规划用地规划图

界面中扩大景区水体，即停止抽取山涧泉水，整理开发西湖山区的山塘、溪泉。在重要景点辅以人工补水，来恢复西湖群山的水景景观，使水体在景区的空间界面上丰富起来。同时，要重视西湖水体的岸线，宜广设港汊，注重岸周设施的建设，造成水体在空间感觉上的多层次，进一步巩固景区的江南水乡特性。预计扩大水面 15hm^2，约占总用地的 0.25%，主要来自农地水田的用地。

（3）风景游览用地：风景区内所有公园、风景点、广场绿地和林带，仅占风景区总用地的 5.84%，要通过开辟新景点，建设新公共绿地，开放几个禁区，来扩大风景旅游用地，提高这类用地在风景区总用地上的比例。规划扩大用地约 1500hm^2，占总用地的 30.93%。

（4）茶叶用地：目前茶叶用地约占总用地的 4.36%，而龙井茶叶又是我国名茶之一，要保证龙井茶叶质量，选育优良品种，改造老茶园，提高单位面积产量，对于部分长期生长在林下、林中的茶园，实施退茶返林。其他原则上保持原有面积，不再扩大。

（5）农业用地：西湖风景区靠近城市，原则上不发展纯农业，除保留少部分口粮农地外，其他部分改为种植水果、花卉和园林草地，为风景旅游事业服务。设想缩减用地 81hm^2。

（6）文教卫企事业单位用地：现有文教卫企事业单位占用 5.27%，相当于风景旅游用地。随着风景区规划的实施，搬迁与风景名胜、游览服务无关的单位，腾出原用地为风景游览服务，减少用地 241.36hm^2（表 5）。

其他零星用地作局部调整。

西湖风景区总体用地规划　　　　　　　　　　　　　表 5

序	用地性质	规模（km^2）	比例（%）	说明
1	景区、景点、风景带	13.57	30.93	
2	旅游休疗养	2.75	4.58	其中园林式山庄别墅 1.36km^2
3	水体	5.98	9.96	扩展湖西、长桥为 0.15km^2
4	风景山林	28.26	47.07	
5	生产管理	0.2	0.33	
6	住宅	2.0	3.33	其中城市居民住宅区 0.48km^2
7	文教企事业单位	1.25	2.08	其中浙江、西湖、九里松医院占 0.26km^2
8	农业	1.03	1.72	包括果园、茶地、农地
	合计	60.04	100	

（四）环境容量分析

1．调查资料分析

西湖风景区是国内外游客旅游的热点，是炎黄子孙向往的游览胜地。

据杭州市统计局的统计资料，杭州市区从 1978～1988 年接待游客的情况如下（表 6）。

1978～1988 年杭州市区接待游客情况 表 6

年份	国内游客总人数（万人）	入境游客总人数（万人）	人均逗留天数（天）	外国人人数（万人）	人均逗留天数（天）	华侨人数（万人）	人均逗留天数（天）	港澳台同胞人数（万人）	人均逗留天数（天）	外汇收入（万元）	国内游客年增长率（%）	外国游客年增长率（%）
	一	二		其中:						三	四	
1978		5.35		2.61								—
1979		8.49	2.59	4.47	2.68	0.11	2.50	3.91	2.50			58.69
1980		12.50	2.70	6.17	2.99	0.19	2.49	6.14	2.42			47.23
1981	964.54	15.47	2.71	8.77	2.94	0.20	2.43	6.50	2.41		—	23.76
1982	1053.84	15.29	2.49	8.91	2.68	0.25	2.16	6.13	2.22		9.26	-0.01
1983	1138.35	16.06	2.18	9.78	2.05	0.31	2.35	5.96	2.37	2706	8.02	5.04
1984	1308.20	17.92	2.12	10.58	2.02	0.25	2.13	7.09	2.27	3903	14.92	11.58
1985	1547.71	23.84	2.18	15.63	2.04	0.70	2.21	7.51	2.43	6627	18.31	33.04
1986	1550	26.64	2.33	17.10	2.11	0.83	2.08	8.71	2.95	12532	0.15	11.74
1987	1700	30.06	2.38	18.35	2.06	1.70	2.52	10.01	2.95	14128	9.63	12.84
1988	1758	34.92	2.03	14.95	2.04	4.00	1.92	15.97	2.19	17300	3.41	16.17

从表 6 可见，来杭的入境游客从 1978 年的 5.35 万人增至 1988 年的 34.92 万人，平均每年递增 20.63%。国内游客从 1981 年的 964.54 万人增至 1988 年的 1758 万人，平均每年递增 8.95%。

风景区的国内游客人数，采取如下计算公式：

$$N_t = N_o (1-V)$$

式中　N_t——西湖风景区国内游客人数；

　　　N_o——杭州市区年国内游客人数；

　　　V——杭州市区年国内游客人数中未到西湖风景区游览的人数比例。

根据抽样调查 V 为 27.65%。

由此推算，到西湖风景名胜区的国内游客人数 1985 年为 1120 万人，1986 年为 1121 万人，1987 年为 1230 万人，1988 年为 1272 万人。

需要说明的是，由于对外地来杭的游客总数在统计上有一定误差，所以实际年游客数量，据我们分析约在 1000 万左右（根据风景点门票售票人次）。

游人的分布和流量情况，可见（表 7～表 9）。

灵隐等七处公园风景点售票量（1984～1986 年，单位：万人次） 表 7

月份	合计	1 月	2 月	3 月	4 月	5 月	6 月
合计	4694.88	178.72	414.67	414.67	714.09	539.43	298.89
百分比	100	3.81	8.83	8.83	15.21	11.49	6.37
灵隐	1541.73	65.32	85.94	175.08	227.41	156.71	97.84
玉泉	404.42	16.55	23.47	35.06	62.22	47.02	22.29

月份	合计	1 月	2 月	3 月	4 月	5 月	6 月
花圃	58.58	1.27	4.05	3.56	6.84	7.38	4.44
华港	790.63	26.84	31.39	54.88	125.67	101.50	52.82
虎跑	565.09	13.88	23.01	43.81	75.85	78.59	39.32
六和塔	800.16	30.41	34.68	51.98	124.51	88.53	53.68
动物园	534.27	23.95	38.95	50.30	91.59	59.70	28.50
月份	合计	7 月	8 月	9 月	10 月	11 月	12 月
合计	4694.88	341.29	393.77	360.14	484.47	385.14	342.78
百分比	100	7.27	8.39	7.67	10.32	8.20	7.30
灵隐	1541.73	118.97	130.78	125.82	142.13	119.91	95.32
玉泉	404.42	28.93	33.40	31.00	35.37	35.32	33.29
花圃	58.58	2.43	3.64	3.69	8.32	10.43	2.53
华港	790.63	56.16	65.57	57.55	81.35	71.20	65.70
虎跑	565.09	44.65	50.47	53.68	55.66	46.87	39.30
六和塔	800.16	56.15	69.30	55.30	95.37	63.65	76.60
动物园	534.27	34.00	40.61	33.10	65.77	37.76	30.04

公园风景点游客分布密度（单位：%）　　　　　　表 8

时间 ＼ 景点	灵隐	岳坟	三潭印月	六和塔	花港观鱼	虎跑	玉泉	动物园	黄龙洞
1985 年	84.3	74.8	60.4	53.7	48.5	46.6	48.1	38.6	30.5
1986 年	90.0	79.4	64.5	62.3	57.2	59.5	45.3	28.2	25.2
1987 年	89.5	78.3	64.3	55.7	50.6	44.6	39.4	24.4	22.8
三次平均	87.9	77.5	63.1	57.2	52.1	50.2	44.3	30.4	26.2
时间 ＼ 景点	柳浪闻莺	植物园	曲院风荷	烟霞洞	儿童公园	花圃	阮公墩	其他	
1985 年	27.0	25.6	23.9	20.6	21.8	19.8	17.4	—	
1986 年	23.6	20.2	20.0	15.6	14.6	13.6	16.1	4.7	
1987 年	23.0	16.5	17.4	14.8	12.5	13.1	12.9	3.4	
三次平均	24.5	20.8	20.4	17.0	16.3	15.5	15.5	4.1	

西湖游船载客量分月统计（1984～1986 年）　　　　表 9

月份	合计	1 月	2 月	3 月	4 月	5 月	6 月
合计	1330.54	44.97	53.25	106.12	207.50	180.54	91.33
百分比(%)	100	3.38	4.00	7.98	15.60	13.57	6.86
月份	合计	7 月	8 月	9 月	10 月	11 月	12 月
合计	1330.54	108.80	115.99	103.97	149.95	103.72	64.40
百分比(%)	100	8.18	8.72	7.81	11.27	7.79	4.84

如以月游客量占全年游客量 8.33% 以上为旺季，6% 以下为淡季，介于 6% 与 8.33% 之间为平季。则旺季有 3、4、5、8、10 等五个月份，平季有 6、7、9、11、12 等五个月份，淡季有 1、2 等两个月份。在旺季中，则 4、5、10 等三个月份为高峰月，月游客量占全年游客量都超于 10%。

公园风景点游客分布密度，三次调查的结果基本一致，均以灵隐游客分布密度为最高，占游览总人数的87.9%，其次为岳坟、三潭印月、六和塔、花港观鱼、虎跑等景点，游客分布密度均在50%以上，这些景点是目前西湖风景区的热点。

2．环境容量估算

规划把风景区内游览绿地，按景观要求、交通条件以及对游人的吸引力等因素加以综合考虑，可分为闹区、静区和中间区等三个部分：闹区陆地约为445hm²，若以30m²／人计（略高于国外室外娱乐场）；中间区陆地约为520hm²，以125m²／人计（相当于国外郊游地及普通野营场）；静区陆地约755hm²，以1200m²／人计（以每组游人3人，则每组可占3600m²，即每组间相距60m，基本达到互不相望，有探幽、寻胜效果）。

目前来杭国内旅游者游览时间一般在3天左右，而可游面积不到规划一半。要通过一系列措施，增加游览活动。但考虑到来杭游人中故地重游者比例日益增多。规划来杭旅游以4天为度，年可游日为330天计，则年游人量可达1600万人次。

西湖水面5.6km²，以90%水域可游，即5km²，每船占1hm²面积，年可游日为300天，10人／船，日周转3.5次，则年游人量可达525万人次，两者相加，风景区环境容量为2125万人次，即：

$$
\frac{\dfrac{4450000}{30}+\dfrac{5200000}{125}+\dfrac{7550000}{1200}}{4}+\frac{5000000><300\times3.5\times10}{10000}
$$

$$=2125\,万人次／年$$

若反求生态承载量：60.041km²中，年游人2125万人次，每人次可占有约1000m²面积，属允许范围之中，与福建武夷山风景区规划要求相当。

根据调查，近8年间，西湖风景区游客流量年均递增8.95%，其中以前5年增长速度较快，近年来趋向平稳发展。据预测，今后来杭游客增长速度有可能保持在5%左右，这样，到2000年，来西湖风景区的游客有可能达到2100~2200万，此游人数和上面计算的环境容量相接近。

3．存在问题

上面的环境容量测算是从理论上分析的，实际上，由于来西湖的游客主要集中在为数不多的风景点，在这些景点上，目前已处于环境容量超负荷的状态。如以灵隐为例，1988年，游客达509.82万人次，高峰日高达6万多人次，三潭印月高峰日亦达3万多人次。而灵隐的主要游览面积仅81亩，三潭印月的陆地面积仅35亩。高峰时，灵隐景点内游人达1.13万，每人次仅有游览面积4.8m²，三潭印月的曲桥上游人摩肩接踵，拥挤不堪。因此，这些主要景点已经成为西湖风景区环境容量的瓶颈口。而其他一些景点，由于内容较少，形成了风景区内热点和冷点环境容量悬殊的局面，这也是今后需要解决的主要矛盾。

4．对策

（1）打通环线，提高游览速度，增加周转率：目前风景区的交通网络尚未形成，不少风景区道路是尽端式，加上游览交通不配套，有的线路公交车辆相隔时间较长，导致游客不方便，如7路、4路只是到了灵隐和九溪，就得掉头，4路支线也只是早晚进出梅家坞，终不能成环。就是一个景点内，也多是进出一条路。为此，必须开凿龙竺和梅竺隧道，以及开放玉皇山隧道，组织三个环形游览线路，增加公交车辆和行车密度，疏散热点游客到偏僻景点，扩大景区环境容量。

（2）开放禁区，扩大公共游览区：目前沿湖地区有刘庄、汪庄、部队营房和市交二场等单位以及居民住宅，总共占据沿湖陆地106.6hm^2，占沿湖总面积的44%，使半壁西湖沿岸未能相通。特别是刘、汪两庄占地55.2hm^2，占水域125.13hm^2。若按公共游览每人占据40平方米，日周转率按3次计，日可容纳3.14万人，水域按每只船占据1公顷，每只船10人计，日周转率2次，日可容2502人，以300天可游，则年游人为75万人，若整个风景区的禁区都开放，就能容纳更多的游人。

（3）开发新景区：风景区现有90多处景点，真正开放游览仅50余处，而供外国旅游者游览仅10多处。现在游人，北线比南线多。为此，必须开发南线景区景点。如南宋皇城遗址公园，吴越文化区、南宋风情苑、民族风俗风情博览区，恢复雷峰塔，整理夕照山等，扩大游览范围。

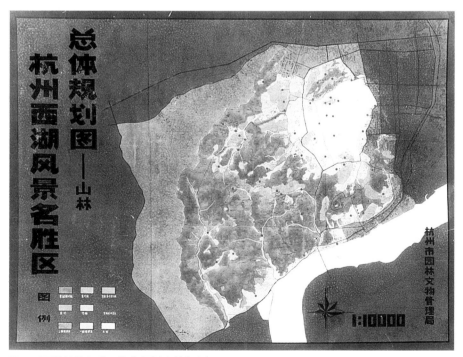

图4　西湖风景名胜区总体规划山林规划图

（4）充实现有景区文化内涵和活动内容，活跃冷落地区：西湖风景区具有众多的文物古迹、神话故事、民间传说，以及历史人物留下来的佳话、逸事、趣闻和诗词等，必须发挥自然资源的优势，利用历史文化资源，增添适合不同游人需要的活动内容，以增添现有景点魅力，特别是游人较少的景点的内容，以增加景点的环境容量。

（5）合理安排游览时间，开展夜游活动：根据游人游览高峰时间比较集中的情况，应合理安排游览开放时间，并适当运用价格的杠杆作用，使游览的时间错开。同时，开展各种专题特色旅游活动，如环碧仿古文艺、水上歌舞晚会、八月十五赏月、柳浪夜花园和湖上泛舟夜游等活动，以提高绿地和水域的利用率。

（注：1987 年版的《杭州西湖风景名胜区总体规划》参考了中华人民共和国成立以来制订过的多次杭州市总体规划的部分内容，但系首次根据国家的要求，编制独立的、比较全面系统的西湖风景名胜区总体规划。由于西湖的声誉和地位，规划的涉及面又非常广泛，在编制过程中多次征求了各方面专家的意见，也吸取了过去规划的成功经验，进行补充和修改。参加总体规划工作的主要有施奠东、林福昌、周为、马克勤、任仁义、尚建民等同志。这里摘录的是其中的总纲部分，由我和周为同志撰写初稿，施奠东同志进行修改和补充完成）

邵武熙春园规划设计

一、概况

邵武市地处闽西北交通之要冲，是省内外物资集散地，也是国家级武夷山风景名胜区旅游的中转站。

该园位于邵武市区西隅，园内有"灵泉三峰"之熙春山、狮峰、金鳌峰，面山临水。其中主峰熙春山，俗名"登高山"，一峰耸立，状如踞猊，谓之"啸天狮子"，最高峰海拔 265.4m。

据《县志》记载，登高山自宋元祐五年（1091 年）建熙春台、惠应祠，名曰"熙春山"，即熙春朝阳之意，为昭阳八景之首。而后明、清各代又继续建醒翁亭、六虚亭、清风亭、钓鱼台、天香楼、灵泉井、沧浪阁等，景色颇佳。因年久失修，建园之时，仅存破烂的沧浪阁一处。

熙春山嵯峨积翠，下瞰城郭，岚风黛色，风景秀丽，素有"樵川第一峰"之称。旧时有"昭阳八景"和"邵阳续八景"的"熙春朝阳"、"六虚高啸"、"跨虹杰阁"等景观，又有神话传说中"金鸡报晓"的"金鸡石"、自出油米之"油米石"和严羽暑天穿羊裘垂钓的"钓鱼台"等。同时，历代名人朱熹、严羽、戴式之、周工亮、黄镇成、黄清老等，曾留下大量脍炙人口的诗词楹联。

二、用地环境

熙春园包括原登高山、金鳌峰山地和原省闽北地质大队等用地。东至五一路北段（沧浪阁至省林机厂招待所）省林业汽车保修厂、森工医院、福利院宿舍西侧；南至省安装四处，森工医院北侧；西至田垅（规划中省农垦学校路），北邻富屯溪。总面积 38hm²，其中山地占 32.1hm²，为总用地的 84.5%；平地占 5.25hm²，为总用地的 13.8%；水面占 0.66hm²，为总用地的 1.7%。该地作为城市公园，位置适中，地形地貌变化大，正合"园地唯山林最胜"之说，且有古建筑遗址。平地为单位办公用地、民居与农居，房屋破旧简陋，山地森林占总山地的 80.93%。主体熙春山，盘踞城首，地势险要，登其顶峰，能俯瞰全城景色。

三、设计思路

该园考虑到环境特色：山多，地势变化大，形成各种建园条件；平地少，可辟为群众性活动场所，北又邻秀丽的富屯溪。根据这些特色，充分利用立地条件，合理规划，创造出主题明确、旷幽结合、虚实并存、景观各异、古色古香、具有传统风格的闽西北特色的森林型城市公共绿地。

四、总体布局

该园为城市的公共绿地，规划上要求满足群众游憩需要，借鉴中国古典园林的传统手法，在空间构图上师法自然，按照"得景随行"、因地制宜的原则，考虑到功能要求，结合园址东平、西高、北溪的地势特色，规划为儿童游戏区、文化休息区、花卉盆景区、大草坪、安静休息区和浴场等六个有开有合、有收有放、大小由之、富有变化、特色明显的局部空间（图1）。

在东部低平地区，南面正对五一路设入园过渡小院（图2）。就其中部，利用原有水塘，扩大引连灵泉之水，辟庭院水景，"亭台突池沼泽而参差"，周堆土阜，植以树木，造成水庭院；就其北部，辟大草坪，两端栽雪松，组成活动空间，形成以水色见长和以绿草如茵取胜的南北两空间。平地东部建儿童乐园。在西部山峦区，按照人们视角离心扩散的原理，谷陇多采取外向布局形式，依山就势，顺应自然。山地的外向布局与平地的内向布局形式，造成一以"高原极望，远岫环屏"占胜、一以灵泉"凭虚敞阁、举杯自相邀"为妙、一高一低、一收一放的景观对比，异趣横生。景物布局力求步移景异，处处有景，景景相连，形成各具特色的动态观景效果（图3）。

1 : 1000

0　　30　　60m

熙春园规划图

图1　邵武熙春园规划平面图（图片来源：本文用图均来自杭州园林设计院）

图 2 熙春园东部平地区平面图

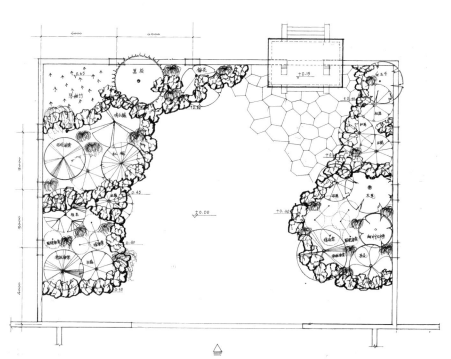

图 3 邵武熙春园主入口庭院

熙春园有古香古色的"沧浪阁"，精巧玲珑的"园中园"（熙春馆），端庄雅致的"惠应祠"，秀逸大方的"熙春朝阳"，雄伟古朴的"六虚高啸"，典雅静谧的"松轩"，轩昂壮观的"越王台"，庄严肃穆的"省委旧址纪念碑"，富有传奇的"油米石"和"金鸡石"，赫然在目的"熙春山"，清凉幽深的"灵泉艺苑"，雄伟古朴的"醒翁亭"和妙趣横生的"儿童乐园"。园内，亭台楼阁，桥榭轩廊，曲折有致，高低错落，朴素大方，云树苍茫，峰回路转，富有闽西北传统的地方特色。

五、景点与造园组景的处理

公园的空间，在功能和构图形式方面，有的简洁开朗，宜于群众性的集体活动；有的郁闭幽邃，宜于宁静休息。在景色方面，有的以春景为主，有的以秋色为重，使园林空间变化多样。

1. 出入口的处理

公园有主入口与次入口。次入口从熙春外园接入，门处有一古樟和花地。主入口正对五一路，建三开间歇山顶大门，两侧辅以管理用房，门外设疏散停车场。为解决入口与主景区游线的自然过渡，采取先抑后扬的手法，设置一个绿化庭院，砌曲折的湖石花台，辅以不规则的冰梅地坪，配植春时花木，院墙三面留花台，东北角设具有吊柱的柴门，人们步入主景区，视野豁然开朗，达到"引人入园，引人入胜"的效果。

2. 园中园（熙春馆）

吸取古典诗词绘画中以含蓄隐晦的方式追求一种"象外之象"或"弦外之音"的艺术手法，在公园平地的中部，择地建一座园中园，采取"露则浅，而存则深"的传统手法，把该园隐于丘阜树林围合而成的水庭院之中，沿水池四周环布曲伸自如、高低错落、疏密有致的熙春馆、春舫、观鱼亭、桥廊等园林建筑，布局具有韵律节奏感。并于西南部土山之谷引灵泉之水铸成屈曲回环的涓涓细流，环境极其幽邃深远（图4）。

3. 大草坪

该区北临富屯溪，南接园中园"熙春园"，草地东西两端种植雪松丛，北侧沿主干道栽植樱花丛，自成环境，空间开阔，辟为广大群众和青少年集体活动的场地。这里景色畅朗明丽，可观沧浪阁并可极目远眺水北一带峰峦叠翠、俯瞰富屯水色。在临溪建水榭"紫云清流"和复建古迹钓鱼台。在草坪北面穿插栽植银杏、樱花和孝顺竹等树丛，达到"疏处不见其缺，旷处不见其空"的效果，为游人创造良好的游憩环境。

4. 六虚高啸与松轩

根据"高方欲就亭台"原则和恢复"昭阳续八景"之一的要求，在熙春山绝顶建一座六边形平面、六角柱、双层三重檐亭。底层六面皆虚，以应六虚之名。

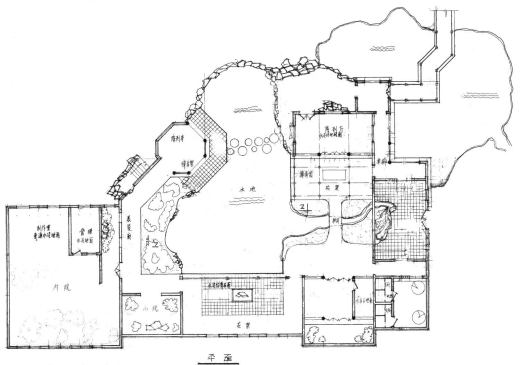

图 4　熙春园熙春馆庭院平面

仰视，由于翼角起翘，"如乌斯革、如翚斯飞"，给人轻巧感，得到"有亭翼然"
的效果。亭内有螺旋形盘梯，拾级登楼，凭栏放眼，纵目皆然，全园景色与铁城
新貌尽收眼底（图5）。

　　松轩在熙春山之腰，六虚高啸之南的台地上，掩映在苍云松林之中，若隐
若现，半藏半露，游人入室小憩，品甘茗，赏奇树，远望峰峦叠翠，近闻松涛阵
阵，精神顿爽，物我两忘。

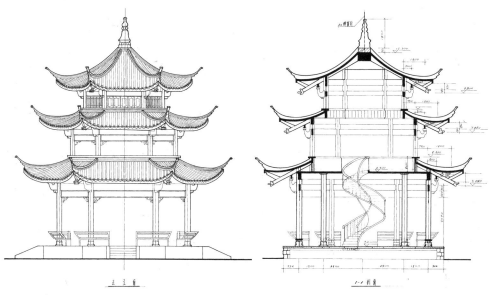

图 5　熙春园"六虚高啸"亭立面及剖面图

5. 惠应祠

惠应祠又称"惠应行祠"，坐落在主入口西北熙春山麓，整组建筑为三院二轴线直交处理，南、北设门，有德政堂、天香楼和3个空间大小各异的庭院。德政堂依山面东，采用硬山两坡顶，庄重典雅，有空廊相接，围合成院，中置"金鸡石"。天香楼为服务接待用房，采用歇山飞檐屋面，黑棕油饰，稳重朴实，仿宋时陈设，富含雅气。

6. 熙春朝阳

熙春朝阳为昭阳八景之首，因"海日东升，红光直射，照耀山色如绘"而称之。宋始建熙春台于半山，又续建熙春亭（又名会景亭）。沧海桑田，世世更废，建筑早毁。今在旧址上，利用废水池，重建熙春台、会景亭，添建梅长亭、红晓廊等，可于此俯瞰溪流环合，斗折于其下，瀑响天坠，林影地浮，舟帆往来，令人目不暇接，"熙春朝阳"的景观得以恢复。

7. 灵泉艺苑

该苑是观赏盆景为主的景色，根据地形，整组建筑采取东、北两面敞开，西、南两面封闭的序列空间，内部分前庭、中庭和后庭三部分。前庭作游赏的序景，中庭是园景设置，为盆景陈列中心，后庭用于盆景制作和管理。利用现有泉源、水塘，布置临水亭、廊、桥等建筑，有虚有实，高低错落，白墙、灰瓦、栗色木构为基调，素净大方，形成富于传统的地方风格。

8. 醒翁亭

该亭建于本园两端山顶，为二层三重檐十字歇山顶，仿木钢筋砼结构亭，巍峨挺拔，精美雄伟。

9. 省委旧址纪念碑

该碑立于熙春西部金鳌峰，选用印度红花岗石制成，形似红旗、如火炬，碑座镌刻党徽，庄严肃穆，象征革命事业的丰功伟绩。此碑一反俗套，造型新颖。

10. 越王台

越王台为城楼式建筑，古朴雄伟，轩昂壮观。台前分列8对仿宋石俑，造型各异，栩栩如生。台中主碑石一方，镌刻《樵城史略》，是再现邵武历史的标志。

11. 沧浪阁

沧浪阁俗称"八角楼"，始建于明万历年间，原为昭阳堡，后为纪念严羽易名"沧浪阁"，续八景之一的"跨虹杰阁"。该阁飞檐翘角，雕梁画栋，阁内陈列南宋诗词理论家严羽生平事迹。

12. 儿童乐园

该园位于熙春园平地东侧，利用地形变化和树丛分隔空间。设计不同儿童玩具，妙趣横生，是儿童的天地。

六、园路

园路起到交通和动态连续构图的作用。在园路规划之时，注意园路的线形、竖向和路面的变化。曲折的线形取得"步移景异"的效果。起伏的路坡可创造不同视角的景观。熙春园，平地部分的主干道路面采用中间条石两边卵石相嵌，具有艺术观赏效果；山上的山径，多采用条石或者块石铺筑作路面，与山林环境协调。

七、植物造景

园林植物是构成公园的主要材料，它具有综合观赏的特性。熙春园山地占总用地的 84.5%，西部山地以封山育林和绿化造林相结合；东部平地以植物造景为主，注意植物配置艺术，突出春景，以"满园春色关不住"的意境精心设计。根据植物的生态习性，采用孤植、丛植、群植等自然式种植方式，组成疏林草地、稀树草地和丛林等不同的植物景观与不同功能的园林空间。

公园主入口，庭院配置玉兰、海棠、杜鹃与松竹等，形成生机勃勃、欣欣向荣的美丽景观，给人以"春洒大地、万物生长、气象万千"的印象，引人入胜。东部平地，以迂回曲折的园路将其划为大小不等的十余块绿地空间，种植高耸挺拔的雪松群及绿草如茵的天鹅绒草坪。沿主干道两侧山坡以杜鹃、紫荆、木槿、喷雪花成片连续栽植，东西干道两侧种植樱花，春时繁华如锦，盛开如雪。满园四季有景。

"园中园"的深山含笑、火力楠和紫楠绿荫如盖，桃花、樱花、红叶李和杜鹃百花争艳；"六虚高啸"、"松轩"周围满布黑松，苍翠挺拔，松涛汹涌；"熙春朝阳"绿梅傲霜；"惠应祠"的龙柏、银杏耸立院内；"省委旧址纪念碑"松柏常青，杜鹃吐火，槭树泛红；越王台桧柏排立。所有这些，无不与景点主题相结合，与景区的环境相协调。

西部山地以林取胜，"林存景在，林茂景美"。主要营造成片风景山林：苍翠挺拔的松林，万杆参天的竹林，"霜叶红于二月花"的枫香林，灿烂如锦的银杏林，明媚娇艳的桃花林，芳香清雅的橘林，暗香浮动的梅花林，碧叶金蕊的桂花林，既郁郁葱葱，又绚丽多彩。

熙春园是一座楼台隐现、百花争妍、鸟语花香、风光明媚、节奏鲜明、以有形之景和无形之景令人赏心悦目、流连忘返的植物公园。

（注：参加规划设计人员还有王品玉、卜昭晖、林启文、周荫澄、胡义春、吕明华等）

杭州动物园的园林绿化规划与设计

　　杭州动物园是在 1973 年筹备，并着手搬迁建设，至 1975 年国庆节第一期工程基本竣工并正式对外展出，丰富了人民的文化生活。

　　动物园处在地形多变、山林葱茏、清泉起伏的虎跑风景点北面、石屋洞南面的丘阜溪涧之间，总面积达 290 亩，其中山林 232 亩，占总面积 78.8%。绿化基础较好，但由于林相杂乱，加上基建之故，要建成一个山林动物园尚需进行全面规划和单项设计。为此局里组织绿化技术人员、技工参加规划设计，吸收兄弟城市动物园经验，并结合杭州市具体情况，提出总体规划和局部设计（图 1）。

图 1 杭州动物园平面图（图片来源：唐学山、李雄等编著，《北京林业大学—全国高等林业院校试用教材——园林设计》，中国林业出版社）

　　我们认为动物园的园林绿化要在符合植物种植生态要求的前提下，为游客创造良好的游览、遮荫和休息环境；为生活在其中的各种动物创造接近自然的条件；为建筑创造美丽的衬景（图2）；同时起到保护、分隔与联系动物园各个功能分区，组织风景透视线的作用。此外，动物园的园林绿化还应与生产相结合，使其做到既好看，又实用。因此在规划设计工作中应考虑以下几个方面：

图2　杭州动物园水禽湖

一、园林绿化要适应动物生态的要求

　　动物大多野生在高山峻岭、森林茂密的自然环境中，所以绿化要结合动物地理分布区的气候和土壤情况，在可能情况下，笼舍四周要种植体现这种生态环境的树种。夏天笼舍要充分遮荫，让动物有一个舒适的生活生长环境。如虎山要多种茅草、松、柏等常绿树，能与描绘动物的中国画相吻合，具有诗情画意；大小熊猫馆附近种植大片竹林，鸣禽馆四周配植花色鲜艳、香味浓郁的植物，或浆果类的花木，使游客欣赏到鸟语花香的优美境界；生长在热带、亚热带南缘森林之中的动物的饲养区，要多种棕榈科、芭蕉和美人蕉等植物；走涉禽馆宜种垂柳、竹子和芦竹；爬虫馆宜种卷曲萦绕攀缘的盘槐和藤本之类；涉禽中的丹顶鹤多生长在松林中的湖泊江河之缘，可采用我国的民间寓意——松鹤延年的配置方法；猴山多种果树，形成花果山的景观。

二、绿化必须结合生产，在"结合"上狠下功夫

园林结合生产，关键在于"结合"。因此，必须全面理解、正确处理"好看"和"实用"、"观赏"与"经济"的关系，在"结合"上狠下功夫。紧密地结合地区特点、园林特点和资源条件，注意园林植物配置艺术，因地制宜，从实际出发，提出有效的措施，贯彻执行。

动物园是一种专类绿地，只要加强教育和管理，种植果木和其他经济林木，都可以得到经济收益的。如南京动物园（玄武湖），1973年收获的情况：柿子200多株，收果18000斤，花红200多斤，苹果800多斤，杏627000斤，枇杷200斤，薄壳山核桃80斤。

杭州动物园在这几年种植了各种果木和特有经济林木3600多株，其中果树有杨梅、红心李、金橘、枇杷、苹果、五一桃、香泡、银杏、薄壳山核桃，经济林木有桂花、毛竹和四季竹等。

动物园应要结合动物的食性，种植一些可作为动物饲料的植物。如竹子可供熊猫吃；女贞、水腊等作为金丝猴、黑叶猴的饲料；构、榆、桑供食草动物吃。同时充分利用水面养鱼，利用园内边角隙地种植蔬菜和粮食作物，为动物广辟饲源，提供食料。

三、合理选择适应各种动物生活习性的树木花草

各种动物，生长环境不同，有不同的要求。如蟒蛇，性喜盘曲绕，可在露天活动场内种植盘槐，散点石笋，辅以草地，设置水池；熊的力气大而粗犷，可栽植深根性、生长强健、管理粗放的沙朴等树木；猴山活动场则以铺草皮为主，因猴子早晨喜欢舔舐露水，可借此而增强体质；熊猫喜爬树，宜种植分叉低、树皮光滑耐磨、生长强的乔木，同时选择耐磨的狗牙根草铺设地面。

园林植物中很多树木花草有很高的观赏价值，但从保护动物安全方面来说，树种应当选择叶、花、果无毒性或无刺的品种。如梅花鹿吃了蜡梅、构树要中毒；夹竹桃是一种常绿、花期长而色彩鲜艳的花木，但在食草苑附近就不宜种植，否则易招致游客采摘，逗引动物，引起食草兽中毒。此外在动物活动场地内不宜种植动物喜吃的植物。动物园对兽舍内的清洁卫生和通风条件设备不论如何完善，也总不能消除动物的特有气味。因此，在树种选择时要多用芳香花木，从感官上和解臭气以补美中不足。

动物园喷药治虫亦影响动物的生长，万一疏忽，就会造成动物中毒死亡事故。所以选择树种应选病虫害少、抗性强的品种，这样可以减少喷药次数，有利于环境保护。每次喷药要做好准备和善后工作，以保证动物的安全。

四、绿化要与造景紧密配合

游客到了动物园，既获得动物科普知识，又欣赏自然风光。如鸣禽馆采用庭园布置方式，把飞鸟、山石、树木相配合，构成一幅天然的花鸟画（图3）；同时兽舍内外、上下的植物紧密地配合，如豹房、虎山、小兽园等兽舍，其屋顶运用绿化手段，栽植适宜生长的黑松、火棘、蔷薇、黄馨、紫藤、木香和淡竹等树木花草，与后山林木相协调，浑然一体，真假难分，富于山林野趣（图4～图5）。

图3 杭州动物园鸣禽馆鸟笼内环境

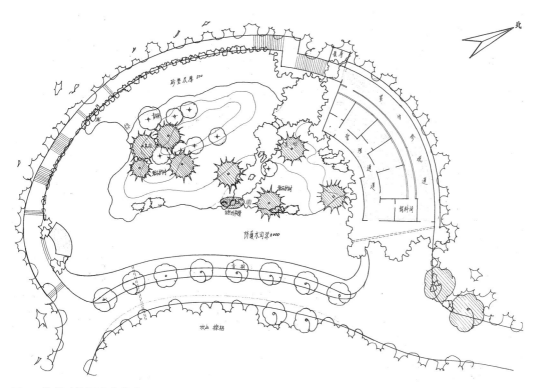

图4 杭州动物园虎山绿化

图 5　杭州动物园虎山入口

五、在种植设计方面

种植要合理安排常绿与落叶、乔木与灌木，与一般绿化树种的比例，切实注意季相的色彩变化。选择银杏、枫香、山玉兰、槭树类、石榴、茶花、桂花、杜鹃、紫薇等花木，以丰富园景。

在布局上可考虑不同的功能馆舍各具特色。例如金鱼园应突出夏天景观，鸟类宜突出春景；热带动物可突出南国风光作为配景。

动物园的园林绿化种植的形式以树林、树丛为主，草地、花坛、花带、花台等也应有适当比例，弥补木本花卉的不足，丰富节日气氛。种植形式有自然式、也有规则式，在馆舍及参观道旁多采用规则式，远离则用自然式布置。参观道及动物活动场内，只宜种植落叶乔木或矮性灌木及草木之类。猴山、熊舍活动场的乔木需对乔木主干采取保护措施（图6、图7）。

杭州动物园在外观上是一座山林动物园，因此不论

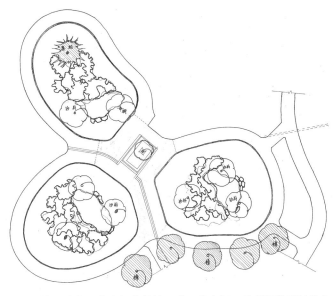

图 6　杭州动物园熊山绿化设计图（图片来源：杭州园林设计院）

图7　杭州动物园熊山

在干道、建筑物、山坡，均宜采取多种绿化配置的形式，因地制宜，相互衬托。如大门口，我们以香樟、银杏、七叶树为主，两侧配置桂花，使之树木荫浓，与杭富路、心安山相呼应；大门干道以枫香为主。近期间种金橘，两侧山坡散植金橘、柿子、香泡、杜鹃、紫藤、十姐妹、黄馨等花果木，相互衬托，形成动物园的序幕；导游牌后山以银杏、香泡、枇杷和原有山林形成天然屏障；金鱼园以松类、含笑、紫藤、桂花为主（图8）；鸣禽馆周围遍植玉兰、茶花、海棠、石榴、杜鹃、紫藤、梅花、红叶李和槭类等花木，与建筑、水体、山石交相辉映，别具画意（图9、图10）；在猴山附近种植红心李、五一桃、杨梅、金橘、香泡、橘子，间以观赏花木；在猴房附近种薄壳山核桃、银杏、杨梅、金橘；由于坡陡，为防止水土流失，还引种阔叶麦冬并种植黄馨、十姐妹等野性植物（图11）；虎山新种黑松、构骨、火棘、茅草、野菊花、十姐妹，与原有的青桐、喜树组成树丛，再置以山石；食草苑保留大部分原有林木，予以围护。在草坪上，栽植银杏、鸡爪槭，与原来璎珞柏、枫香组成秋景树丛。主干道以薄壳山核桃、无患子、枫香为主要树种，分段结合原有山林以自然式栽植，与环境相协调。

此外，在动物园界墙内侧要营造宽10m以上的防护林带。笼舍之间也应营造防护林以资隔离。为避免动物在冬季遭受寒风侵袭，在动物笼舍北侧也应设防护林。这样内外分开，各区自成系统，既杜绝疾病的蔓延、传染，亦有利于动物的生活，为生产和展览陈列提供良好的条件。

总之，杭州动物园园林绿化工作，虽然做了一点尝试，由于缺乏动物园绿化经验，在实践中还有缺点，与兄弟城市相比，有一定差距。我们决心按照规划设想的原则，切实注意植物配置艺术，尽快地把动物园绿化工作搞好，为实现四个现代化作出贡献。

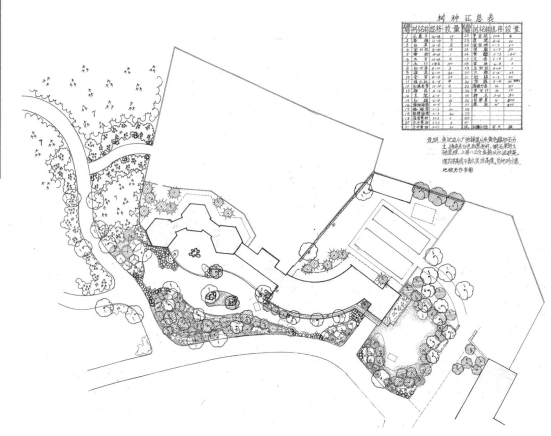

图 8　杭州动物园金鱼园绿化设计图（图片来源：杭州园林设计院）

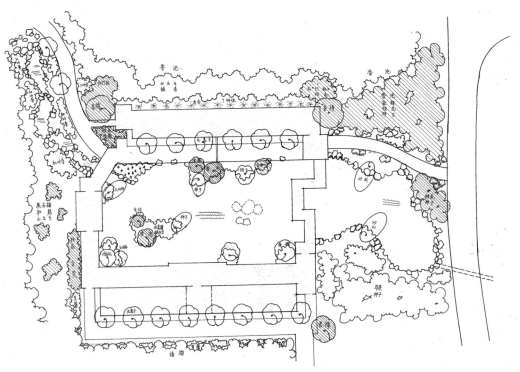

图 9　杭州动物园鸣禽馆绿化设计图（图片来源：杭州园林设计院）

图 10　杭州动物园鸣禽馆水庭院

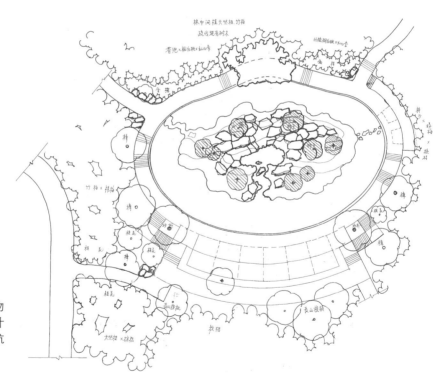

图 11　杭州动物园猴山绿化设计图（图片来源：杭州园林设计院）

（注：这是一篇由我执笔的实践工作总结。为了将杭州动物园从钱王祠迁往绿化效果较好的虎跑景点北面，当时杭州市园林管理局组织胡绪渭、钟勇芳、杜渭川、张永光等和我赴广州、武汉、南京、上海等动物园进行参观考察，然后提出总体规划构想和设计要求，由本人予以实施。动物园建设时，正逢当时强调"园林结合生产"，绿化材料采用较多果木）

宜昌"五一"广场音乐喷泉的造型艺术

　　彭真同志题字的宜昌"五一"广场是宜昌市的东大门。广场以音乐喷泉为中心，以"峡口明珠"为主题，结合绿地、园林小品、壁画，形成一个开放式的城市绿化广场（图1）。

　　喷水池总体形状呈六边形，水池面积为1380m^2。喷水池中央巍然矗立着一座26m高的铝合金城徽"三峡门"，象征宜昌在长江三峡出口的地理位置。"门"内一颗镶嵌着数百面镜片、直径为2.5米的"峡口明珠"，熠熠闪光，寓意宜昌这座长江水电城的特殊地位。基座用红色花岗石贴面，分上下二级，水跌落成瀑，酷似长江的激流奔涌，气势非凡。

　　音乐喷泉总体构想为体现峡高谷窄、水势汹涌、巍峨壮观的三峡雄伟气魄，以烘托峡口明珠。其造型宛若披挂彩缎条幅，盛满各色鲜花的竹篮。根据音乐喷泉造景需要和设备容量，设计者把644只喷嘴、394只各色潜水灯分成两种类型。一种是由池边密布喷嘴，向内喷射线状喷泉，其后是两个同心环形喷泉，外环喷射成菱状网格，内环交汇成钟状喷泉，最后是峡门下80只环形直射的喷泉，随着球体升降而浮沉，烘托着全方位旋转的"峡口明珠"。射向球体的泉水跌落到峡

图1　宜昌五一广场

门底座的槽内，泉水满溢翻滚而下，形成气势磅礴的二级跌瀑。另一种先是从池边向内喷射条辐状水帘的喷泉．然后是中央直射、周边旋扭喷射、相互交叉成菠萝状喷泉；再是高达18m的柱式喷泉，每当水柱跌落池中，飞溅起晶莹璀璨的水花，发出似长江激浪冲击礁石之声，倍添音乐喷泉的气势。

　　精心设计的喷泉造型，所有水线、水柱、水帘都随着婉转悦耳的《西班牙小夜曲》、贝多芬的《命运交响曲》等乐曲，欣然起舞，有的细如丝线，有的形如水杉，有的状如飞柱，有的宽如彩缎……水下潜灯不断变幻，忽明忽暗，五彩缤纷，绚丽夺目。"五一"广场音乐喷泉，聚声、光、色、水于一体，灯景交织，蔚为壮观（图2）。

图2　宜昌五一广场音控喷泉夜景

（注：原文刊登于《风景名胜》1988年5期）

福清龙江公园规划

一、概况

福清位于闽江口以南沿海，距福州市仅 50 多公里。位于东经 119°21′，北纬 25°42′。雅称"玉融"。人口为 94 万多。

福清置县于唐圣历三年（699 年），距今已有 1200 多年的历史。历代文人秀士、将相公侯迭出；境内文物胜迹，名山古刹列比，享有"文献之邦"、"海滨邹鲁"之称。

福清是著名的侨乡，华侨旅外史长达 500 余年。海外华侨、港澳同胞多达 40 多万，遍布东南亚、日本、美国和西欧等地。

城关镇，又称"融城"，约有 4 万多人口。它是龙江、润溪、虎溪的汇合之处。北依玉屏山、凤凰山、复船山，南对双旌山、五马山，自然环境秀丽；城东南的瑞云古塔巍然屹立于龙江之滨，滔滔龙江沿城南而过。

福清依山傍海，属中亚、南亚热带海洋性气候，温暖潮湿；年平均温度为 19.6℃，以 7 月最热，最高温度达 39.1℃，以 2 月最冷，最低温度达 6.1℃，雨量充沛，年降雨量为 1367.2mm；无霜期长，适宜植物生长。全年主要风向为北偏东风（NNE），夏季主导风向是南偏西风（SSW）。

龙江区间流域面积为 245km²，主航道长 22.64km，年径流量为 607m³/s，区域流量为 168m³/s，十年一遇洪水水位为 8.3m，要求过水断面达 150m，平时受潮汐影响，涨落差 2～3m。龙江南岸为农田，有一个蛎壳灰窑和简易的码头；江北岸为蔬菜地、杂地和部分民房。地势较低，多为海拔 4～6m。

二、公园的范围

公园位于龙江两岸，两桥（利桥、南门桥）之间，北至五羊河现有小路，南至福（清）高（山）公路北侧，东至利桥（含瑞云塔、烈士陵园、黄阁重纶牌坊）西至南门桥，总用地面积约为 14.91hm²（图 1）。其中，龙江南岸 8.19hm²，龙江北岸 5.41hm²，瑞云塔院 0.52hm²，烈士陵园 0.36hm²，艺苑 0.44hm²。

图1 福清龙江公园现状图

三、设计思路

根据福清县城总体规划的园林绿化安排，并考虑人民生活水平提高和每年有不少华侨与港澳同胞回乡探亲的情况，需要建造一个舒适优美的环境来满足人们休憩和游览的需求。为此，我们充分利用场址的地形地势和水文条件，因高就下，顺势造景，得体适用；坚持勤俭节约的原则，尽量少拆民居；坚持以植物造景为主，突出春景，做到适地适树，四季有花；园林设施设置，充分考虑洪峰的侵袭。

四、总体布局

龙江公园为融城居民游憩性绿地。我们根据公园的地形地貌、功能分区的要求和交通条件以及洪峰侵袭等因素，把公园分为管理区、儿童活动区、青年活动区、老年活动区和安静休息（密林）区、文化古迹区、陵园、盆景艺术和花木生产用地等功能各异的区域，以适应不同年龄及爱好的游人需求（图2）。

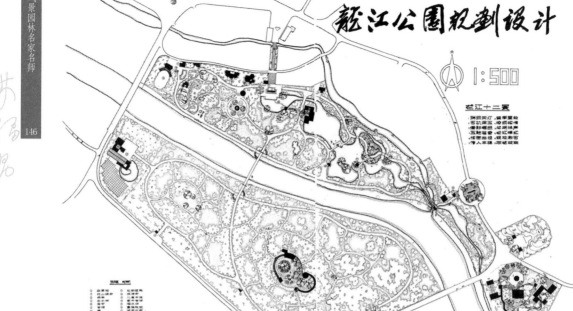

图2 龙江公园规划图（图片来源：杭州园林设计院）

1．公园管理处

公园主入口设在城关镇南面，东西向滨江路原县搬运公司处，并设一定面积的停车场。管理处征用搬运公司的房子，作为办公、服务和生产用房以及职工食堂之用。同时，在南门桥南段的福高公路北侧、利桥西侧设次要入口；在黄阁重纶牌坊西南设专用入口，方便儿童进入乐园。此外，塔院、陵园和盆景艺苑设置单独入口。

2．儿童乐园

它是培养少年儿童身心健康和对科学技术知识的兴趣的场所。规划在龙江北岸西端辟少年儿童区，布置现代先进玩具和传统玩具供儿童游玩。建激光时空室、电子游戏室；设置电动鞍马、转马、漕船等玩具和简单的游戏工具如绳索桥、滚筒、秋千、弹窗、滑梯、积木等。

3．盆景花苑

在瑞云塔院东侧，修建盆景艺术展览厅廊，引五羊河水入苑，修曲桥、辟小径、建栈桥，形成庭园，以陈列盆景艺术，供人们参观游览，出售盆栽、小型盆景和树根花几等，并可举办各种小型博览会，以丰富城乡居民的文化生活。

4．烈士陵园

系纪念解放县城时牺牲的烈士，已初具规模。规划改建大门，整理陵园园路系统，提高绿化水平，作为人们缅怀革命先烈，继承遗志，进行革命传统教育的场所。

5．花木生产基地

它是栽培公园内部摆设的盆花和草花的基地。规划修建温室、冷窖和荫棚架以及管理用房。栽培布局是：温室北面圃地培育草花，南面置放盆栽。生产用水引取天宝陂的水入圃，供灌溉之用。

五、造园组景构想——龙江十二景

1．双龙戏珠

引虎溪水渠的水入园，以突出水景。主入口在虎溪水渠上架平桥，入园水渠上中间搭以格栅式甬道，两侧留出 2.0 米宽的水面与岸相隔，渠岸上修龙墙，辟花窗。龙首含珠会合于进口处成为入口大门，以加强出入口的吸引力，形成"双龙戏珠"景致。

2．传人丰碑

在水入口甬道的尽端，建一方形水池，四周绕以园路，中间立屏风式的石碑。镶刻为建设龙江公园作出贡献的国内外福清人民的事迹，取名为"传人丰碑"，以志纪念。

3．银花漱石

在传人丰碑的南侧，辟水面，利用五羊河与公园内部水景标高的不同，用条石砌筑滚水坝，让流水从石坝上跌落，形成白色水花翻滚而下，景色宜人，景题为"银花漱石"。

4．龙湖棹声

引用龙江北岸东部地势低洼地带，规划挖湖堆丘，改造地形地貌，形成岸线曲折萦绕、大小不一的湖面和港道，并叠石护岸，修建停船码头和管理用房，开展水上划船活动。游船的造型要求美观大方，船头可雕镂龙头，游人自划游船，荡漾在湖面上，欣赏湖光山色、琼楼塔影、帆杆索虹，聆听木桨击水之声。

5．玉融茗香

在龙湖靠入口不远处，修水阁式茶楼，供游人品茗香茶。

6．相思幽径

分两处。一处在龙湖的北侧与五羊河相接地带，留一条狭窄的陆堤，两岸遍植相思树，人们漫步在小径上，两侧相思枝叶拂水，顿觉清幽飘逸，倍思亲人，更加怀念海外游子。另一处长度较长，位于龙江南岸靠近生产用房一侧，园路曲曲，密林幽幽，适合青年人漫步。

7．倩影曦色

在龙江北岸东部的洼地，结合理水，利用现有的菱白湿地，扩大水面。清晨，东方鱼肚白，待到太阳冉冉升起，彩云朵朵，瑞云古塔屹立在山丘上。此时，塔影、云影、树影、日影、楼影融集在水面，"一湖金水欲溶"，充满诗情画意。

8．石矶泻玉

龙江公园的水景与五羊河汇合于牌坊西的小庙前，此处岩石裸露，伸入龙江，有石矶、礁石。宜在原泄洪闸上修建亭、台，每当启闸放水，洁白的水龙沿石幔倾泻而下，晶莹如玉，别有情趣。

9．龙江晴虹

为沟通龙江南北岸的绿地，宜在江面上修建钢索行人桥，状如拱形，浩似彩虹。

10．榕须昭情

龙江南岸东端辟为益寿园，广植榕树，兴建茶室，棋牌室、回廊、花架和较大面积的块石铺地，并预留榕树种植穴。榕树冠大，绿荫蔽天，醉影筛日，榕须下悬，浆果引鸣禽。老年人在此晨练、歇午、纳凉、下棋、阅览、叙旧、听鸟鸣，真是心旷神怡，延年益寿。

11．黄阁重纶

石坊系明代内阁首辅叶向高建。全坊四柱三间，高10m，宽11m，为楼阁式重檐歇山顶构筑物，由雕琢精细的青石构成，两面相同。宜拆除周围民居，改车道从坊的两边通过，扩大重点保护范围。种植矮性灌木，铺草地，以烘托牌坊的雄姿（图3）。

12．瑞云天灯

瑞云古塔始建于明万历三十四年（公元1606年），竣于明万历四十三年（公元1616年），历时十年。传说，卜基之日，五色彩云自太保山来覆其上，烂漫辉映，故名"瑞云"。石塔仿木构楼阁式，七层八角用雕琢精细的花岗石建成，高30余米，塔座周围长24m。全塔立面纤巧，造型均衡，似"凌霄玉柱"，对于研究明代建筑和佛教艺术有重要价值。塔的存在，给人以美的象征，给人们带来了艺术的享受。独具风味的塔灯盛会，更为人们所津津乐道。每当60年一度甲子年或重大节日时，塔灯光芒灿烂，辉煌壮观，展示了现代化科技成果与古代文化遗产的完美结合，这赏心悦目的风景将留给人们美好的记忆，唤起人们的爱国思乡之情（图4、图5）。

图3　黄阁重纶石牌坊

图4　瑞云古塔

图5　瑞云塔石雕

　　古塔是省级文物保护单位。目前塔院树木稀少，规划除切实加强古塔的保护管理工作外，应拆除现有墙门，改为矮坐凳栏杆，恢复原塔院格局，陈列出土文物，介绍福清历史沿革，添建游览性、服务性建筑，使瑞云古塔与"黄阁重纶"竞相衬托，蔚为大观。同时加强塔院的绿化，西、南侧只能种植矮性灌木，以保证透视线，东北面和东南面可种高大常绿乔木，以衬托古塔凌姿。

六、竖向设计

　　地形改造是造园工程的重要工作，是决定公园建成后的效果主要因素之一。堆丘理水将丰富公园的景色，改善植被栽植条件，为营造植物景观和区域划分奠定了基础。水景给人们以明净、开朗、秀丽、亲切的感受。我们根据龙江水文情况和园址现状，设想引虎溪渠水进公园，在主要入口突出水景。经过"传人丰碑"至水池，然后采用浆砌石堰拦蓄水体形成落差，形成自然式跌水，经过狭流又汇于茗香楼前较大水池（可称龙湖），水体几经收放直达泄洪闸（即"银花漱玉"景点）与五羊河汇合后又适当地放大形成大的湖面，尽收古塔倩影。最后经塔院南边流去，形成一个层次丰富、变化多趣、曲折萦绕、动静兼备、类型多样的水体，极大地丰富了公园景色。同时，考虑到洪峰的影响，对其他部分地形只略作处理，为植物栽植创造条件。

七、园路系统

园路不仅要解决交通，而且它本身也是园林景色的重要构成部分。根据道路功能的不同，可分为主园路（通小型车辆）、次园路和小径等三种。主园路是公园交通的大动脉，通过道路的延伸把人们引到主要活动地点。园路的平面线形在满足交通情况的下宜适当弯曲，竖向上可以随地形起伏而变化，增添园林景观，人们循着园路可观赏到景色各异的精彩画面。本园主园路从北门（主入口）进园，在"传人丰碑"处往东西延伸，分别经过青年活动区、少年儿童活动区，往龙江北岸吻合成环；在江南岸又自成环形，从而沟通全园，通过索桥把龙江南、北两岸相接。塔院、陵园、盆景艺苑的园路自成系统。主园路宽 4m，宜采用花岗石作路面材料。次园路引导游人深入景点内部，它与主干道相接，一般宽度为 2.0m。小径是连接次园路的支路，起到引导游人深入到公园各个角落的作用，宽度为 1.2～1.5m，有高差变化地段可设踏步。

八、园林建筑

为满足游览、生产、管理和点景的作用，可根据自然条件、功能要求和艺术构图的需要，合理地安排各种功能的园林建筑。由于公园（龙江两岸）处于十年一遇的洪峰淹没区，建筑物的体量、形式、结构和位置，都必须注意防洪要求。一般游览性建筑、服务建筑采用仿古形式，生产管理性建筑可采用当地民居形式或现代建筑，儿童活动区可采用具有童趣象形的形式和明快的色彩。

九、园林绿化

绿化为观光游览和各种活动创造不同的植物景观。树种选择必须以乡土树种为主，适当地引进经过种植试验证明可以生长的树种；选择小冠幅、高干的树种，以利于排洪，并注意降低乔灌木密度，特别是灌木密度；植物配置要采取多种形式，注意乔灌搭配组合，达到四季有花。

1. 主要树种

乔木有榕树、白兰花、金合欢、相思树、木麻黄、银桦、龙眼、荔枝、蓝花楹、黄花槐、木棉、羊蹄甲、南洋杉、池杉和楠竹等。灌木有紫薇、扶桑、夹竹桃、石榴、碧桃、芙蓉等，藤本有紫藤、炮仗花、凌霄等。

2. 主题构思

儿童活动区突出夏天景色，植物景观的营造体现儿童的天真活泼、天天向上的蓬勃朝气；青少年活动以春天景色为主，表现青春活力与热情奔放；老年活动区，以四季常绿的植物寓意"延年益寿"；陵园区以常青针叶树为主，辅以春景，体现庄严肃穆，以志纪念。

3．景区的植物选择

儿童活动区应种植无刺无臭、病虫害较少的且多在初夏开花的乔灌木。一般在玩具周围（以不影响活动）种植高干落叶乔木，边缘地带种植常绿乔灌木。主要选择金合欢、南洋杉、白兰花、石榴、楠竹、扶桑和美人蕉等；青少年区，选择南洋杉、假槟榔、蓝花楹、相思树、楠竹、池杉、碧桃、木芙蓉和番石榴等；老年活动区选择榕树、白兰花、龙眼、荔枝和番石榴等；文物古迹区，选国外松、龙柏、松柏球类、瓜子黄杨球类和香樟、榕树等；陵园选择松、白兰花、扶桑、剑麻、葱兰、栀子花、孤顶花等；龙江两岸以木麻黄、相思树和池杉为主；福高公路两侧以银桦、桉树为主。

4．绿化栽植类型

可采取孤植、对植、行列式栽植、丛植、群植树木和花镜等。栽植方式，除陵园、公路和某些建筑物基础栽植采用对植、行列栽植外，其他地区宜采用孤植、自然式丛植、群植方式，从而形成孤赏树、疏林草地、密林和草地等园林植物空间。

十、基础设施

公园的基础设施，如供电、给水排水和电信等，基本上由市政接入，部分卫生间的污水设化粪池处理。公园的指路牌、说明牌、垃圾桶的设置，根据有关规定设置。路灯每隔 30～50m 设一杆。园凳采取花岗岩条石，造型要新颖美观。

十一、公园用地分析

公园用地类型

表 1

类型／分析	用地面积（hm²）	占公园总面积（%）	备注
水面	0.82	5.5	不包括龙江江面
建筑	0.34	2.28	
道路广场	1.59	10.66	
生产用地	0.81	5.43	
绿地	11.35	76.21	
合计	14.91	100	

公园总投资估算为 808.61 万元。采取统一规划，分区、分项、分期实施；资金采取国家投资与广泛集资相结合；先进行地形整理，园路开辟；根据绿化规划，先栽乔木，后进行景观营造和兴建建筑物；为早日建成公园，必须建立筹建班子，负责公园规划、设计的实施。

规划设计人：林福昌　周为

1986 年 8 月 15 日

福建永安龟山公园改造规划

一、概况

　　永安处于福建的中西部，属中亚热带、气候温热湿润、夏长冬短。年平均气温 19℃，极端最高气温 40.5℃，极端最低气温为零下 7.6℃。年日照时数为 1859 小时，年降水量为 1569mm。风向：春夏为南和东南风，秋冬季为北和东北风。东北风强于东南风。早霜始于 12 月上旬，晚霜终于 2 月中旬，无霜期为 295 天左右。盆地和山地气候差别显著。最高洪水位为 168.98m（罗星塔）。

　　公园原为燕溪中一沙洲，形如龟背隆起，虽溪水高涨而淹不及洲，故称为龟山。明嘉靖年间（1556 年）在沙洲上筑有"通济桥"，长 2 里许，有 36 个桥墩，是永安入城的要塞，约百年之后，通济桥被大水冲毁。相传在永安建县前，沙洲上住有百余户居民，有观音庙，庙前形成一条街区。清末，洲上有龟山庙、观音阁、民主庙及演武亭、见山亭等建筑。龟山庙在沙洲中偏上，庙内有戏台、厢

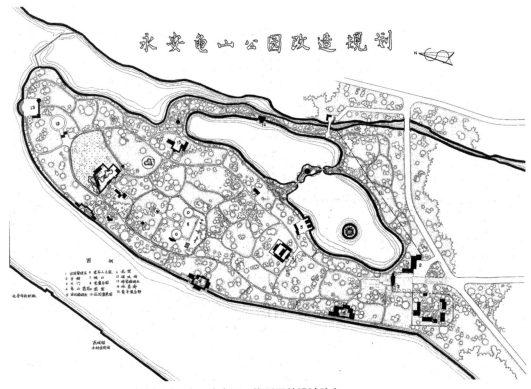

图1　福建永安龟山公园改造规划图（图片来源：杭州园林设计院）

房、阁楼、正殿，祀康、李、晏"三英公"。民主庙位于龟山洲后部，祀"龟山民主尊王"神位，是永安目前保留下来建县前之古建筑。

龟山之北有巨岩横截溪流，岩石上携有"砥口"二字，岩上筑有凌霄塔（即北塔）。塔山山麓建有文昌阁，塔下有深泽，名曰"放生潭"。伫立岸旁，旷览园外水去，风帆沙鸟，与阁檐塔影掩映成趣，为一方名胜地。

1982年11月龟山公园正式兴建，在龟山洲南端填土与城区连接，并将洲旁东门溪洼地与千金坡地带修建成人工湖。洲上广植花木，辟盆景园、儿童乐园等。堆叠了假山，修建了燕江画室、电子游戏室、旱冰场、游船码头、茶室、小卖部及各式亭子8座。1985年又驳砌了洲西江岸，以防洪水侵扰。公园初具规模，可供市民娱乐休憩。

公园初建时，缺乏统一规划与设计，致使公园的功能布局紊乱，园路主次不明，系统性较差，园林建筑风格各异，色彩过分艳丽，水系岸线过于通直，形态欠佳。目前公园由江、湖和陆洲三部分组成，有利于安排各种活动区，绿化已有一定基础。洲上工厂、单位已搬迁，为公园改造和建设创造了有利条件。

二、公园改造的构想

公园的范围，从狭义讲，东至东门溪东岸，西至燕江东岸，北至燕江南岸，南至城区江边路，总面积为23.01hm^2，其中陆洲18.11hm^2，水面为4.9hm^2。从广义讲，燕江和公园四周的景物、单位都应纳入景观保护区域。

公园性质为多功能的文化休息公园。公园建设要因地制宜，就地取材，节俭办事业，坚持以植物造景为主，植物材料采用亚热带南缘的乡土树种，改造和利用相结合，游览建筑宜采用闽西地方特色的建筑，体现乡土人文。

三、公园改造规划

1. 功能分区

公园的出入口设置：出入口设在公园南端与城区相接处，中轴线正对新府街。在大门外设集散广场和停车场（含自行车停车场），门内设疏散小铺地；在公园的东北部设次要入口，并加固东门桥；在寿星院（老年活动室）西南隅设便门，以沟通龟山与滨江公园的联系。

在主入口广场西侧，设公园管理处和职工宿舍；在公园主入口内广场沿主路左转，沿燕江的滨江地带建寿星院（老年活动室），在公园中部拓展原儿童活动区，增加内容，添加新的活动设施；青年活动区设在主园路东部地区（含燕湖）和公园的北部地区；在公园的东北部，环形主园路的北端内侧，扩大原盆景花卉栽培区；公园的燕江东岸、沙洲的西北部地带和东南部（含龟山艺苑）辟为安静休息区。

2．公园的竖向处理

目前沙洲上地形比较平坦，个别地段有坑洼需填土。总体地势宜以中间高、东西两半部低一点。局部应有起伏变化，为公园的功能分区、造景要求、植栽条件以及排水创造有利条件，一般高差不超过1.5m。

现有人工湖（名燕湖）岸线过分通直并有直角出现，常水位与岸顶标高相差较大，缺乏亲切感。规划改直削棱为弧线弯曲岸线，降低湖岸标高，低常水位与岸顶高差为30～40cm。公园东部堤堰，临东门溪一侧，保持现状标高，以防洪峰侵扰燕湖，只对燕湖一侧的堤岸降低标高。为保持燕湖水位和水质，在东门溪南边埋设暗管，引溪水入湖，并设闸门控制。在龙凤亭东埋设溢水管，出水处置以山石形成叠水景观。东门溪至燕江出口处，设滚水坝，拦蓄溪水，形成湖面，称为"宝华湖"，湖岸低平，并在西岸铺设小径。

湖心亭两侧分别修建堤、桥与陆岸相连，堤中造桥，分别称为"通济"和"景波"。

3．园路

公园的园路现状过于通直，又缺乏系统性。规划公园主园路（指半岛），从大门内疏散广场引出，分为两路，经寿星院、儿童乐园、盆景园、朝旭馆等景点，汇合于旱冰场。然后，从主园路再接次园路、游步道，形成"龟纹"状路网。同时，沿燕湖岸边设环湖次园路，并通过其他次园路、游步道，与沙洲上园路衔接，构成龟山公园的网状道路系统。主园路宽3m，次园路宽1.8～2.0m，游步道为1.2～1.5m。园路的路面材料分别采用块石、条石拼纹，条石卵石拼铺。路面的图饰力求简洁美观。

4．公园功能区的构想

儿童乐园：要求建筑物或构筑物的造型宜有动画性，色彩要明快、炽热，形体要符合儿童的尺度，玩具无棱角。儿童乐园现有歼击机（实物）和部分电动玩具及电子游戏机。设想增设电动器械玩具、弹床、激光射击和传统玩具及设阅览室等活动内容，同时辟设小卖部。

青少年活动区：设想利用燕湖开展划船、脚踏船等活动。建造码头、候船廊、售票和管理房。在公园北端燕湖旁开辟游泳场，利用公园陆地和水面标高之差，在护岸内侧筑半地下箱式寄存、更衣、冲淋室。在原有亭子旁添建休息廊，成为游泳场的服务设施。此处也是欣赏北塔丰姿倩影的佳处，称之"凌霄倩影"。设想在燕湖的燕屿上，塑造"银燕文飞"的群塑，以示腾飞之意境。同时改造原办公用房供青年人使用。

寿星院：在公园中燕江滨江地带建老人之家，设棋牌室、阅览室、茶馆、电视厅和小卖部，辟太极拳练习场、健身场等，供老年人使用。

花卉盆景区：修建展览亭廊轩榭，辟水池，建温室、荫棚和管理房，陈列展出闽西特点的盆景盆栽，供市民欣赏。

安静休息区：该区现有龟山庙建筑，具有闽南地方特色。设想复建前殿、戏台，整修厢房和后殿，辟为龟山艺苑，介绍永安历史沿革，陈列历史出土文物，展示古今书画和摄影艺术等文化内容，以丰富人们的文化生活。沿燕江一带，环境幽静娴雅，古木翠流，阁檐塔影，掩映成趣，宜以静赏远山近水。设想建挹秀楼、花架廊，以供游人茗茶静养。

此外，在公园出入口外侧建餐馆、花卉门市部；青少年活动地区设小卖部；寿星院设音乐茶座；龟山艺苑设工艺美术字画售品部。完善卫生设施，在少儿、老年人活动区和人流集中地区，设置厕位数量不同的公共卫生间。公园园路旁，每隔一定距离设置杂物箱。选择偏僻处设置垃圾临时堆放点。

5. 园林绿化

公园绿化宜以当地乡土树种为主，反映亚热带南缘的风光，疏理公园的原有林木，淘汰生长不良、受病害危害严重的树木。注重常绿、落叶树种的搭配，达到季相变化、四季有花的绿化效果。

龟山公园绿化主要树种是香樟、柳树、白兰花、羊蹄甲、银华、火力楠、南洋杉、月桂、黄花槐、桂花、梅花、茶花、碧桃、杜鹃、棕榈科植物和竹类等。

公园绿化栽种，采用自然式种植配置，达到生态群落型。园内主园路的庇荫树采用白兰花，次园路和游步道的庇荫树与地块树丛结合，切忌行列栽种。岸线绿化，燕湖以垂柳、碧桃、迎春和月季为主要树种，采取不等距栽植，并穿插种植香樟。宝华湖，水浅处栽植池杉，湖面栽植荷花。东门河岸坡麓种植楠竹、芙蓉，坡上部以香樟丛植方式形成林带。燕江岸，采用自然式栽植羊蹄甲、黄花槐和香樟等植物。儿童活动区，选择无刺、少病虫害、树皮光滑的夏季开花的花木，如合欢、紫薇、石榴、棕榈类等植物。寿星院以松、天竺桂、梅花、罗汉松、茶花和竹类等进行绿化。

龟山公园，可通过植物的合理配置，让植物材料与山石、地形等密切结合，组成各具特色的植物群落空间，营造植物名胜，如开辟棕榈科、山茶科、竹类等专类园，丰富游赏内容。

6. 公园的陈设

主要包括景点的室内家具、壁间字画、工艺的置放、案几清供和照明灯具及卫生设施等。选用材料、造型、大小、安放位置，都应与景点的主题、建筑的形式、功能和生活习惯相结合。如龟山艺苑，其陈设要选古朴、简洁的明式家具，中堂、厢房宜按一定格律布置；而茶室的家具形式可略新，自由布置并配上字画；餐馆的家具更现代些。室外主要设导游牌、宣传牌、指示牌和废物箱等。

基础设施，供水、供电由市政接入。雨水排入水体，污水集中接入城市污水管网或就地设化粪池三级处理。在公园管理处设电话交换机。

7. 公园的用地

总用地 23.01hm²，其中绿化 15.93hm²，占 69%，水面 49hm²，占 21%，道路铺地 1.815hm²，占 8.5%，建筑占地 0.347hm²，占 1.5%，投资估计 592.43 万元。

设计人：林福昌　缪孔名

1986 年 8 月

临安钱王陵园概念规划

临安县城（现为临安市）在东苕溪南岸，据安国山之右脉，崛起平地，苕、锦二水环绕，形势自然。

安国山，又名太庙山，为天目山的中支，逶迤数十里。至仙岭、玲珑、葛仙诸山，峻峙奇绝而下十余里，平地隐隐隆起，有屹立独尊之势。苕、锦二水合襟于中，南麓两翼有伏虎、青龙两丘，中为钱武肃王之墓。安国山高约40m，面积为4.46hm²。

钱镠（852~931年），临安人，字具美。原以贩盐为业。唐僖宗（881~885年）黄巢乱，镠率乡兵破之。刘汉宏反，复率八都兵破越州，归董昌为裨将，累迁国书门下平章事封国公昌反。镠执之，昭宗拜镠镇海镇东军节度使。赐铁券，拥兵两浙，统十二州。旋封越王，又封吴王。唐亡，受后梁太祖之封，称吴越国王。为南北朝十国之一，在位41年，卒谥武肃，年81，年号三：天宝、宝大、宝正。

钱镠执政期间，曾大兴水利，组织民工疏浚西湖，修筑钱江海塘，防止潮患。为治理杭州颇著伟绩丰功，彪炳宇宙。薨后归葬故乡太庙山。

钱武肃王墓是浙江省重点文化保护单位。钱王祠是祭祀吴越王钱镠的祠宇。但在十年动乱中，陵墓遭到严重破坏，茔前的坊表、石兽、石俑荡然无存，陵园周边及附近相继建起了许多现代建筑物，供办公、住房之用。破坏了陵园的布局和庄严肃穆的氛围。

规划本着历史唯物主义观点，以恢复和保护文物古迹为原则，重点突出陵园的纪念性，注意满足城镇居民休憩的需求。陵园布局由祠宇、墓园和安国山园林区三大部分组成。游人从墓道穿过照壁边门进入赭黄色院墙的广场，踏级而上进会锦门、二厅至钱王祠（衣锦殿），然后经一青石铺筑的甬道，过墓门进入坟冢前平台。墓园之背是安国山园林区。甬道两侧列植桧柏、柳杉等常绿树。墓园神道两旁列置华表、石俑、石兽象征生前仪卫，既富于严肃感，又烘托出钱王的丰功伟绩。

陵园规划采用院墙、绿化来划分空间，地形逐渐抬高的手法，把陵园分隔成一进又一进的祠宇、墓园和园林区，形成宽窄不一、大小不同、氛围各异的环境空间。陵园又在南、西、东北隅分设望锦、廉政、拱辰三个园门，并辟一定面积的入口广场，以供游人集结、疏散和停车之用。

祠宇是一组具有汉民族特点、气势雄伟和庄严肃穆的纪念性仿古建筑物。中堂为塑雕文穆、忠献、忠逊、忠懿四王之像和有关出土文物。衣锦殿塑雕钱镠之像，介绍武肃王生平经历和重要功绩以及文物史料，以志纪念。

墓园茔前辟神道、置坊表，设平台，竖墓碑，摆石几供人瞻仰凭吊，令人肃然起敬。

安国山园林区，以"略成小筑，足征大观"为原则。筑安国阁，建会锦亭，修蹬道、游步道（宽1.5m），略加人工之巧，倍增风景之情。人们沿着蜿蜒的蹬道而上，抵安国阁，只觉得天宇高原：西望天目龙飞凤舞、奔来眼底；北视苕溪东流，阡陌纵横；南眺功臣之塔，峻拔挺秀；俯瞰城郭楼宇，鳞次栉比。

钱王陵园的复建工程可分为两期实施。当前急需园林区的整理建设，以满足城镇居民的休憩需要。先修山北围墙、蹬道及游步道，建安国阁、会锦亭和园门以及卫生设施等。同时改造安国山林林相，充实松、柏、银杏、枫香和花木。然后，拆迁陵园范围内的住宅、办公用房，兴建祠宇建筑群、神道等。但当前最紧迫的任务，是保护陵园周围的环境，不得新建与文物保护无关的建筑物或构筑物，并尽早规划出文物重点保护区、影响区（安全）和控制区，免遭新的破坏，以确保文物与环境的协调。

编制人：林福昌
1982年6月20日

恩平鳌峰公园规划

我国改革开放后，落实了各项政策，调动了广大群众的积极性，促进了工农业生产，人民温饱问题已得到解决，迫切要求有一个环境优美的休憩与娱乐场所。恩平县（现为恩平市）是一个四邑侨乡，回国探亲观光的侨胞也有游览环境的需求，故政府决定修建公园。我们接受了这个委托，进行公园的规划工作。

恩平最早于公元226年置县治，三国吴时即称恩平，已有1700多年历史。恩城镇位于广州东南200km，南下湛江300km。城镇前临锦江河，后依鳌峰山岳，主峰高258m，地势南低北高，背风向阳。山地多为石灰岩组成，低洼地常是沉积岩组成。恩平全县有37万多人，又有17万多人侨居国外。县城居民仅4万多人。

恩平县属亚热带气候，夏长冬短，年平均气温为21.9℃，年最高气温为28℃，最低气温为10.5℃。雨量充沛，年平均降雨量达2548mm，最大值可达3657.5mm。

鳌峰公园位于恩城东北隅，鳌峰东南麓，山高210m。园址丘阜起伏，溪塘点缀，有水面46亩，坡地多辟为梯田，山冈高约34m。山地多为红黄或褐黄砂砾土，土丘土壤瘠薄，农田为耕作土。现有五座小山岗，仅三座生长着马尾松和木麻黄，其他山冈只长着茅草和山捻花。离园址17km处有马草塘水库，年发电量为5.5千万度。沿鳌峰山系山麓有泄水支渠，流经园址汇入锦江河，水质优良，可引作体育活动用水。

公园的范围：南至广湛公路，西至电机修造厂、县党校，北至鳌峰山麓，东到化工厂西的机耕路，总面积20.2hm²，其中水面占3.06hm²。

公园规划建设充分利用山地丘阜起伏的地貌，因地制宜地营造一个环境优美，为恩平人民游览休憩和开展文体活动等服务的、多功能的文化休息公园。

一、公园的功能分区

根据公园的地形地貌，规划为游览休息区、儿童活动区、水上活动区、体育活动区和公园管理区等五个功能各异的区，以满足不同年龄、不同爱好者的需求。安静休息区居于公园中心部分，由几个山冈、坡地和部分水面组成；儿童活动区置于公园的东南部，接近主入口，方便儿童进出；体育活动区设在公园东北角；水上活动区介于安静与体育两个区域之间；公园管理区设于西门附近，方便管理。

安静休息区要求山清水秀、鸟语花香、环境清幽的环境，供游人散步、休憩、学习和锻炼等。规划开辟垂钓区，营造大片疏林草地和密林，建造长廊、水榭、茶室、园亭、花架和餐馆等，为游人服务。

儿童活动区：为青少年和儿童提供丰富多彩的活动。在本区入口，采用砖雕或瓷砖镶嵌形式，建造以"祖国未来"为主题的照壁，体现儿童"天天向上"的精神。区内设置各种游戏器械和传统游戏内容。

水上活动区：规划利用原来低洼地，开凿成水体，设手划船、脚踏船和碰碰船的活动场所，并设置码头和管理用房。

体育活动区："发展体育活动、增强人民体质"，根据园址的具体情况，设置青少年游泳池、旱冰场、篮球场、排球场、射击场、遛马场等运动设施。同时，在林间草地设羽毛球、武术、太极拳等活动场地。

公园管理区：设置公园办公室、生活配套和生产管理设施。辟小花圃，建荫棚、水池等。

公园出入口：园址在恩城镇东北面，南临广湛公路，西有成片的居住区，为此公园设置四个门户：南门为主要出入口，为本镇居民和过往客人服务，门前设停车场，门内辟人流疏散广场以及服务设施；西门设次入口，方便居民入园和公园生产管理；体育活动区常有大量游人在短时间集散，容易干扰区域内人们的活动，故在公园东北部开辟专用出入口，门前路东设一定面积的停车场。此外，考虑到节假日划船游人增多而专设便道，随人流多寡而开闭门户。在主入口尽端，塑造一组"鳌峰儿女"奋发向上的群塑。

二、理水和地形整理

水是园林中重要的造园元素之一。规划充分利用水库泄水和原有水体，形成较大的水面，并根据原地形标高，就低蓄水，使山谷形成溪涧，水体形态呈多样化。同时利用堤、岛、桥和滚水坝，把水体划分为大小不同、宽窄不一、有收有放、弯曲自如、萦绕环抱的自然水域，营造层次丰富、变化多趣、具有动势的水景，丰富公园景色。

园址上原有五个山冈，岗坡多为梯田，规划把梯田削为缓坡，利用挖湖之泥填筑坑洼之地，并在园路旁或交叉口，堆土成丘，土丘高度宜在 1.5m 至 2.0m，坡度有陡有缓，形成曲折有致的山麓线形。土丘坡度应与平地、水体有一个过渡，宛如天成。土丘之上栽植树群，阻挡视线，分隔空间和组织交通。

三、园路系统

园路具有联系和组织公园中各个不同分区、主要建筑物和景点的作用；园路本身也是园林景观的构成部分，按其功能要求不同，可分为主园路、次园路和游步道。从公园的南门或西门入园，随着主园路到达各个活动点，欣赏到不同风景。在保证交通顺畅的情况下，平面可弯曲有度，竖向上随地形有所起伏变化。规划宽度为 4m，最大纵坡小于 7%。次园路和游步道（蹬道）可引导游人深入到公园的各个角落。游步道在儿童活动和安静休息区可自成网络。平面与竖向上要因地制宜，迁就地形。一般次园路宽为 2m，游步道（蹬道）宽为 1.2~1.5m。在"万壑松风"景点，坡度超过 6% 设蹬道，并有多处转折（回头曲线），能使游人的视线产生变化，达到步移景异的效果。全园道路总长约为 6485m，路面采用石料铺筑。主园路宜采用平桥或拱度不大的桥，以利于养护车辆通行。在风景较好又不行驶机动车的次园路及游步道上，可架设曲桥和拱桥，全园计有 11 座。

四、建筑规划

公园建设应以植物造景为主，突出园林对保护生态环境的作用。因此，园林建筑要根据功能要求、立地条件和艺术构图的需要，合理地建构各种性质的建筑，如廊榭和花架等，供人们休憩和赏景。其中环绕中心岛设围廊，烘托"万壑松风"亭，起到画龙点睛，控制全园的作用。登上"万壑松风"亭，凭虚远眺，可见江河如带、楼房鳞次栉比；环顾四周，全园景色尽收眼底，让人心旷神怡。游览建筑宜采用仿古建筑形式，亦可采用岭南民居形式，服务建筑、体育建筑力求与游览建筑形式相协调。

五、绿化规划

充分发挥园林绿化的生态功能，对全园绿化栽植作统一规划，力求达到统一中有变化，变化中又富于统一，达到绿化景观丰富多彩的效果。绿化要为游览创造良好的环境，结合植物配置，种植既有观赏价值又有经济效益的亚热带果木。植物配置时，选择有季相和色彩变化的树种（当地较少），使园林绿化达到绿荫华盖、绿草如茵、四季有花、彩色缤纷的艺术效果。在各种绿化栽植类型的树种选择时，应根据立地条件，因地制宜地选择乡土树种，如榕树、凤凰木、菠萝蜜、银桦、南洋杉、羊蹄甲、白兰花、杧果等。

主园路的庇荫树，可采用白兰花，大叶榕和杧果等树种不等距自然栽植。同时宜营造"万壑松风"、"南国风光"、"暗香浮动"、"篁屿幽径"和"硕果累累"意境的植物景观，形成一个湖光山色、林海苍郁、楼台隐现、鸟语花香的美丽景象。

六、基础设施规划

公园的基础设施、生活用水可由城镇给水系统解决。游泳池用水宜采用水库泄水支渠之水进行消毒，使之符合卫生标准，储存在打靶场北侧半地下的水池内，然后注入泳池。公园的雨水，利用园路和暗管直接排入水体。在公园北侧挖截洪沟引导排泄山洪水。公园的污水就近排入城市污水管网。个别地段可设窖井或化粪池二次处理，让其自然净化、渗透。公园电力由城镇直供，电缆套管埋地，分送需电之处。每隔20～30m设庭院灯，垃圾桶、座椅也每隔一段设置。根据人流情况，一般每隔500m设一处厕位不同的卫生设施。

七、公园建设实施建议

地形是公园的骨骼。首先进行挖湖堆丘，平削梯田，整理地形地貌；然后开辟主园路、次园路路基，夯实基础；再就是进行绿化工作，将规划的建筑基址和广场铺地留出来，根据资金情况，分期分批逐步建设。建园资金可采取政府集资或华侨捐建的办法，促使公园早日建成，投入使用。

参加规划人员：林福昌　马克勤　王仁义

1985 年

余杭径山风景名胜区规划大纲

1988 年春，受余杭县（现为余杭区）城建局和旅游局的委托，我们承接了编制《径山风景名胜区规划大纲》的任务，并作实地踏勘，收集材料，提出规划设想大纲（初稿）。

一、概况

径山，位于杭州市西北 54km，系天目山脉东北峰，主山区属余杭县长乐镇所辖，西南延伸临安县（现为临安市）横畈镇境内。地理坐标东经 119°5′，北纬 30°39′。其外围分别有杭州西湖、余杭超山、良渚文化村及天目山自然保护区等风景资源。

径山属江南台北背斜的东缘，约距今 6 亿年前震旦纪形成的窟窿构造地貌。主要以花岗岩为主，渗有沉积岩、板岩等。土壤表面为黑褐色的香灰土，下层为黄泥土，整体属黄壤区的酸性土。

径山气候较平原低，昼夜温差大，冬季偏长，年平均气温 16.5℃，月平均最高气温为 29℃，最低为 3℃。年平均降雨 130 天左右，降雨量达 1250mm 左右。风向秋冬西北风居多，春夏东南风占多。径山因有多处高山小盆地和深壑密布，气流旋移形成山谷之风，通称"山风"。山风凉爽，适宜于避暑。

径山雨量充沛，气候湿润，土壤疏松肥沃，有利于植物生长。据调查，在古刹四周和凌霄峰一带，有 66 科 190 个品种，其中茶树亦是径山植被之一，有人工或野生两种，茶质特佳。

径山水偏硅酸含量为 24.12mg／mL，另含多种对人体健康有益的微量元素，如含放射性氡 7.8 埃曼。

径山交通：前山有径山古蹬道到达山顶，后山开始修建宽 6.5m，路面 4.5m 的公路直达山顶。

二、历史沿革

径山因寺而开，因佛而兴，与僧俱来的是茶。

径山寺，唐天宝初年（742 年）吴郡山法钦禅师来径山结庵，创建道场，而后宗风大振，名闻十方。大历三年（768 年），唐代宗仰其高，诏请至京，以弟子之礼相待，请法钦大师讲究佛法，并敕封为"国一禅师"。大历四年（769 年）钦师

径山风景名胜区规划大纲

——地理位置.明代径山图

图 1　径山风景名胜区规划——地理位置、明代径山图

奏请归山，代宗准奏，并御诏杭州府为钦师建寺，定寺名"径山寺"，径山之兴由此而始。此后历代皇朝均与宗奉，钦赐不绝，因而规模渐宏，声望日高。径山寺名多有更改，而南宋孝宗皇帝御书的"径山兴圣万寿禅寺"最为出名延用最长。寺至1963年因年久失修而废。

径山佛教传至宋朝宗杲禅师，大兴临济宗之宗风，道誉隆隆，四海仰慕。其盛时，有殿宇楼阁三千余楹，佛像万尊，僧众三千，香客云集，游人满山，雄称"东南第一禅院"，冠名江南"五山十刹之首"。并以讲解佛教著称，其全盛期为宋、元。南宋尤盛，国内外曾有90多位佛教高僧在此主持修业学佛。径山佛都自明后因兵荒而渐衰。

图2　余杭径山御碑亭

径山与日本佛教交往：日本佛教界在唐朝就与径山寺往来密切，据日本《云游四足迹》记载：南宋至明，日本来中国参究佛学求法的僧人有 443 人，而径山当初为江南"五山十刹之首"，凡来中国的日本僧人，一般都到径山参谒或住学数年，不少人得法于径山。是径山的法嗣（即徒弟）。日本东福寺的圣一国师圆尔辨圆来径山拜如琰为师，五年后回国，成为日本临济宗的创始人。时至今日，日本佛教中教徒最多的临济宗（日本宗教第二大派）仍将径山作为"祖庭"。径山许多佛门弟子到日本讲学（宋、元时中国赴日弘教僧人 27 人，其中径山弟子 8 人）。日本建长、圆觉两座名刹，从开山到 25 代，其中径山弟子住持的有 12 代，因此"径山是日本佛教圣地，日本僧人的生活中衣食住等习俗发祥于径山，日本的文化有许多是从径山传过去的，径山对日本有着绝对的影响"（日本，村山博优先生《径山味曾》，1983 年）。

三、径山的资源特色及评价

径山以山径通天目而名，以安坐、朝阳、名博、凌霄、御爱、天星、堆珠七峰诸胜而闻名。主峰凌霄海拔 769.2m，周围总面积 26.9km²。径山其盛时，殿宇崇宏，青豆之房，赤华之馆，弥山亘谷。径山历史变迁，至今径山尚存留有较多的文物古迹。

宋孝宗御碑：由基座、碑身、碑顶 3 部分组成。总高 6.32m，阔 1.55m，厚0.29m。取材太湖石，正面镌刻孝宗游径山时亲书"径山兴圣万寿禅寺"八个正楷大字。背面为南宋显谟阁学士楼钥所书《径山兴圣万寿禅寺记》。钟楼为两层，高12m，占地 64m²，重檐翘角，四壁朱粉，十柱落地，楼内悬明永乐二年（1403 年）冶铸大铜钟一口，重二万余斤，钟高 2.34m，为江南第一大钟，钟身镌刻铭文一篇。钟楼今完好。有其亮禅师铸于明万历戊午年（1618 年）的香炉，炉分三层，铸于明正统丙寅年（1446 年）三尊铁佛，称曰两方三圣。三佛姿态各异，造型美观。有历代祖师御碑，其碑取材于青石，建于元至正年（1350 年），正面刻有径山古刹 68 代祖师的名衔，背面刻着祖铭禅师所写的五峰组诗和小序，碑高 1.37m，阔0.67m，建于元至治三年（1323 年）的元代石塔，由塔台、塔身、塔顶三部分组成，总高达 9.5m。塔身七层，呈六角形，镌刻石佛 27 尊，属省文保单位。紫柏塔，即真可达观禅师之墓，位于鹏慎峰之阳面。旧时，塔有亭阁，今亭废塔存。此外，还有望江亭为双亭，亭外有亭，供休息，可东视钱江潮及海日东升。

径山风景秀丽，山径深幽，修篁郁郁，溪歌潺潺，群峰林立，幽静之中显雄伟，故久负游览胜地之盛名。其中径山茶和大量的泉、池、潭为径山一大特色。

径山茶系全国名茶之一，植于唐，盛名于宋，历史悠久。唐天宝初年，法钦禅师来径山结庵建寺后，"手植茶树数株"采以供佛，逾年蔓延山谷，其味鲜芳，特异他产。"此后径山始产茶，炒则独特"，称之为"抹茶"。径山茶因气候适宜，制作独特，质量特优，北宋翰林院学士叶清臣在《文集》中写道："钱塘径山产茶，质优异"；蔡襄赞誉径山茶"清芳袭人"；明代张京元品径山茶后说："清泉茗香，洒然忘疲"。据《西湖游览志余》载："盖西湖南北诸山旁邑皆产茶，而龙井、径山尤驰誉也。"径山茶宋、元两代与天目青顶齐名，并列"六品"，被誉为"龙井天目"，自宋至清为"贡茶"。

　　径山茶在日本和英国有一定的声誉。宋朝时，日本禅师圆尔辨圆在径山参研佛学时，学习种茶、制茶、品茶的技术。回国时，带去茶籽、茶具，把径山茶籽播种在他的故乡静冈县，后又仿效径山"碾茶"的方法，生产出日本"碾茶"。茶叶质优，江户时代被传为"贡茶"。日本静冈县中日友协理事长井光一先生说："静冈县茶叶闻名全国，追根溯源，还是从浙江径山传去的。"

　　茶宴是径山古刹以茶请宴的一种专门仪式，茶具特制。据传其形式为：献茗、闻香、观色、尝味、论茶、交谈等程序（彩图31）。茶宴有专门茶具，茶桌上放一精致的方形茶台子。置有紫砂茶壶，精致瓷壶，锡制茶叶罐。南宋咸淳三年（1267年）日本文永四年，南浦诏明在径山学佛拜师时，辞师回国，将"茶宴"仪式传到日本，以茶论道称茶道（日本《类聚名物考》载）。

　　径山有东坡洗砚池，位于小山坞中。据记载北宋苏东坡任杭州知府时，曾三游径山，凡作诗撰文后，总在此地洗砚笔，故得名。池子浅小，其旁有毛竹，嵌金黄色条，曰"锦线竹"。在大雄宝殿之背山坡上，有南宋大慧杲禅师所开挖的明月池，池为半月形，池后有明月堂。金鸡泉在天水坑（古开山庵）右旁大岩石山，泉口直径0.2m，泉水从口内源源不断地顺着大岩石流淌下来，大旱不涸，水质甘冽清甜。径山古刹传为龙头，双径大道为龙须，古刹山门之下成为龙鼻，龙鼻之处，悬崖耸立如壁，高宽各数丈，崖间有泉，喷泻而下，终年不断，故名。泉水喷泻，四溅石壁，若逢阳光折射，凝成彩虹，其美异常。喷泉下即千层坑，常有云雾萦绕，骤雨初歇，云雾山色浑然一体，令人驻足赏景；径山风景还有放生池、惠泉池、一线泉、斤线潭、龙井、龙漱井、佛圣水等。龙潭飞瀑，本在斜坑山峡谷之中，山高沟深，巨岩直立，径山之水聚此形成飞瀑，如百尺之绢飞舞，声若雷鸣。现建水库，此景消失。

　　径山多岩石，著名的有：明代董昌其所书"褐石"两字；宽高各2m的岩石3块卓立如"川"字；明代浙江兰溪人唐口所书的"玉芝岩"，还有莺巢岩、秀才岩等石景。

　　此外，还有幽寂的山涧溪谷景观如"吊桥溪歌"，有"松源天风"的植物景观，以及竹林茂盛、如层层阶梯而名的林阶坑等自然植物景观。

　　径山的风景包括有形的风景资源，也包含无形而有意的宗教文化和茶叶文化。纵观古今，横看内外，径山风景是以"临济祖庭，茶叶源头，佳卉异竹，清泉奇峰"为特色。

　　临济祖庭：径山起于唐，盛于宋，号称"东南第一禅院"，冠为"江南五山十刹之首"。高僧大德，时有涌现，法师传灯，一百全代。自唐以来，国内外相传有90多位佛教高僧在此主持修业学佛，历史上径山在讲解佛经、研究佛学上享有盛名。佛教临济宗在此地创立兴盛，并于十三世纪传入日本，使径山寺成为日本佛教中影响最大，教徒最多的临济宗祖庭。

　　茶道源头，径山香茗：随寺而起，且有茶宴仪式和一整套的茶具用具，传入日本后，发展成为日本国艺之一的茶道。径山茶籽，传至日本后成为日本的名茶。除了茶叶，径山的酱、酒、素食、豆制品制作技术也具特色，促进了日本这些事业的发展。

　　清泉奇峰：径山泉水为含氡矿泉水，有理疗作用。且水质清澄，形态多变，既有液态观赏体，又有气态观赏性。各山的雪景、冰凌也颇为可观。径山之峰，可称奇峰。其奇不在山峰岩体的多变，而在峰组列位整齐、对称，五峰罗列，状如人指，环护山寺。寺庙有拥入群山之势，万山围护之尊，避世脱凡之寂，依然自在之悠。径山之奇，还奇在层次的丰富、深远，山中观望，多者可达十八层以上，含雾天气，云蒸气腾，使人不仅有峰似云、云似峰的感觉，更仿佛"天上人间"。

　　径山的气候适宜，植物丰茂，佳卉遍野，异竹繁茂，寺旁古木成群。而且山形天就，自然形成良好的小气候，夏季山上气候凉爽，是人们的避暑之地。

四、风景的性质

　　拟定为"以佛教、茶叶文化为内涵，具有峰岩、溪泉、植物等多层次自然景观，以佛教探究、生态游览为主要功能的省级风景名胜区"。

五、规划思路

　　总体上立足于宗教与茶叶，以文化内涵为重点，建设雅俗共赏、以俗养雅、以雅促俗的特色风景游览区。坚持以特色资源为中心，寻求科学的生态规律，做到少干预，达到自然生态平衡；开展特色经营，招四方客，取四方经，振兴地方经济，达到良性循环，制定开发层次，逐步实现由点到面、发散型、扩展性的建设方针，最后形成完整的风景名胜区体系。

六、总体规划构想

　　径山复兴的内容，是风景复兴、环境生态整治和地方经济的综合发展。

　　1. 风景复兴结构模式

　　有限性集中型开发到计划性发散型同步开发。近期建寺，恢复茶宴。保护、整理名胜古迹；中期兴办佛学院，开展佛教旅游，开展茶叶节庆活动；远期全面建设径山景区。

2．生态环境整治结构模式

控制性人工型重点保护到生态性自然型综合保护。近期以佳卉异草为中心，进行严格保护、调养；中期按生态系统要求，调整植物品种，使径山植物成为以特色植物为中心的景观植被。

3．经济综合发展结构模式

扶植型有限开发，然后达到竞争型全面开发。近期扶植旅游产品，有计划地发展服务业；中期在竞争条件下，开发以当地资源为原材料的名优土特产品，逐步提高服务业的特色及质量；远期稳固名优产品，完成以宗教、茶叶为内容的服务行业特色化，形成新的风景资源。

七、总体规划纲要

径山风景名胜区，根据风景资源情况和山峦水系的分布，建设三大景区与两条风景游览线，即龙吟湖景区、径山寺景区、松源房景区及前山山脊游览线、后山山坞游览线。风景区总面积为 5.3km² （图 3）。

（1）龙吟湖景区

为径山水系的汇聚点和进入径山风景区的第一个景区，为加强"到达"的感觉，在水库前公路两侧的山头，修建龙凤双塔，作为入景区标志物和龙吟湖的空间控制物。在湖中小山上建龙吟山庄，作为景区的度假中心。水域可开展游船、垂钓、游泳等水上运动。水库上游的滩地，建立野营度假基地。

（2）径山寺景区

应尽快恢复径山寺，建成佛家圣境。山寺建设宜以五峰列位为轴线，恢复原有庙宇建筑。进一步完善石碑、刻字和香炉等文物的保护。梳理泉池，保护古树群，将景区建成以佛为主，以茶为销，重点开展佛事活动，举办佛学研究活动，开展佛教特色旅游。

（3）松园房景区

为径山风景区的多功能景区，它以松园山村观赏区、茶叶贸易街等为特色。山村建筑应继承山地民居特色，随地势高低错落布局，形成统一的建筑形式和丰富多彩的空间环境。重点开展茶叶节、茶宴等茶文化特色旅游活动，辅以佛文化、农家乐旅游活动。

（4）前山山脊游览线

此是开旷型的风景带，以眺望、俯瞰风景为主。沿路山花烂漫，山景层层，林木森森。规划在景观佳胜处，设阁建亭，以作休息赏景。

（5）后山山坞游览线

为景区的幽奥型风景带，沿路修竹吟吟，幽泉潺潺。规划在景观幽寂处，建庐设榭，以供静思。建筑以雅致、朴实为主调。

图 3　径山风景名胜区规划——风景保护区划

八、风景区保护构想

目前风景区游人较少，其生态环境保持良好状态。为保证开发后继续保持生态平衡状态，规划划定三级风景保护区域。

一级保护区，所有景点属严格保护对象，区内一切建设均需按总体规划的要求，未经统一规划设计及风景管理部门的批准，区内不作任何修建、种植与其他改变。遵循认真规划、精心设计，让建筑布局及体量与环境协调，避免造成建设性破坏。

二级保护区，也就是景线保护，以景点、景线周围外放 50~100m 视线的距离划定，总面积约 1.4km^2，要求保持和建设良好的视觉环境。制止有碍风景观瞻和对生态不利的生产活动，区内所有建设活动应报风景管理部门批准后方能进行。

三级保护区：即外围生态保护区，区内不得有污染源，控制建设强度，森林卫生抚育要经相关主管部门批准，严格保护生态环境。

九、游览组织及服务设施设置

据测算，径山风景区的三区两线，游人日容量为 2560 人，全年按 200 天计，其年游人量为 50 万人次。

服务设施：龙吟湖边建 120 床位的旅游山庄（近期 60 床，中期 60 床），配备相应设施并与附近的野营基地组成组团式的康乐度假基地。径山寺区设置佛物流通部。松园房景区为山上主要服务点，在不破坏山村格调的前提下建设茶叶节的各类设施和乡村客舍，尽可能满足游览者的需求。

景区游览组织：近期以一日游为主，中期发展短期度假，可进行佛教教义学习，研讨茶宴等活动。

十、绿化整治规划

径山地处亚热带中部，天目山脉的尽端，四季分明，气候温和，雨量充沛，适宜植物生长，植物资源丰富，主导林相为亚热带常绿阔叶林，锦线竹、九节兰、古柳杉群为其特色植物。根据生态平衡的原则及创造植物观赏群落的要求，规划培育如下区域的植物景观。

（1）龙吟湖景区：现为针阔叶混交林，宜扶植色叶、浆果类、藤本类及宿根、球根类植物。湖边栽植湿生、水生植物，丰富水景。

（2）径山寺景区：重点保护古柳杉林，建档立碑设围护，增植银杏、枫香、七叶树、桂花、玉兰和罗汉松等，营造寺宇氛围。

（3）松园房景区：多植梅花、毛桃、李、山杏等植物；农居房周围可种柿、葡萄，并辟瓜棚，菜圃，形成乡村风味；放生池一带保留原有茶地，加强培育管理，提高产量和质量；其他茶地中，因地制宜点缀些色叶树，丰富茶园景色。

（4）两条游览线：前山山脊游览线，要突出"旷"字，加强培植杜鹃和其他花木，分段栽植高大树木群，形成空间的丰富感，山路旁也可多植呈野生状态的茶树。后山山坞游览线，以"奥"为主，除保护竹林外，还可以分区种植紫楠、红楠和木荷等阔叶树，增加山林的郁闭度，并着力培育阴生植物，如蕨类、苔藓、兰花和藤本植物等。

风景区中特色植物如九节兰，锦线竹等密度较大地块，宜划出保护范围，严加保护，防止资源受到破坏。山上野生状况的茶树，选择优良的单株进行培育，获得品质好的茶叶新品种，形成珍稀茗茶。

十一、基础设施规划（略）

十二、规划实施建设

建立管理机制，筹集建设资金，培养专业技术人才，实施分期建设。

后记

径山风景名胜区规划大纲是在参考了杭州市政协委员和专家赴径山考察座谈会发言等材料的基础上整理、完善，按规划规范编制而成。

规划大纲引用了俞清源《径山史志》（尚未编就，部分油印稿）和阙维民先生《关于径山的初步调查报告》的部分资料（油印稿）。在工作中，得到余杭建设局宋竹友，蒋碧金等同志的大力协助，在此一并致谢。

由于我们调查研究的时间不多，资料尚不完整，规划大纲中必有许多欠妥之处，敬请专家、领导批评指正。

参加编制人员：林福昌　周为　任仁义

1989 年 2 月

随笔杂谈

杭州西湖风景名胜区建设设想

　　杭州是我国重点风景旅游城市和历史文化名城，又是我国六大古都之一。杭州西湖是我国 30 多处以"西湖"命名的湖泊中最为引人入胜的一处。"西湖风景名胜区"于 1982 年经国务院批准确定为国家重点风景名胜区。如何继承过去、立足现在、放眼将来，根据西湖三面环山、一面临城的特点和自然环境条件，统筹全局、因地制宜、设想建设以西湖为中心，风景名胜为重点，历史文化为内涵、建设现代文明、景观丰富、交通便捷、设备齐全的国际第一流的风景游览区，更好地为中外游人服务。

　　根据《西湖风景名胜区总体规划》，我们设想把西湖风景区划分为湖中、环湖、北山、吴山、南山、西山、灵竺、龙虎、凤凰山、钱江、五云山等 11 个景区、106 个景点，总面积为 60.04km²。本着大力开发利用信息性资源、慎重开发利用物质性资源的原则，归纳如下。

一、环湖公园绿地

　　环湖路内侧，多园林名胜，西湖十景多荟萃于此，集中了园林艺术的精华，它以"湖开一镜平"、"水色入心清"的水景为主，现有面积 256.1hm²，由于历史的原因，环湖绿地近 2/5 被机关、单位占据。为增加环湖景致、扩大沿湖公共游览范围，规划把环湖路内侧与西湖之间的沿湖地区扩建为环湖公共绿地。凡环湖现有单位和住户，按"只出不进"、"只拆不建"、"尽快搬迁"的原则处理。规定环湖绿地不得新、扩建与风景名胜无关的建筑物，对严重影响风景观瞻的建筑物，要限期拆除。开放禁区，恢复雷峰塔、白云庵、蕉石鸣琴、钱王祠，返景于民，使环湖地区处处相通、景景相连。

　　另外，辟建孤山为清代文化艺术景区。孤山是清代皇帝南巡时的西湖行宫，后来发展为文化用地。规划以文澜阁、西泠印社、西湖博物馆为中心，连接俞樾故居、白公祠、放鹤亭、秋瑾纪念馆等文物古迹，建成以反映清代杭州文化艺术为特色的景区。

二、开拓湖周山峦平陆景区

　　西湖周围山系内侧，山峦绵亘，缓坡坦地，是介于湖山之间、烘托西湖的绿

色屏障，更是风景游览和设置游览服务设施的好地方。利用湖周山峦平陆，设想建设：

1．古文化遗址观瞻区

西湖宝石山有宋代半身大佛像，相传系由秦始皇东游会稽曾缆舟于此的秦皇缆舟石镌刻而成。规划迁出居民、保护遗址、整理环境，与保俶塔、抱朴庐、智果禅寺等连成一片，供人观瞻。比良渚更接近市区的老和山麓，在1950年代曾发现了原始聚落、原始居民使用的遗物与遗迹、如锛类的带槽石锄和堆满了红烧土、炭烬、兽骨烬的原始灶基以及陶器碎片，这说明远古时代就有良渚人在此繁衍生息；为此，辟老和山文化遗址，建立陈列室，介绍史前人类活动情况。

2．西山花卉盆景艺术博览区

杭州花圃现有盆景园、月季园、百花园、水生植物区、兰圃和温室花卉等。金沙港西畈由农民辟建盆景艺术园，搜集了大量江南名石，制作了众多水石盆景，设置了服务设施。规划增添名花品种，修建百花展览温室庭园，进一步充实水石和树桩盆景，扩大现有范围，建成花卉盆景艺术博览区。

3．民情民俗旅游区

茅家埠、东畈和普福岭一带，现为农田和茶地，具有湖泽丘阜地形。规划修建具有各族特色的民居，充实民族文化内容，体现中华民族人民生产和生活习俗风貌，形成一个可住、可游、可玩、可购的民俗风情旅游区。

4．南宋风情苑

禹王亭一带大部分为农地，亦有省军区通讯连和市交加油站，地形自东南向西北倾斜，有泉水渗流入西湖。规划建成以突出南宋四时节序、民俗民风、公廨物产、工艺美术、百戏奇艺为特色的南宋风情旅游区。

5．湖西国际会议中心

西湖的西面有4家宾馆，计有1000余张床位，环境清幽、设备齐全、交通方便，以此为基础，适当联营其他宾馆，辟为国际会议中心。

三、开发西湖山区名胜古迹

西湖山区具有峰峦洞壑、摩崖石刻，村石溪泉等特点，可开发为各具特色的景区。

1．近代文化艺术博览区

南高峰地区、石壁峭立，原有董思白、陈眉公、李长衡、姚伯昂和吴延爽等名人石刻题咏。规划搜集近代名人（如朱德、陈毅、郭沫若等）咏西湖的诗词，利用悬崖峭壁，镌刻现代书法。整饬无门洞罗汉石刻、烟霞洞、水乐洞、石屋洞组成五代和近代文化艺术博览区，满足高层次游人的需要（图1、图2）。

图1 石屋洞入口
（图片来源：本文图1~图3均引自池长尧编，《西湖旧踪》，浙江人民出版社，2000年11月）

图2 烟霞洞石窟

2．佛教艺术景区

杭州释（佛）道传布历史悠久。佛寺始建于东晋，发展于五代，兴盛于南宋。灵隐、上天竺、中天竺和下天竺一带，是杭州古代的佛教圣地，素有"佛国"之称。规划以飞来峰造像、灵隐和三个天竺寺为中心，辟为佛教艺术景区，建立佛学陈列馆（图3）。

3．远古文化景区

法云弄，高下茶坡，环以山麓，山涧溪流，环境清幽。规划利用山岩凿巢穴，设立各种图腾雕塑品，游人可参加"原始人"的各种活动，锻炼人们在自然中生存能力，使游人得到远古文化的熏陶。

图3　中天竺

4．野营地

林海亭，溪滩宽阔，林木高大具有山野趣味；柴窖里，世外仙境，三面环山，面南坐北，泉流淙淙，凉风习习，满目葱茏，环境恬静。两地分别筑木板房、圆木房、竹楼、干砌块石小屋以及置帐篷，完善建筑基础设施，建成以野营为主的景区。

四、开辟江干文物古迹区

1．南宋文物史迹保护区

南宋皇城于元时付之一炬，荡然无存。但南宋建都杭州近150年，曾成为全国政治、经济和文化中心。规划以南宋皇城遗址为基础，恢复南宋时期的部分宫苑和皇城，充分利用人文资源和自然资源，辟南宋故宫博物院和科技博物馆。

2．吴越文物艺术区

将台山、玉皇山东，文物古迹丰富，有吴汉月墓、北观音洞、天龙寺造像、慈云岭石刻佛像、排衙石诗刻，和五代白石仿木结构的白塔（图4）以及南宋官窑、庶田等文物古迹。规划以五代文物为主，整理环境，保护白塔和石

图4　五代白塔

刻造像。利用水泥厂采石面，镌刻"钱江射潮"大型石雕，同时恢复八卦田，修复南宋宫窑，创建博物苑，建成以吴越文化为主的文物艺术区。

五、建设湖滨旅游服务区

自东汉在宝石山东麓设县治时候起，杭州就形成了濒临西湖、紧依钱江的"环湖山，左右映带"的城市自然环境，今后为保持和发扬这一传统特色，设想把濒临西湖的湖滨地带，作为以旅游服务为主的商业文化和游憩中心，经营全省的名牌商品、土特产和艺术品。该区建筑密度控制在20%左右，高度不得超过15m，以绿化装饰建筑物，使建筑掩映于绿树繁花之中，使城市建筑与西湖风光更加协调，交融辉映，相得益彰。

六、创建名人纪念（艺术）馆或科技馆

西湖以其旖旎的湖光山色誉满中外，而且有不少历史人物的感人史话和丰功伟绩，有许多文人墨客在西子湖畔留下佳作、逸事、趣闻和传说，可以说是英才辈出，文人荟萃，这些都为湖光山色增添了魅力。规划结合名人史迹政绩、故居、祠庙和活动过的地方，建立岳飞、于谦、张煌言、徐锡麟、秋瑾、章炳麟、钱镠、白居易、苏东坡、杨孟瑛、李泌、范仲淹、李渔、阮元、陈端生、俞曲园、陈扶瑶、蔡元培、盖叫天等纪念馆（祠）以及黄宾虹、潘天寿、喻皓、毕昇等艺术（科技）馆。

七、道路交通设想

为贯通西湖风景区南北旅游交通线路，必须开凿龙竺隧道、梅竺隧道、北山里路和开放玉皇山隧道，修建凤凰山路，改造白堤、苏堤为游览步道，改建西山路、曙光路西段为两块板路面，增辟杨梅岭至九溪、吴山经玉皇山至动物园、茅家埠经普福岭及下天竺、白塔岭经丁婆岭至清玉路等山区道路，打通三台山路接龙井路，从而使风景区内道路区区相连、路路相通，形成便利的游览交通网络。

上述设想，经过人们若干年的辛勤劳动，一旦实现将使西湖风景区达到艺术格调高雅、湖水明净、古迹生辉，人文荟萃、交通迅达、综合环境优良、游览服务设施俱全的我国第一流的风景名胜区。

（注：《杭州园林建设设想》是根据1987年由林福昌、周为、马克勤、任仁义等同志编制完成的《杭州西湖风景名胜区总体规划（初稿）》的说明书，择取规划的核心内容，刊登于《风景名胜》1990年第6期）

提高风景园林设计行业整体素质之浅见

今天我能参加中国勘察设计协会园林设计分会 2007 年会感到欣慰，看到会议场景，不禁为园林设计行业的兴旺发达感到高兴。想当年创建园林设计分会的过程艰难。筹备时，要我们从属于某分会下，即为三级分会，经过协调与努力，终于成为二级协会。第一届有 22 个单位会员，后来第二届、第三届分别为 37 个和40 多个单位，今日仅到会的单位已达 70 多个，参会人员有 200 余人。行业的从业人员也有大幅度增加，承担了许多重要的规划设计任务，创造出不少优秀作品，如杭州花港观鱼、太子湾公园，上海大观园，广州草暖公园、兰圃，上海延中绿地，杭州西湖综合保护工程，广州珠江公园以及正在实施的北京奥林匹克森林公园的规划设计。

21 世纪是中华民族崛起的世纪，为适应时代潮流，必须全面提高园林规划设计水平。

一、认真学习民族传统，吸取世界各国有益经验

中国园林被西方誉称为"世界园林之母"的事实是无可争辩的。中国园林在三千余年不断发展的过程中，形成了独树一帜的园林体系（世界三大体系：巴比伦、希腊、中国）。中国园林向以"天人合一"与自然和谐而见长。中国园林艺术自然生动，其古典园林是建筑美与自然美的融糅，蕴涵诗画的情趣和意境。中国园林"天人合一"的哲理，在历史上曾对东方邻国和欧美产生过很大影响，导致英国从 18 世纪前的规则式园林改变为风致式园林。中国园林的构园元素亦在欧美园林中出现，同时西方国家已引去 2000 余种中国观赏植物，普遍地应用到各国的园林环境中。如澳大利亚墨尔本皇家植物园中的杜鹃就是从中国引种繁育，现达 200 余个品种。近代，中国的"明轩"、"梅园"、"秀华园"、"同乐园"、"天华园"、"沈安园"、"燕赵园"等数十座中国园林精品落户世界各地。最近看到一张图片，英国爱丁堡苏格兰现代艺术博物馆的环境设计中，采用我国道家的太极图，作为室外环境（草地）设计主题，获得好评。同时我们也要吸取外国园林艺术中优秀的成就，如近代外国公园为满足广大居民的游憩生活需要，采用群落方式配置植物、运用喷泉雕塑等手法。

风景园林涉及地貌学、生态学、建筑学、土木工程，还运用美学理论即绘画

和文学创作理论，同时也涉及城市规划、社会学、心理学等知识，是一种边缘学科。当前学习条件很好，不仅有历史上留下来的园林艺术理论，还有现代人总结撰写的《中国古代园林史》、《中国古典园林史》等众多园林史书籍。中国风景园林学会主办出版了《中国园林》、《风景园林》等刊物。作为设计人员，平时应深入实际、观察景物。有一句名言："处处留心皆学问。"要向生活学习，在实践中不断积累总结，提高自己的业务水平。设计人员必须善于思考，多动脑筋，具有创造性。仅靠下载资料、抄袭案例，这样是不会提高水平的。

新的社会生活、新的思想、新的情感、新的审美意识，要求设计人员既要领会传统园林的精髓，注重"古为今用"和"洋为中用"的理念，也要充分运用现代科学和技术成就，以特有的独创风格和生动的艺术形象，来创造具有中国特色的现代园林。

二、用科学方法，深入现场调查研究

"没有调查就没有发言权"，当承担一个规划设计任务时，必须了解当地的自然条件、历史文化、社会经济等情况，深入场所获取第一感觉，做到心中有数。同时，采用科学技术手段进行分析、研究。如景区规划，除深入调查景源、进行评价分析、划分景区、确定性质、提出保护措施，还要采用遥感技术来分析山的坡向、坡度、植被、光照度、水土流失、建筑量、热岛效应等资料。居住区规划必须了解业主的心理，居室的采光、通风、减噪的功能和立地条件，合理选择植物。学校环境绿化就应当用心理学的观点，了解青少年在不同年龄段的心理生理状态、学校文化和安全性以及教学环境的物理性要求。道路绿化设计要了解道路两侧的规划、性质、行车人的视觉要求和道路苛刻的立地条件，做到适地适树、合理栽植。滨水绿地设计就要了解水文条件变化、绿地的性质和场所现状。如杭州某高校的美术研究所，承担一条宽50m、长仅百余米的滨河绿地项目，场地左有高速公路栏网，右为学校界墙，上有 220kV 的高压供电线路，设计人员根本不了解现状，采用美术手法（无比例和原地形）将它绘就成为有三条游步道和包括廊架、亭、台以及木地坪在内的许多节点的休闲绿地。该案例从高速公路侧、高压走廊与学校界河的角度来看应为防护绿地性质，犯了定位的错误。又如浙江浦江县有一个 75hm² 的地块，原地形地貌有低山连绵，有两条水系穿越，自然条件十分优越，某高校设计院的设计人员，不对现场进行深入踏勘调查，随意地画了规划图，不仅定位不准、园路粗陋、分区简单、内容贫乏，而且采用挖山填谷、填水沟的办法进行地形整理，违背了造园的因地制宜的原则。更有甚者将中、小学教室楼间的绿化当作公共绿地小游园设计，违反了绿地定性、青少年心理学、行为学和安全性的原则。此类劣作在园林设计市场上并不少见。

三、植物配置设计是风景园林设计中的重头戏

植物知识是一个风景园林从业人员必备的知识结构。英国皇家爱丁堡植物园园长安德森（George Anderson）说，"不懂园林植物景观设计的园林设计是不可被信任的"。当前相当多的中国风景园林师的植物知识太缺乏了，许多设计师连自己所任职城市的常见植物都认识甚少，如何谈得上合理地、适地适树地将植物应用到规划设计项目中。有的设计单位，先请人将常见的全国各地植物编录成册，然后设计人员就抄录应用，甚至不分地域使用，北树南栽，闹出不少笑话。为此园林设计师必须加强植物学、生态学知识的学习。首先要认识植物，要从植物的形态、色彩和个别器官（花、叶、干等）的特点去识别。其次要了解植物的生态习性，如对土壤、气候、水文因子的基本要求以及植物的物候期，更重要的是要懂得如何利用植物材料服务于构建空间的目的。植物材料是有生命的，随日月更替、四季轮回而变化，它是风景园林设计要素中最难把握的一种，需要花更多的时间和精力去学习它的生命规律。基于风景园林设计行业现状，建议各个设计机构，一方面采取"以老带新"的办法，组织设计人员到现场辨认植物，剖析植物配置比较好的案例；另一方面，可定期布置设计人员自学植物书籍中若干树种，重点了解其性状、生态习性和在园林中的应用，然后进行考试，取得优异成绩者给予奖励，以提高设计人员的植物知识水平。随着社会的进步，全民生态意识不断加强，风景名胜区、自然保护区、湿地公园不断涌现。学习植物群落的知识、生态系统的知识，越来越成为园林设计行业从业人员的必需。

四、掌握各种规划设计规范和有关规定，是搞好园林设计的关键

国家发布了诸多规范，直接涉及本行业的有风景名胜区、公园设计、居住区规划设计、城市道路绿化设计等规范，风景园林师需要认真阅读，严格执行。如风景名胜区总体规划和景区规划，就必须按照规范基本条款进行编制，否则就可能成为不合格的产品。例如浙江嵊泗泗州景区南长涂片详规，其中三个建筑组群与海滩（长1200m、宽200m）之间无缓冲地区，无法达到风景区的要求。因为海滩是核心区，按法规要求必须留出一定宽度的区域，以保护海滩资源。因此建议各设计单位，定期组织有关法规和规范的讲座，或定期布置设计人员自学，进行考核，从而提高业务水平，做出合格的规划设计作品。

五、苦练内功，认真总结

当前，在中国高强度的开发中出现了大量风景园林项目，在设计市场供多于求的状况下，各单位都承揽了众多的规划设计项目，由于时间紧，很多设计都是草率完成，优秀作品甚少。为此，建议设计单位，对于重大项目可在院（所）内

进行方案比选，然后进入设计市场竞争；对于已实施的项目，也应回过来进行总结，征求建设单位、市民的意见与建议，或邀请专家点评，以提高设计人员专业素质。

六、抓好风景园林教育是关键

风景园林规划设计市场的繁荣促进了园林教育的发展，但有些高校急功近利，在不具备学科基础、缺乏师资力量、没有配套教学设施的情况下，也匆匆地开设园林专业。目前全国有一百余所高等院校开办风景园林、环艺等专业。浙江就有七所高校开办园林、环艺专业。由于缺乏全国统一的教学课程设置和教材，加上师资素质不高，影响学生专业素养。特别是在"植物知识无用论"的影响下，杭州有的高校的环艺系根本不设植物课，有的采用几场讲座形式打发学生；更多的高校，不讲授园林艺术理论、工程课和中国园林史等课程。设想一个不懂中国传统园林精髓的设计师，如何能设计出既有传统、又有创新的现代园林作品？

七、建立风景园林师注册制度，规范风景园林设计行业

1995年建设部已召开第二次筹备会议，按会议总体安排在1998年考试注册，同时派出考察团分别到美国、澳大利亚考察，与美国风景园林师协会座谈，参观波士顿市考试现场，索取大量资料，并参观美国十余家设计单位，并对国内40余所有相关专业的高校进行调研。后来由于各种原因，注册工作停顿下来。现阶段，风景园林设计市场迅速膨胀，各种教育背景（美术、环艺、市政、建筑、规划和旅游等）的人蜂拥进入这个行业，呼吁尽快建立注册风景园林师制度，通过培训教育，提高从业人员的整体素质。

最后，希望风景园林设计行业繁荣昌盛、蒸蒸日上，队伍的业务素质与日俱增。

（注：在第八届风景园林规划设计交流年会上主题发言，原文刊登于《中国园林》2007年第7期，编入《风景园林师》6期2007年11月）

抚今追昔话"北林"

在漫长的人生之旅中，"北林"学子的悠悠故园情，是最令人难忘的。尽管时光流逝，但当年在母校的许多往事至今仍历历在目，记忆犹新（图1）。各位恩师在做人、治学方面亲切而厚重的教诲，如甘泉雨露般滋润，给予我们学子一生无穷尽的营养和力量，并成为我们魂牵梦绕、挥之不去的记忆和怀念。

在母校55周年华诞来临之际，真是心潮澎湃、思绪万千。1959年，我们中学有三位同学考入"北林"城市及居民区绿化系（图2）。当我们满怀热情地踏进"北林"大门时，布局有序的校园给了我们一个美好的印象。校园花木茂盛，环境优美，灰色的青砖校舍整齐地掩映在绿树丛中，真不愧为林业学院（图3）。尤其是学校的植物园，不仅植物种类丰富，汇集奇葩异卉，更有一个秀丽的人工湖。湖水澄碧，云容水态，四周花木簇拥，垂柳成荫，风光如画。严冬时节，这里又是一处滑冰的好去处。对于来自于南方的我来说，练习滑冰可是一件难事。由于没有掌握湖边冰面的坡度，每当穿好冰鞋，刚站立起来时，就来个四脚朝天，惹得同学们捧腹大笑，这些事情至今回想起来还是其乐无穷。

图1 作者在北林学习

图2 作者及室友在专业楼前合影

图3 绿59同学妙峰山实习遇郭沫若先生，合影留念

"大跃进"时期，为实现林业大学梦想。学校在专业设置上大起大落，先后提出增设4个新系14个专业和9个系28个专业。据校志记载"为此，抽调了各年级300多名优秀学生作为未来师资送外校培养，仅送上海同济大学的学生就有72名"，我也是其中一个。当时，我已经经过近一年的"北林"专业基础课学习与草桥花队实习，对绿化专业的兴趣渐渐浓厚。但面对学校的需要，只好服从调派，然而我内心深处对绿化专业还是热爱留恋的。1960年暑期伊始，单洪副院长亲率72名培训人员，到同济大学各专业学习。我就读于被外人认为枯燥的数理系数学专业，直接读二年级，一年级的功课由"北林"派数学老师在暑假和寒假给我们补上。1961年，根据中央"八字方针"精神，学校决定缩编，在外地培养的同学，愿意回校就回原专业学习。我终于又回到了我热爱的绿化专业。刚好在这一年，绿59级实施"劳动综合教学"，授课学时少，操作实践多，我就跟上原班级继续学习，在暑假里补上果树学、气象学、测量学等课程。这以后的连续三个假期我都在补课中度过，虽然课程都补上了，但比起别的同学，我的专业基础课学得并不扎实，这影响到了后来专业课的学习和走上工作岗位后的专业技术工作，造成了我长期以来的一个遗憾。

老师在人类传授知识和发展科学文化过程中，起着承上启下的作用。老师既要有比较渊博的知识，还要懂得教育科学。回忆起"北林"绿化系给我们授课、教我们做学问的各位老师，如陈俊愉、孙筱祥、孟兆祯、梁永基、金承藻、陈有民等，他们为人敦厚、朴实、和蔼，教学特别认真、形象、生动，堪称为人师表。值得一提的是观赏树木学授课老师陈俊愉先生，他治学严谨，语言精练，条理清楚，逻辑性强，不仅讲解树木形态、特征、习性，还讲述了树木的用途和造景的作用，讲课时声音洪亮，声调高低变化，能将枯燥的树木学抒情化，同学们易于接受。孙筱祥先生讲授园林艺术理论课，在课堂上，他论古喻今，诵诗作画，或注物无声，或掷地有声，抑扬顿挫，朗朗上口，让同学们记忆深刻，受益匪浅。绘画老师李农先生，更是手把手地教授我们素描技法。政治辅导员吴涤新老师，分管共青团工作，也是我经常接触的老师之一。她经常召集团支书会议，及时了解情况，传达院系有关指示，谆谆教导我搞好工作，使我得到了十分难得的学习和锻炼的机会，增长了才干。恩师们的教诲，始终铭刻在我们心中。

学校生活，艰辛而快乐。那个年代，我们大部分同学依靠每月 13.5 元的最高人民助学金，完成了学业。平时，买零食吃更是稀罕的事，最多在夏天期末考试时，买上每市斤 2 分钱的西红柿当水果补充营养。路费难筹，同学们假期基本上不回家，在校园里度过。学校的业余生活还是丰富多彩的，每天下午的课外活动，许多同学都奔向体育场打篮球、跑步。周末学校经常在学生餐厅组织舞会，我这个人喜静不喜动，因为是班干部，要"以身作则"，偶尔也进场跳一轮，但多是站在外围看看，以鼓舞"士气"。傍晚吃饭时，广播站经常播放侯宝林的相声节目，同学们就端着碗在餐厅外聆听，笑声不断。1963 年夏，绿 59 级的同学们经过刻苦学习，修完了 30 余门课，通过草桥、妙峰山和百花山实习、校内的劳动综合教育以及南方三城市的综合实践，考试考核均合格而顺利毕业了。同学们服从组织分配，"到祖国最需要的地方去"，奔向全国各地，仅分配到东北三省的就达 30 余人（图 4、图 5）。

图 4　绿 59-1 班部分同学在专业楼前合影

如今我们都已经进入颐养天年的夕阳红生活。在当年的大班长黄晓鸾学友的热心组织下，绿 59 级部分同学近几年开展了重聚活动（彩图 32）。去年夏季，7 位同学与老伴一起游览了"江南六镇"；（2006年）7 月，8 位同学与老伴，实现了东北三省山水名胜游；而明年，云南原生态游正等待着这些老同学。

图 5　绿 59-1 班毕业照

来自肇庆、昆明、杭州、重庆、上海、济南、天津和北京的同学，初见时，面对面两鬓斑白，彼此相见不相认，感慨万千。当大家相聚在一起的时候，仿佛又回到了学生时代，互相问候，回忆往事，有说不完的话，彼此格外亲切，真正感受到了永远割舍不断的友谊和学缘。

1963 年夏天，我离开了母校，来到了西子湖畔工作，一直从事杭州的园林规划和管理工作，至今 40 余年。比起那些驰誉海内外的校友的成就，我确实渺小得不值一提。但作为一名老校友，因蒙受母校的厚泽，对母校怀念至深，不揣浅陋，禀报岗位往事，以表"北林情结"。

在 20 世纪 60 年代，刚毕业分配到杭州，就参加浙江省"社教"试点工作队，与贫下中农"三同"，改造主观世界。在十年动乱之中，又到"五七"干校劳动和参加农业学大寨运动，实际业务工作不多，其间仅参加杭州笕桥机场扩建（118 工程）、杭州动物园绿化设计与施工。在局机关，平时负责西湖风景区的规划管理，几次规划的调整、补充以及城市企事业单位绿化规划设计与技术指导工作。

改革开放，促进了园林规划设计事业的兴旺发达。本人参加了许多实践工作，撰写了专题论文和技术总结，如《杭州园林类型》、《风景区规划》、《西湖风景园林》展望篇、《南宋皇城遗址公园的开发设想》、《杭州市城乡建设志》（园林章节）等 20 余篇。其中《西湖景观艺术美的探讨》被中国风景园林学会评为 1992 年度优秀论文，《杭州西湖园林植物造景浅识》作为衡阳全国公园会议交流林料。主持、参加、参与风景区、旅游区、公园绿地的规划设计工程达 50 多项，其中，1986 年主持编制《杭州西湖风景名胜区总体规划》、《杭州市城市绿地系统规划》。参加太子湾公园规划设计（地形），以因山就势、顺应自然、追求天趣为宗旨。建成后，获得社会各界的好评，得到第七届国家铜质奖的荣誉。

自 1980 年 1 月起，担任杭州市园林局规划设计室、处副主任，杭州园林设计院副院长职务。1990 年起担任院长至 1998 年，做了一些有益的工作，正如离任前（1997 年）的审计报告中"自 1990 年任正院长以来的八年中，团结党政班子成员，带领全院职工，不断地深化内部改革，先后采取经济责任、技术责任、设计院集体、小组以至于个人承包等多种形式的内部承包方式，从而调动了广大职工特别是专业技术人员的积极性。自 1990 年以来，先后有 12 个工程规划设计分别获得国家、部、省和市级共计 22 个优秀奖，其中西湖郭庄、太子湾公园规划设计还分别获得国家银质和铜质奖，取得了较好的社会、环境和经济效益。"

1983 年当选为全国人大代表，积极参政议政，先后提出的议案和建议共 32 件，涉及风景区保护、管理和建设，城市规划建设，环境保护，发展医疗教育事业和国防建设等方面的内容。其中涉及西湖风景区保护和建设的就有 6 件，主要是"紧急制止继续被坏西湖风景区、对违法者绳之以党纪国法"，有 34 名代表联签，主要针对市里个别领导决定在太子湾地区兴建游乐园，影响西湖的宁静与环境氛围。当时由于时间紧迫将稿子通过浙江主席团成员带上主席台，直接交给万里同志，经批示，才使游乐园移往珊瑚沙建设（未建成）。另外要求开放刘庄、汪庄为公共游览区，使环湖联通为公共绿地，以及复建雷峰塔等建议，为保护西湖、建设西湖作出了微薄贡献。

母校情结惠及我的全家，时隔 30 年，女儿考入北林，毕业留校，又在北京成家，一家四个人都是幸运的"北林人"。

今天"北林大"已成为一所多学科全国重点大学。那些恩师的人格风范和治学风格都成了"北林"宝贵的精神财富和优良的教育传统，继续引领着一代又一代的莘莘学子继往开来，与时俱进，谱写母校历史辉煌壮丽的新篇章。愿我的母校如那棵苍劲挺拔的古槐枝繁叶茂，永远年青。

（注：原刊登在《风景园林》2006 年专辑 No.6 北京林业大学园林学院五十五周年院庆专辑上）

培养继承创新风景园林人才的几点建议

我于1959年9月进入北京林学院城市及居民区绿化专业学习，成为风景园林战线上的一员，深感幸运；在校学习期间，得到老师们的精诚传授和谆谆教导，顺利完成学业，心怀感激。走出校门，进入社会近半个世纪，亲身感悟到风景园林是一个综合性、交叉性和边缘性的学科，知识涉及面广，技能要求高。其知识主体由艺术、规划与设计、工程、植物、文化（含社会学）等组成，学生除通读专业基础课外，很有必要加强风景园林的营造、园林美学和生物生态等理论的学习，苦练绘画、制图和植物认知的基本功。夯实艺术、生物和工程等三大基础，不仅是培养风景园林设计师的需要，也是培养从事城市建设、人居环境等与风景园林相关的建设、管理、经营专门人才所不可缺少的。风景园林师必须具备扎实的、多学科的知识与技能，在自然认知的基础上，根植于人类文化传统，创作风景园林作品，建设与管理风景园林，服务于风景园林事业。

"北林大"的风景园林专业，在我国大专院校中开办得较早，已形成一套完整的教育体系，宜根据现代风景园林需求，持续发展。根据我在园林行业数十年的工作实践中的体验，建议学校的风景园林教育在以下几个方面进一步提高。

一、突出中国传统园林教育

中国园林是世界三大园林（中国、西亚、希腊）体系的发源地之一，是东方园林的代表，被誉为"世界园林之母"。中国传统园林历经3000多年持续发展而形成一个源远流长、博大精深的风景式园林体系，是中华民族所特有的、独创的园林形式，对世界园林的发展起到过巨大的、积极的作用。特别是在当今园林建设中盲目求洋之风乱吹之际，我们必须用历史唯物主义观点，继承和发扬中华优秀园林传统，学习园林发展历史和造园技法，学习先辈积累的丰富知识财富。离开这些，我们的风景园林就可能成为无源之水、无本之木。学校的风景园林教育应加强传授中国传统园林理论与技法，达到承载历史、创造未来的目的。在发扬中华优秀园林传统的基础上，汲取世界风景园林学科发展精华，如生态学、生物学、自然地理学等，达到融贯中西而自成体系，创造新时代的中国风景园林。

二、注重风景园林美学教育

园林美学关系到园林艺术的美丑判断，关系风景园林建设的质量与成果。根据当前风景园林建设中有悖于美学原则的种种时弊和园林设计师设计能力的现状，学校教育应注重美学知识，切实加强绘画的训练，培养形象思维和设计技巧，这是非常必要的基本功；同时，也应以探究实例作为教学的切入点。历史上优秀的园林艺术都可以作为审美教材，如先人的《醉翁亭记》、《沧浪亭记》、《放鹤亭记》等游记和棋布全国各地不同时代著名的古典园林，这些都体现了园林美学原则，是美的荟萃、史的积淀，是祖国锦绣河山的缩影，是中华民族艺术和科技的瑰宝，完全可以从中汲取园林美的营养，创造出生态良好、艺术水准高超的新型园林。

三、进一步加强植物学和植物景观教育

植物是风景园林建设中重要元素之一，不仅在数量、面积上是最大的，同时在改善生态环境、人居环境方面起到重要作用。当前由于不同院校的教育体系不同，许多学生对植物的认知程度偏低，更谈不上营造良好的植物景观。我国幅员广大，南北气候差异显著，植物种类与品种繁多，学校应培养学生认知一定数量的植物，了解其形态、生物学特性及其在风景园林中的应用，着重讲解不同风景园林类型的植物配置艺术，让学生具有理性的认识。

四、拓展风景园林建筑的教育

建筑是人类为自己建构的物质环境，是人类所创造的物质文明和精神文明的重要组成。园林是建筑的延续和扩展，而建筑是园林的起点和中心。就园林总体而言，一般都以山水风景为主，建筑从属；以局部来看，则建筑往往是景观的重点所在和景域的构图中心。建筑是风景园林的要素之一，学校在建筑教学方面，除传授中国古代园林建筑知识之外，宜增加典型乡土建筑（民居）方面的知识，它是根植于民族土壤中的一朵奇葩。运用我国传统园林建筑与民居的特性，能够创作出更符合现代风景园林的建筑风格。

五、采取开门办学的方式

（1）我们当年在校时要修 30 余门课，有的课目耗费了很多学时，但实用性不大。建议将一些基础课缩编、合并，主要传授与风景园林专业相关的内容，不求全，力求实。（2）针对现阶段学生的中国古典文学知识状况，建议开设专修课，如汉语言文学，让学生读懂、理解中国传统园林中的文化内涵（楹联、诗词、碑刻等）。（3）邀请国内外有真才实学的专家、学者和一线园林工作者开设讲座，

使学生了解风景园林不同岗位的知识需求。(4) 加强与国内风景园林企事业单位的协作，设立实习基地。建立与国外风景园林院校共同办学的机制，选派学生去国外听课、实习，让他们开阔视野、了解世界风景园林发展动向和先进的科学技术，与世界接轨，达到中西互补、自我完善、不断创新。

新的时代有新的需求，也在呼唤新的人才。我相信"北林大"的风景园林，只要坚持科学的教育方法和内容，经过学院师生的刻苦努力，与时俱进，勇于创新，一定能达到本学科的领先水平。

（注：本文系为北京林业大学校庆 60 周年而作，原刊于《风景园林》2012 年第 4 期的特刊上）

读《关于浙江城镇化建设过程中行道树优化的建议》的感悟

省林业厅老科学技术工作者深入全省各市镇，对行道树进行了专题调研，发挥专家的智慧，提出六点建议和全省行道树名录，为我省城镇化建设的绿化工作作出了贡献，值得钦佩和学习。本人对行道树名录中一些树种有点异议，提出商榷。

一、理清概念

根据《中国大百科全书》、《城市绿地分类标准》GJJ／T85—2002，绿地分类 C46 定义，道路绿地即包括行道树绿带、分车绿带、交通岛绿地、交通广场绿地和停车场等。又据《城市道路绿化规划与设计规范》GJ75—97，道路绿带指道路红线范围内的带状绿地，又细分为分车绿带、行道树绿带和路侧绿化带。行道树绿带指布设在人行道与车行道之间，以种植行道树（单行或多行）为主的绿带；路侧绿化带在道路的侧方，布设在人行道边缘至道路红线之间的绿带。《园林基本术语标准》GJJ／T91—2002，谓"行道树，沿道路或公路旁种植的乔木"。

二、行道树绿带的作用

调节城市气候。夏季可减少太阳直射路面，通过叶片的蒸腾作用消耗热能，减少热岛效应。冬季通过树冠的阻挡，将地面的热量拦截、防止其向上扩散，减小风速，使地面气温得以保留。同时是道路与建筑之间的过渡地带，起着美化市容、净化道路两侧的空气、保护路面、减少交通噪声的传播和改善城市环境质量的作用。

三、行道树绿带的树种基本要求

宜冠大阴浓、冠形整齐；树干通直、分枝点高、无针刺、便于通行；生长迅速、寿命长；抗性强、耐干旱、病虫害少；耐修剪、易移植；对土壤要求不严，易管理等条件，以适应异常苛刻的立地环境。因此，真正基本符合行道树的树种（品种）甚少，宜进行引种驯化工作来丰富行道树树种。杭州宜以悬铃木、黄山栾树、无患子、珊瑚朴、沙朴、榉树、银杏、枫香和香樟等作为行道树树种。

四、行道树树种的选择

浙江属亚热带北缘，南北纬度相差 4°以上，属亚热带湿润季风气候。相对来讲，北部冬季寒冷，南部较暖。1 月浙北平原地区及西北山区，平均气温在 2~4℃，浙南均在 6℃以上，东南沿海则超过 7℃。浙江植物区系是中亚热带常绿、落叶阔叶林植被带。全省有高等植物 4550 余种，其中木本植物 1400 多种，素有"东南植物宝库"之称。

根据浙江气候特点，大部分地区宜采用符合行道树基本条件的落叶乔木作为行道树，达到夏日庇荫、冬有阳光，给人们创造良好的室外生态环境。

经验教训告诉我们，行道树树种的选择，必须稳妥、慎重，必须尊重科学。20 世纪 60 年代，某市将树干通直、叶形花色好看的檫树作为行道树，结果未见存活；银杏，分布广、适应性强，某地有"十里长廊"景观，却在该地区水网地带屡种不长。前几年，杜英得到广泛应用，凡作为行道树均生长不良，逐渐萎缩，最终死亡；在杭州主城区、滨江地区连路侧绿带亦生长欠佳。白玉兰在杭州市上城区东坡路栽植，至今所剩无几。20 世纪，铁路部门在浙赣铁路（浙江段）沿线种植大叶桉，适逢 1976 年大冷天，全线无存；在杭州市松木场铁路苗圃办公地（现浙江音乐厅后）两株胸径已达 15cm 的大叶桉也难逃厄运。前些年，各地盛行大种棕榈科植物之风，这些植物最后多为"头戴护罩、身裹棉袄、脚穿双层被套"，好似"特护病房"，不仅大批死亡，又增加了管养成本，同时其又深受红棕象甲危害，损失不轻。

《建议》中所列"行道树树种推荐表"，作为道路绿地的树种，大部分基本可行，但作为行道树绿带的树种，特别是行道树，尚需因地制宜地进行科学筛选。"推荐表"所列举"适合全省"的一些树种，如罗汉松、紫叶李、珊瑚树、白玉兰、黄连木、夹竹桃、普提椰子和枣树等，就不符合行道树树种的条件。"推荐表"所列举"浙中、西部地区"的树种，如大叶冬青、乳源木莲、深山含笑、川含笑和灰毛含笑等，多原生于沟谷山坡湿润且排水良好的土壤或群落环境，不宜作为行道树树种，作为路侧绿地栽植可能还行，尚可生长。"推荐表"所列举"浙南地区"的榕树（大叶榕、小叶榕），小叶榕在瓯江青田县温溪镇旁有多株大树（古树），目前在台州玉环、温州地区有作为行道树栽植，唯大叶榕本人仅见于温州江心屿岛上一株，能否适应行道树的立地环境，需做深入调研。

选择行道树树种，宜根据其基本要求，尊重地域气候、生境条件，参照当地的古树名木名录的生境，以科学的态度，慎重地提出以乡土树种为主，适当引进经过实践检验的新优树种，达到适地适树、生长健旺，充分发挥行道树功能效益。

由于本人知识浅薄，调研不深，如有不妥，敬请指正。

（注：原文刊于《浙江园林》2014 年第 3 期）

杭州园林小史

历史上杭州的园林大致有帝王宫苑、寺庙园林、第宅园林和风景名胜 4 种类型。随着历史的变迁，其中有许多已不复存在，今简介杭州园林艺术的特点如下：

帝王宫苑在杭州园林历史上占有一定地位。自隋朝杨素在凤凰山筑州城起，经吴越到南宋王朝，不仅在凤凰山一带大兴土木，扩建宫城，兴建宫室，还在杭州内外修筑行宫 37 处、御花园 11 处。如宋赵构拓建秦桧旧宅为"德寿宫"（今望仙桥东），建亭台楼阁，叠石成飞来峰，凿大池引西湖水，有"小西湖"之称。湖山御园有集芳、延祥、玉壶、真珠、南屏诸园；江干有玉津园。今孤山"西湖天下景"一带也是清代御花园的一部分（图 1）。

第宅园林，多数是皇亲国戚、达官显贵和豪门富商修建，也有文人画家所筑。在这些园林中，建筑不延伸出去干预山水树木的自然布局。园内景物是：树无行次，石无位置，山有宾主朝揖之势，水有迂回萦带之情，一派峰回路转、水清花开的自然景色。其中，明代的皋园（今金衙庄）被誉为湖山异景，清代汾阳别墅（即郭庄）古朴雅致，湖上别业的水竹居（今刘庄）、红栎山庄（今高庄）、漪园（即汪庄的白云菴）等是第宅园林中的范例。

寺庙园林，乃自北魏奉佛教为国教后佛寺建筑大为发展后产生的。隋朝和吴越国时，杭州一度有"佛国"之称。这些寺庙园林不但寺塔宏伟华丽，而且配置松柏槐樟、箭竹香草，使寺院似在丛林之中，成为游人逛庙游憩的场所。杭州许多寺庙大多建于吴越，当时寺庙多达 360 余座。吴山一处有 32 座，城区小街小巷有 25 处。南宋时，净慈、圣因、昭庆、灵隐是湖上"四大丛林"。龙井寺、虎跑定慧寺等景色幽美，成为游览赏景的佳处。

风景名胜中的园林在西湖更是随处可见，如花港观鱼、柳浪闻莺、平湖秋月、曲院风荷等西湖十景和元代的六桥烟柳、灵石樵歌、冷泉猿啸等钱塘十景，并称"西湖双十景"。

（注：本文原刊于《杭州日报》1981 年 1 月 3 日第 3 版，笔名茂林）

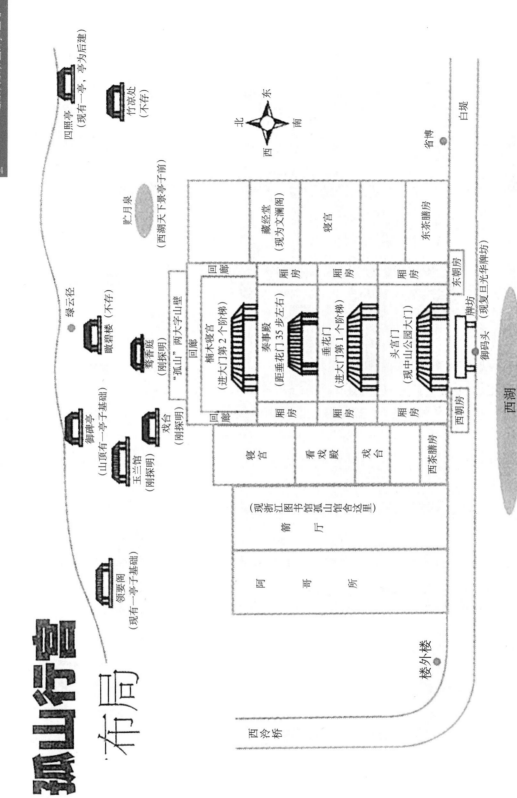

图1 孤山行宫布局图（图片来源：高魏 绘）

钱镠与杭州

钱镠是五代十国中一个很有才能的君主，他身为吴越国王，对杭州建设作出了十分可贵的贡献。

唐末战火连绵，民众离散，杭州的江塘失修，海潮侵袭，咸卤干扰。公元910年，钱镠初定两浙，就开始从六和塔至艮山门，修筑捍海石塘。传说当时钱镠因江潮冲击，欲筑塘捍海，而版筑不就，乃祷于胥山祠（即吴山伍公庙），并命强弩三千，迎潮头射去，于是潮头退避两陵。这是民间"钱王射潮"的故事，它在一定程度上反映了当时筑塘镇潮的事实。1984年修建江城路立交工程时，挖到11m深处，发现整齐排列着6行滉柱，呈井字形排列，相距1m许，滉柱长约6m，最大的直径为38.8cm，最小的也有13cm，深深地插入沙层中，两排滉柱之间填满块石和泥土，滉柱和西堤之间还有装有石头的竹笼遗物，竹编清晰规则。经考证，被认为正是湮没千年的"钱氏石塘"遗迹。这是我国古代一个伟大的水利工程，也是海塘工程的首创。钱王修筑海堤，对当时杭州的经济发展与城市建设无疑起到了重大的作用。

钱镠不遗余力地治理西湖。从唐代白居易疏浚西湖到吴越国建立的百年期间，湖中葑草蔓合。公元927年，钱镠置撩兵千人，日夜撩除葑草，清除湖泥；同时疏浚涌金池，引西湖水灌入城河、运河；又在江口置闸，阻隔海潮倒灌，以利舟楫、饮用和农业发展。

钱镠保护西湖事例亦传为佳话。据传早在912年，钱镠尊为尚父，获准建"牙城"，有一谋士献策道："王若改旧为新，有国止及百年。如填湖以为之，当十倍于此。王其图之"。钱镠却回答："百姓资湖水以生久矣，无湖是无民也，岂有千年，而天下无真主乎？"意思是百姓借西湖水以灌田，无水则无民，何况哪有千年江山不换主人的？钱镠若听信术士妄言、填湖建城，杭州就不能成为今日的全国重点风景旅游城市了。

钱镠在杭州期间，曾3次大规模修筑杭州城垣。杭州在秦以前为一片汪洋，吴越之初，在江干一带，水泉咸苦，居民稀少，远不如越州（绍兴）。

公元890年，钱镠认为杭州城防首先要从江防筑起，因此在隋城的基础上，组织都兵、民夫，在钱塘江北岸，环包家山、秦望山而回，凡50余里，皆穿林架险而版筑，四个多月后竣工。三年后，钱镠动员民工20万和13万兵士以秦望山原夹城为起点筑城，向东延绵，周 70 多里，称"罗城"，形似腰鼓，俗称"腰鼓城"，设 10 道城门，皆铺金铁叶，用于御海。钱镠第三次筑子城（也称内城），是从公元 910 年开始，历时 14 年才建成，称"王城"。在钱镠的建设下，杭州"邑屋之繁会，江山之雕丽，实江南之胜概也"，可称"东南形胜第一州"。

图 1　钱王祠外的钱镠雕像

吴越国是五代十国中唯一免受战祸的国家，农业发达、社会安定、物价稳定、经济繁荣。钱镠和他的子孙，三代五王都信奉佛教。现在杭州西湖的许多寺宇、塔幢、摩崖石刻等，都是在这时候创建或扩建的。据《西湖游览志余》载："杭州内外及湖心之间，唐以前为三百六十寺，及钱氏立国，宋室南渡，增为四百八十，海内都会，未有加于此者也"。因此，如果说吴越时代为今天的西湖风景名胜区奠定了基础，这句话并不过分（图 1、图 2)。

（注：原文刊于《园林与名胜》1985 年第 2 期）

图 2　位于杭州南山路的钱王祠

西湖红叶胜春花

仲秋的杭州，气候宜人，正是"江枫似锦，乌桕炼金"的观叶时候。

杭州，秋天的主要色叶树有鸡爪槭、枫香、乌桕、红叶李、金钱松和银杏。这些树分布在富春江两岸，环湖公园和夕照山、大慈山、大渚桥等地。霜降之后，叶子逐渐变成绯红、鲜绛、金黄等色彩。这时的西湖，正是一幅"梧叶新黄柿叶红，更兼乌桕与丹枫。只言山色秋萧索，绣出西湖三四峰"的迷人画卷。

秋天树木的叶子为什么会变黄、变红呢？这是因为秋天光照时间变短，气温较低，树叶的叶绿素合成受阻，破坏与日俱增，而叶黄素、胡萝卜素等则显现出来，叶子就呈黄色；另有一些树木，由于叶子光合作用所制造的糖分积聚起来，形成花色素苷，因而变红。所以一到秋天，呈现出"夕阳衔西峰，枫林檐如醉"的瑰丽景观。

（注：原文刊于《杭州日报》1980 年 11 月 15 日第 3 版）

图 1　西湖红叶

花港牡丹香正浓

谷雨前，又是游赏牡丹的佳期。花港观鱼的牡丹园，以花中之王牡丹作为造园意境的主题，配上奇特多姿的湖石和丰富多彩的名贵花木，又采用我国传统的自然山水布局，组成了一个别开生面、艺术超然的画面。

牡丹园经过历年多次引种，现有'姚黄'、'乌龙卧墨池'、'酒醉杨妃'、'娇客三变'、'赵粉'、'二乔'、'艮山夜光'、'掌花案'等一百多个牡丹花品种。论颜色，则有红、黄、蓝、白、黑、绿、紫粉等 8 大种。游览至此，倚栏小坐八角牡丹亭上，满眼是灿若云锦的牡丹，仿佛西湖春光的艳丽尽收于此。

据明代田汝成《西湖游览志余》载，杭州古无牡丹，公元 821 年至 824 年（唐长庆年间），开元寺和尚惠澄从都下得一株，白乐天携酒赏玩，诗人张

图 1　花港牡丹

图 2　花港芍药

祜还写了一首诗："浓艳初开小药栏，人人惆怅出长安；风流却是钱塘寺，不踏红尘见牡丹"。到了宋朝，杭州种植牡丹已相当普遍，苏东坡任杭州通判时，还写了《牡丹记叙》一文，紫阳山原宝成寺附近的"感花岩"上，还镌有他的咏牡丹诗。

牡丹花也是我国人民历来喜爱的花卉之一。当年长安，每当牡丹盛开之时，倾城往观。诗人孟郊有"春风得意马蹄疾，一日看尽长安花"、白居易有"花开花落二十日，一城之人皆若狂"的佳句，都是当时人民喜赏牡丹盛况的写照。

（注：原文以笔名茂林发表在《杭州日报》1983 年 4 月 16 日第 3 版）

请登超峰观梅海

超山顶峰是"香雪海"中的"仙岛"。到了超山，不上超峰，不能真正领略到"十里梅花香雪海"的景观。

大明堂虽然位于超山北麓的开阔地段，但由于山麓线曲折，梅园波状起伏，即使登上浮香阁，也只能看到"梅海"一角。要饱赏超山周围绵延十多里的"香雪海"奇景，超峰是最理想的观赏处。有些游客站在"宋梅亭"前，仰望超峰，往往被超峰貌似峻险不可攀登之势"吓"得犹豫不决。其实，上山游步道宽阔，信步走去，只要一小时就可以了，并不怎么费力，沿途还可以欣赏十八弯的"竹影松风"和"云崖奇泉"、"虎严"诸胜。

超峰高 258m，因陡峻而得"峰"之称。组成超峰的岩层主要是石灰岩和砂岩，山的东、西、南三侧各有一条断层线。峰顶的石灰岩出露处，岩层倾角较大，又因断层使岩层较为破碎，所以发育了大片石芽。有些石芽在峭壁旁形成了各种形状的孤峰。有的似狮虎怒吼，有的危而不坠，有的欲坠若扶，有的崩石若斧，陡立如门，这些被誉为"虎严"、"狮石"、"八仙石"、"仙人桥"、"鹭鹰石"的石景，在静止中显活跃。站在峰巅眺望，眼底是花波潋滟、香气浮动的梅海，是一望无垠、水网交织的田园风光；南望半山，则是杭城的一片繁忙的景象。

图 1　超山唐梅

（注：本文原刊于《杭州日报》1981 年 2 月 14 日第 3 版）

图2 超山宋梅

超山风景区平面图

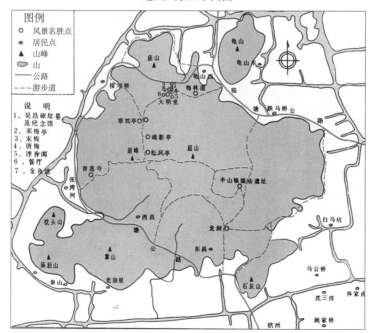

图3 超山风景区平面图（图片来源：超山风景名胜区管理处）

千岛湖造林和建设要慎重

绿岛碧水是千岛湖的生命线。

最近陪同有关专家去新安江考察风景名胜，只见姥山、外金家等岛上的坡地，一片焦黄，绿水青山变成了绿水黄土。作为一个园林工作者，不只是感到惋惜，委实有些心疼。姥山岛上"高、大、洋"的方盒子旅馆，花花绿绿的餐厅；桂花岛上的亭子和部分岛岸杂乱无章的建筑物，也都不同程度地破坏了千岛湖的自然风貌，影响了它的魅力。据说有关部门还准备在姥山再兴建招待所。

现在千岛湖的树木，都是些不稳定的马尾松林，季相、色相单调，观赏价值不高，经济效益也低，进行林相改造是必要的。但从千岛湖特定环境来说，眼下这种成片成丘地大面积毁林垦地，栽植经济林木的做法，值得商榷。据说林业部门还以每亩补贴十五元来支持，那更是值得研究。我认为千岛湖发展经济林木，应在风景游览线视野不易达到的地方，在不影响水源涵养、水土保持和风景观瞻的前提下，采用"藏帽"、"索腰带"的办法，进行抚育伐，发展多种经营。现在这种"剃光头"的办法，实在太煞风景，将使千岛湖失去游览价值，同时可能造成地表径流、泥土流失、湖床增高、降低水库寿命、减低发电能力，致使整个宏观的社会效益和环境效益（生态环境）受到损害。

随着旅游事业的开拓，建一些必要的旅馆设施，无可非议；为繁荣淳安经济，建一批工业企业也是应该的。但一定要有个总体规划，按规划建设。排岭半岛，地域窄小，若安排过多的工业企业，会对旅游城镇的风貌有损坏，因而要慎重行事，千万不要损坏原有的风光和减弱原有景色的迷人之处。否则旅馆、招待所设施再豪华，也拨动不了游客的心。游客来此，目的是欣赏千岛湖的水，千岛湖的山，若水不清，山不绿，谁个还来！

（注：原文以笔名茂林发表于《杭州日报》1984年4月14日第3版）

参政议政

关于加强西湖风景名胜区的保护的建议

最近国务院确定将杭州建成重点风景旅游城市，要求切实做好西湖风景名胜区保护和管理工作，这是极为重要的。

我认为当前对西湖风景名胜区的保护和管理比建设更加显得重要。我们国家财力、物力有限，把它先保护起来，然后进行开发，更能利用自然，充分体现自然之美。

当前西湖风景区存在的主要问题是：

一、园林事业的发展带来许多矛盾

现在西湖风景区有园林、宗教、文物、文化、旅游、商业服务、人防、公安和农村生产队等，分别受各自的主管部门领导，各自为政，往往互不协调，互相扯皮，矛盾突出，存在着消极因素。

（1）园林与宗教之间。园林部门刚修复的景点，宗教部门就打报告，要求开辟为宗教活动场所，如黄龙洞景点。

（2）园林与文化部门之间。将一直属于园林部门管辖的"湖天一碧"划给美术家协会，作为市国画院（实为商业）。

（3）园林与文物之间协调欠好。我认为文物在风景名胜区内能得到较好的保护，而园林中有文物古迹，增加了文化内涵。

（4）园林与旅游之间。1981年底，旅游床位已2675床。旅游局只管接待游客赚钱，并在西湖风景区内不断地建造新宾馆，如花家山宾馆就扩建了1.04万平方米。

（5）园林与商业之间。商业之中又有一商二商，区商，街道商业和个体商业等。如灵隐以合涧桥、迴龙桥沿线摆满了商业摊点。三潭印月更是大伞林立。

（6）园林与部队之间，曲院风荷内原高商地块有省军区营房，北山有华北招待所（部队）、警卫连等驻地。

（7）园林与农村社队之间。林权矛盾，林茶矛盾，乱搭乱建，影响观瞻。虎跑动物园征地建大象房，拖了一年多，土地无法落实。

正是由于管理体制上多头领导，造成西湖风景名胜区的保护、规划、建设和管理上的混乱。

二、西湖风景区被挤占，破坏西湖自然景观的现象仍然严重。

据 1979 年调查，在西湖风景名胜区内挤占风景点（风景园林用地）和有碍观瞻以及影响游览的企事业单位达 144 家，占地 359 公顷（合 5385 亩）。22 个单位占据环湖路内侧绿地 220 公顷（合 3300 亩），西里湖水域（约 508.5 亩）和部分外湖也被禁止游览。使许多风景名胜点和环湖绿地成为"游人止步"的禁区，大大缩减了游览容量。

西湖三面环山，一面临城。山不高，水不广，湖山自然尺度很协调，是一幅天然美丽的画卷。可是现在风景名胜区内园林风景绿地被挤占，又增加了一些高、大、洋的民用建筑，严重地影响了西湖的艺术风貌，阻隔了西湖与山区的联系，破坏了西湖的自然美，使西湖绿地被人工构筑物包围起来，导致西湖不"西"，而将逐渐为"中湖"。一些单位没有认真地执行国办（81）办 70 号文，从 1981 年 8 月到 1982 年底，共有 28 个单位，不经批准，擅自兴建了面积达 1.5 万平方米的违章建筑。因此《光明日报》记者有"西子湖边盖房几时休"的报道。这些单位继续侵占公园绿地和山林。因此，风景区变成"生活区"的势头没有得到有效制止，西湖风景名胜区的艺术风貌和环境质量就很难得到保护，祖国名珠的前途未卜。

此外，西湖水源枯竭，水质较差；风景区到处打井抽水（深井 18 口，积水箱 11 处）破坏泉景水景，如灵隐地区有 15 家厂店，日用水量达 1260 吨；近来一些单位还在继续打井；西湖山林林相杂乱，疏林、少林地区占 1/3，急需进行林相改造，提高观赏价值等。

三、园林经费不足

随着旅游事业的不断发展，国内外游客不断增加。但由于经费有限，无力多修复或开拓一些新景点，供人游览，造成有的风景名胜点超负荷，影响环境质量。据杭州十一个景点售票统计，1982 年游客量达到 1775.59 万人次，为 1981 年的 108.83%。其中灵隐 1982 年达到 417.06 万人次，平均每天达 1.16 万人次，高峰日达 5.7 万人次。北线游人达 1010.49 万人次，南线仅为 765.3 万人次。西湖游船载客量为 358.19 万人次，为 1981 年的 143.59%。

为适应旅游事业发展，满足人民日益提高的文化生活的需要，必须扩大游览面积，但是由于资金不足和其他原因，西湖风景区的整修、建设工作一直比较缓慢。

杭州市城市维护费仅有 7288 万元，要做的事情太多，因此每年只能拨款园林经费 400 万元左右，约占 6%。而北京园林局，收入 1400 万元，比杭州园林多 1077 倍，市拨 3200 万元，比杭州园林多 5.82 倍；上海市公园绿地收入 700 万元，市拨 1800 万元，为杭州的 2.8 倍。为此，请求为杭州园林增拨建设经费。

四、杭州园林职工福利待遇较差

园林职工的社会政治待遇，由于中央的关怀，不断得到提高。由于园林工作的特殊性，工种多，又比较分散，文化设施和生活配套跟不上。工作条件较差，基本上是手工操作，劳动强度大，人们称之为"城市农民"。而生活待遇不高，工资水平也是较低的。据统计城建、建筑、房管、农垦等职工年平均工资分别为 701 元、848 元、849 元、781 元。杭州今年 36 个系统平均工资为 856 元，而园林职工平均工资水平低于 36 个系统的平均值。请政府在财政许可情况下，适当调整园林职工的工资水平。

为解决西湖风景名胜区存在的问题，加速建设风景名胜区，适应不断发展的旅游事业，我建议：

（1）加强对西湖风景名胜区的领导，省、市政府应该有一位领导分管西湖风景名胜区的保护、规划、建设与管理上的协调工作，凡各系统涉及西湖风景区有关问题，由主管负责同志表态。在条件许可的情况下，建立杭州西湖风景名胜特区，统一管理园林、宗教、文物、商业、公安和农村社队等，实行"条块结合，以块为主，条条要通过块块起作用"的管理体制。

（2）以法治国。地方上有中央、部队和省级等单位，地方立法效果差，建议中央颁布重点风景名胜区保护条例，地方再制定实施细则，这样就可能解决垂直领导、各行其是的局面。更重要的是要做到令行禁止，克服无组织、无纪律行为。

（3）国家公布 42 个重点风景名胜区，每年应当拨专款补助地方保护建设风景名胜区。由于地方财力有限，不可能安排较多资金来建设风景区，如浙江的普陀山、富春江—新安江，雁荡山等风景区。

（4）建议控制风景名胜区常住人口，让景区有清净的环境。

以上意见，如有不当，请指正。

提议人：林福昌

1983 年 4 月

（注：第六届全国人代会第一次会议［工交类］第 1500 号）

建设部复函

城乡建设环境保护部文件

⁽⁸⁴⁾城办会字第 48 号

关于设立富春江、新安江
重点风景名胜区统一管理机构的建议的复函

林福昌代表：

你在全国人大会上提出的关于建立富春江、新安江重点风景名胜区统一管理机构的建议（1500［公交类］），已由全国人大常委会办公厅转我部办理。我们认真的研究了你的建议，现回复如下：

跨县区的风景名胜区必须有一个统一的管理机构，负责拟订建设和发展规划，协调各方面的关系，做好日常的管理工作，如太湖风景名胜区就是由江苏省人民政府组织成立太湖风景名胜区建设委员会，下设办公室统一组织编制规划、协调、统一各市、县的建设和管理工作，并分区组织实施。富春江—新安江风景名胜区以什么方式进行组织和管理，应由浙江省人民政府研究确定。

关于经费问题，在目前的情况下，应由地方商同有关方面安排。

一九八四年三月二十一日
（中华人民共和国城乡建设环境保护部印章）

抄送：全国人大常委会办公室五份，国务院办公厅一份。

请中央紧急制止继续破坏西湖风景名胜区，对违法者绳之以党纪国法

　　杭州是全国风景旅游城市和历史文化名城。闻名中外的杭州西湖，以秀美的自然风光与丰富的人文资源而誉满全球。她有山，山不高，而富层次；有水，水不广，而有分隔，湖山之间，比例尺度和谐，被誉为"祖国明珠"。

　　1983年5月16日，国务院批准了杭州市城市总体规划，10月，中共中央、国务院提出指示（即胡耀邦等中央领导同志针对西湖风景名胜区违章建筑情况指示）；12月30日，浙江省人大常委会通过了《杭州西湖风景名胜区保护条例》；万里副总理针对杭州市城市总体规划问题，专门找了省、市委领导谈话；去年7月，中共中央办公厅和国务院办公厅转发了《关于西湖风景名胜区内违章建筑调查情况和处理意见的报告》，并发出通知，"要求各省、市、自治区、直辖市切实加强对本地区风景名胜区的管理。"《通知》说："近几年来，不少地方的风景名胜区被乱占乱建，自然景观和人文景观受到严重破坏。对此，中央领导同志多次指出，必须坚决加以制止，并进行调查，严肃处理。《通知》指出，浙江省杭州市对西湖风景名胜区内所有违章建筑，都应一视同仁，严肃处理。《通知》又指出，要切实加强对西湖风景名胜区的保护和管理，今后，任何单位（包括中央和国务院各部门，省和市属机构及军队系统）都不准在西湖风景名胜区内新建、扩建与风景名胜无关的建筑物。西湖风景区内现有的宾馆、招待所、医院、疗养院都要冻结规模，不得再行扩建。任何组织和个人都要树立和增强法制观念，一切按照国家法律和地方颁布的有关法规办事。驻杭州市的各级党、政、军、群单位都要切实保护好杭州的风景名胜和历史文物，模范地遵纪守法，违法者要严肃处理，绳之以党纪国法。"

　　但是浙江省、杭州市个别领导，根本不把中央、国务院的规定、指示放在眼里，有法不依，有令不止，我行我素，对抗中央，继续批准在西湖风景名胜区内新建、扩建与风景名胜无关的建筑物。省广播电视厅在北高峰千年古刹华光庙后，新建1100平方米的建筑组群，其中有机房、食堂和50个人的单位"宿舍"；柳莺宾馆四号楼，在胡耀邦总书记指示下达后，停建了一段时间，去年11月份又动工兴建；浙江宾馆要拆除前几年建成的五号楼，将合资兴建9～12层的大楼。此外，各机关单位在风景区内新建服务性建筑就更多。所有这些，都不同程度地

破坏了杭州西湖那种自然美与人工美巧妙结合的艺术形象。为此，一方面请中央出面干涉予以制止，另一方面建议中纪委和国务院按《宪法》和《通知》的精神，对明知故犯、继续破坏西湖风景名胜区的组织和个人，进行严肃处理，绳之以党纪国法，以维护法律的严肃性，让祖国明珠发出晶莹光彩，为旅游事业服务。

浙江省代表：林福昌、王季午、郑志新、韩祯祥、金问鲁、陈有生、汪润生、胡顺泉、侯虞钧、陆星垣、张世昌、朱谱强、盛循卿、翟银娣、汤林美、孙家芸、陆明扬、陶荣生、张美凤、匡衍、王诚彪等 34 人。

全国人大常委会提案委员会：

我们浙江代表三十四人提出："请中央紧急制止继续破坏西湖风景名胜区，对违法者绳之以党纪国法"一案，这事涉及省、市主要领导同志的决策，据我们了解，此案"可能"转浙江省处理，我们认为不尽妥善。因为对西湖风景区的问题胡耀邦总书记有指示，前年中纪委和城乡部都经办过有关事宜，是否转到中纪委处理更妥些（属有令不止）。请贵委慎处。

至此

敬礼！

林福昌、郑志新等 34 人

（注：关于"请求中央紧急制止继续破坏西湖风景区，对违法者绳之以党纪国法"的建议，为第六届全国人民代表大会第三次会议第 1678 号提案，联名代表人数占浙江省代表团人数的 1/3）

再次要求开放刘庄、汪庄，扩大公共游览区的建议

杭州是全国重点旅游城市，近几年来杭游客急剧增加。据园林售票统计，1985年园内游客达到2642人次，比1984年速增10%左右。外国人（包括华侨与港澳同胞）共达23万人次。但是风景名胜点的建设与恢复仍然跟不上游客增长的需要。有的风景点已人满为患，如灵隐风景点，游人高达6万余人，个别地点每平方米竟有4人。三潭印月（陆地仅40余亩），游人亦近3万人次。游客过于集中，降低了环境质量，失去了游览价值，同时造成园林绿地与设施的毁坏。从游人分布看，现在北线游人占总游客的2/3，南线风景名胜点少。为了疏散人流，必须扩大南线公共游览区，使公共游览面积适应于不断增长的游览事业。

国务院批准的杭州市总体规划中园林绿化规划指出："环湖路内侧地带辟为公园绿地，使环湖地区路路相通，景景相连。"可是环湖地区由于警卫处占据的刘庄、汪庄和谢家花园三处面积分别为31.8公顷、23.4公顷和2.4公顷，而刘庄和汪庄为保卫需要，连西里湖（面积为78.2公顷），也不让游船入内游览（仅停空疗船只），将汪庄陆岸近50公尺内划为禁区，从而使大片风景山林绿地和水域不能发挥游览作用。同时刘庄内有西湖十八景的"蕉石鸣琴"景点，汪庄有西湖十景的"雷峰夕照"（西湖十景中九景已恢复）和白云庵，现在两庄除接待中央高干和各国元首外，偶尔也安排一些会议，其他时间多为封闭的，利用率实在太低。为实施总体规划，恢复历史名胜古迹，再次要求全面开放刘、汪庄地区为公共游览区，至于接待高级干部和元首，目前杭州有多处四星级（原要求）的宾馆可以解决。

（注：首次是1984年0412号建议，稿子遗失。本建议为第六届全国人民代表大会第四次会议第331号议案）

关于开辟杭州西湖刘庄、汪庄等沿湖地区为公共游览区的请求

　　根据 1983 年 5 月 16 日国务院批准的《杭州市城市总体规划》中园林绿化规划的要求，要把环湖路内侧地区建成为路路相通、景景相连的公共游览绿地。

　　目前沿湖地区有刘庄、汪庄、柳莺宾馆、浙江军区政治部、大华饭店和市交二场等主要单位及部队首长宿舍、城市居民住宅，总共占据沿湖陆地 1600 亩，占沿湖陆地总面积的 44%，使半壁西湖未能相通，广大群众很不满意。

　　刘庄（现称西湖宾馆）占地 477 亩，其中宾馆部分占地 120 亩（以小港叉为界），占有岸线达 1300 米，由于该处划为国家宾馆，致使 1173 亩水域的西湖里游船不能驶入，正常捕鱼生产活动也不能进行，而成为绝对禁区。连花港观鱼公园的"翠雨厅"也因招引游人而遭拆除。

　　汪庄（现称西子宾馆）占地 351 亩，其中宾馆部分占地 120 亩（以苏家山、夕照山山麓 10 米高程至钓台一线），占有湖岸线 1520 米，由于规定离岸 50 米水域（以球形浮标为标志）其他船只不能穿越界标，因而有 105 亩水域也成为禁区。

　　柳莺宾馆（原称谢家花园），占地 36 亩，分别占有岸线 220 米和水域 16.5 亩。

　　以上 3 个宾馆均属于浙江省警卫处管辖。

　　刘庄，又名"水竹居"，原为清代刘学询的别墅，建筑豪华、陈设华丽，园林布局精湛，为西湖第一名园，有"梦香阁"、"望山楼"、"湖山春晓"、"桃源渡"和"一天阁"等景点。刘庄后面的丁家山，

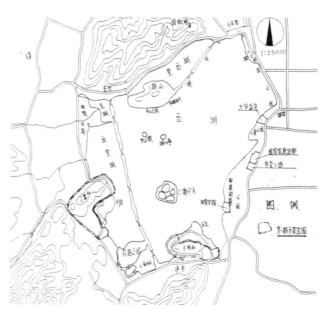

古名"一天山",山上秀石林立,状如芭蕉、卓立如屏,有一称谓"蕉石鸣琴",为西湖十八景之一。石崖上有康有为的"康山"、"雪岩"和吴昌硕八十岁时题写的"蟫叶"等名人刻字。刘庄1955年划给省警卫处,1958年改建刘庄时,连同丁家山一并划入。

汪庄,曾为汪氏茶庄,庄南的夕照山上原有始建于吴越王钱俶(975年)的雷峰塔,1924年9月坍塌。塔原高七层,每当夕阳西照,塔影憧憧,彩云缭绕,景色动人,形成西湖十景之一的"雷峰夕照"。更因为它与《白蛇传》这一美丽的民间传说有关,在国内外的知名度较高。同时,它与保俶塔遥遥相对(几成轴线),是西湖立体风景构图中不可缺少的景点,国内外专家学者要求恢复雷峰塔的呼声很高,国外经济界人士表示愿意捐款复原雷峰塔。夕阳山西麓有白云庵,是供奉月下老人的地方。清末时成为辛亥革命秘密活动的地方,孙中山、徐锡麟、秋瑾等人都在这里进行革命活动。1958年汪庄连同夕照山划归省警卫处使用。从此,刘庄、汪庄成为游人莫入的禁区。

杭州是全国重点风景旅游城市,是我国东南部旅游中心,又是一个历史文化名城。随着我国旅游事业的不断发展,开拓新景点、扩大公共游览面积,特别是开发南线风景点,恢复西湖十景之一的"雷峰夕照"、疏散西湖北线的游客量,更显得重要。

为实现西湖风景区总体规划,有代表曾在六届全国人大二次、四次会议上,以1984年0412号、1986年331号两次提出开放刘庄、汪庄为公共游览区的建议。为照顾现实情况,曾建议近期暂时保留宾馆,先开放两庄的丁家山与夕照山,采用馆园结合的办法过渡,在条件许可下可在自然条件优越的地方新建宾馆,然后全面开放这个地区。但是得到的答复是"经研究并请示中央办公厅领导同志,因多方面原因,刘庄、汪庄暂不能开放"和"根据中央指示精神和目前刘庄、汪庄担负的接待任务,为保持刘庄、汪庄安静和安全的环境,现在不宜改为公园式的游览场所"。

我们认为西湖沿岸的所有建筑均应迅速开放作为公共游览区。首先开放刘庄和汪庄,将接待少数负责同志或外宾的任务移往别处,要"克服特权,与民同乐",我们相信中央负责同志也是不愿意将这些西湖周围的精华地区隔离起来的,并请中央办公厅及省警卫处能认真考虑我们的意见。

(注:本建议为第六届全国人民代表大会第五次会议第68号议案)

半壁西湖主要单位情况（1987 年 2 月制）

项目 单位名称	面积（亩）			占有岸线（米）	占有水域面积（亩）	隶属单位	说明
	总面积	宾馆	其余部分				
刘庄	477	120.2	415.8	1300	1173	省警卫处	西湖总面积8494.5亩；环湖路内侧总面积为3841.5亩
汪庄	351	125.64	225.36	1520	105	省警卫处	
柳莺	36	36		220	16.5	省警卫处	
大华	30	30				省政府办公厅	
军区政治部	37					省军区	
市交二场	7.35					市建委	

请福建省有关部门加强对沙溪、富屯溪、麻阳溪等水系的三废治理，造福于人民的建议

　　我来京参加六届五次会议前夕，曾到福建光泽县、邵武市、永安市和三明市等地出差。我乘杭福列车到光泽，然后从光泽乘小车去邵武市、永安市、三明市，沿途发现溪流中有许多白色泡沫，随流漂浮而下，这是我前几次回闽工作时所没有见到的现象。据说，近几年为发展山区经济，利用当地材料，大力兴办制纸工业，由于没有做到"三同时"，致使造纸污水直接排泄到溪流中。特别是邵武自来水取水管口（熙春山北）附近，更是布满泡沫，直接影响水质，伤害人们的身心健康。我们要吸取西方国家在工业化过程中走过的弯路，尽早地搞好治理"三废"工作，这些造纸厂地处山区，有地方进行污水处理后再排放。为此，建议福建省有关部门调查闽江上游的污染源，制定治理计划和采取有效措施，让家乡山常青、水常绿，造福人民。

浙江代表

林福昌

　　（注：本建议为第六届全国人民代表大会第五次会议，第 2596 号）

给万里副总理反映杭州西湖风景名胜区存在的问题

敬爱的万里副总理：

六届三次人大召开前夕，杭州许多关心西湖前途的专家、学者，要我趁开会之际，向您并通过您向中央其他领导同志汇报杭州市城市规划建设工作中的有关问题，特别是西湖风景区的保护问题。

闻名中外的杭州西湖，以秀美的自然风光与丰富的人文资源而著称于世界。她有山，山不高，而富层次；有水，水不广，而有分隔，湖山之间比例、尺度和谐，被誉为"祖国的明珠"。

但是，如今西湖的情况并不像人们所想象的那么美好。她那种自然美与人工美巧妙结合的艺术美的形象正遭到破坏。中国园林学会副理事长、原杭州市副市长余森文同志（83 岁高龄）在我来京之前嘱咐说："要呼吁各方面人士拯救西湖。"归纳许多同志的意见，我以为目前杭州西湖风景名胜区存在着三个重大问题：

一、有法不依、有令不止

中共中央、国务院和中央领导同志，对保护西湖风景名胜区发布了许多"红头"文件和讲话纪要。可是个别领导同志，正如胡耀邦同志所说："根本不把中央放在眼里"，我行我素，继续批准在杭州西湖风景区内兴建"与风景名胜无关的建筑物"。如浙江宾馆要拆除前几年刚盖好的五号楼，将建 9～12 层的长板式大楼；柳莺宾馆四号楼，在胡耀邦同志指示下达后，曾停建一段时间，于去年储部长来杭了解情况时，又动工兴建；省电视广播厅又在北高峰千年古刹华光庙后兴建 1100 多平方米的建筑组群（详见附图），其中有机房、食堂和 50 人的单身宿舍。此事我曾向浙江省人大常委会作过书面汇报，要求确保《杭州西湖风景名胜区保护条例》的严肃性，并出面干预。可是杭州市个别领导人，目无党纪国法，一意孤行，以权试法。最近市规划局已发给建设许可证，有关单位正在山顶大兴土木。

二、西湖周围将高楼林立、鳞次栉比，破坏西湖风景区的艺术风貌

西湖周围，前几年已建造了手表厂大楼、军区通讯连大楼、新新饭店新楼、望湖宾馆等高楼大厦，连同原先的西泠宾馆等，都是大煞风景的建筑物。近期内，将在西湖周围兴建浙江宾馆 9～12 层（空军疗养院后）、公园饭店 18 层（六

公园华侨饭店北)、文化娱乐中心 10 层(湖滨东坡路),新西湖饭店 10 层、面积 3.0 万平方米(湖滨原西湖饭店),新侨饭店 17 层、面积 3.11 万平方米(湖滨吴山路),新华大楼 12 层、面积 0.88 万平方米(官巷口)等。而经国务院批准的杭州市城市总体规划,湖滨一带规定建 3~5 层的园林式商业服务用房。因此,这些建设计划违反了国务院批准的杭州市城市总体规划和浙江省人大常委会颁发的《杭州市西湖风景名胜区保护条例》的有关条款。这些大楼一旦落成,将使风景区失掉固有的自然与艺术风貌,有必要大声疾呼"拯救西湖"。

三、西湖风景区的城市化进程正在加剧,若不加控制或采取一些行之有效的对策,将来,西湖势必成为"城中湖"

西湖周围的一些宾馆、招待所、医院、疗养院都要扩建、改建或添建一些建筑物,有的已经零打碎敲在干,有的正在做准备工作。市、区属各单位,也以"大办第三产业,满足游客需要的名义",在西湖风景区内兴建店、摊。西湖风景区内的乡、村或个人,也以"危房"、"住房不足"或"开店开旅馆",申请建造住房和公共用房。如西山的三台山、大小麦岭,满觉陇、灵隐、天竺地区等更为突出。这些情况扩大了风景区中的建筑区面积,使山林绿地逐年减少。湖山之间原以林木为自然过渡已被建筑物取代,有的农居点已深入风景线或风景点,有碍风景观瞻。

风景点内部,更是雨伞林立、店摊满目。如岳坟、就有 7 个单位或个人的 16 只太阳伞的照相摊。"三潭印月"货亭、摊、伞则更多,简直成为"庙会",无法游览。

此外,杭州园林建设经费较少,每年市拨各种经费仅 420 万元,占市城市维护费总额的 8% 不到,许多风景名胜点无法整修、恢复,使游览面积不能适应不断发展的国内外旅游的需要。而市里却集中精力、财力和物力大盖高级宾馆,忽视了旅游事业的基础。

目前,杭州市的城市规划建设工作(包括西湖风景区建设)正按个别市领导的"既定方针办",他们把中央的政策、法令、规定以及中央领导同志的讲话置若罔闻。所以,许多关心西湖前途的同志认为:杭州市城市规划建设问题,非中央出面干预不可。以上汇报,如有不当之处,请您批评指正。

六届全国人大代表、工程师、杭州园林规划设计处副主任

林福昌　敬呈

1985.3.26

(注:呈送正稿时,补充太子湾拟建游乐园内容)

给陈安羽书记反映"两江一湖"风景名胜区的情况

陈安羽书记：

我是园林规划设计工程师，从党的利益与园林事业出发，提供一点浅见，供您参考。

1979 年，我参加市建委组织编制杭州市城市规划工作，当时为探索杭州—新安江—黄山的旅游线，不辞辛苦朔钱塘江、富春江、新安江水库而上，只见新安江库区，水色澄清晶莹，山水秀丽，湖周群山叠翠，林木荫翳，奇山、异石、溶洞、瀑布、人文古迹错落其间，气象万千；泛舟湖中，令人感到浩瀚如太湖，丽似西子；登上密山顶，举目环顾，山水之间，碧玉青萝，萦回环抱，岛屿繁星点点，撒落人间，宛如置身于一幅浓妆淡抹、玲珑别致的山水画图之中，令人神怡心旷。总认为千岛湖的风景资源，可作为国家重点风景名胜区进行保护、开发和建设，存在着很大的潜力和广阔的前景。

最近，我受局领导的委派，到淳安去，与该县有关同志共商排岭镇的规划事，先就我在短暂的几天之中所看到和想到的风景区在规划、开发、建设诸方面的问题，向您汇报一下：

一、新安江风景名胜区必须加强保护，避免造成建设性的破坏。

新安江水库区是全国重点风景名胜区之一，排岭镇又是风景名胜区的中枢。该镇现有 40 多个工业企业，由于工业性质，布局的不恰当，存在着三大问题：一是由于水运方便，运费低廉，多数工厂沿主要风景面临水而建，加上厂房建筑零乱，以致损害了风景。二是工业"三废"未经处理或虽然处理了，未达到国家规定的排放标准，直接排入水库，如农药厂、香料厂等，污染水质，影响观瞻，损害水产养殖；有的原材料堆场或下脚料、废物等临岸边堆放，如化工厂的废渣，填塞港叉，有碍环境，污染水体。三是工业企业混杂在居民区内，挤在排岭镇半岛上。

我认为淳安县在发展工业的方向上，布局上应从保护整个风景名胜区来考虑，应服从风景的特殊需要。也就是作为旅游中枢的排岭镇，只能发展与旅游有关的工业、手工业，只能发展农副、林产品加工工业，还要根据"城乡同步"发展的方针，把一些工业企业安排在县境内，特别要把有污染的工业企业放在水库汇水面的背侧去，如文昌一带。

二、新安江风景名胜区的开发、建设，要注意社会效益、环境效益、经济效益的统一，更要注意环境、社会效益。

森林具有多种功能，许多先进国家把培育、保护森林的主要目的由过去以木材生产为主转向以发挥森林多种效益为主，把森林看作保国安民、保持生态、保证农业生产的丰产、稳产的重要手段。有人认为森林的多种效益的价值为木材价值的 3 倍、9 倍，甚至 25 倍。因此，许多国家把森林保护起来，成为野生动物保护区、国家公园或原野区。

新安江水库的森林，在某种意义讲，是新安江水库的生命线。它的主要目的是涵养水源，保持水土和提供游览观赏。现在泛舟湖中，看到有些老山秃岛，黄土成片的荒坡，实在太煞风景，有碍观瞻。

目前库区的次生林，多为纯马尾松林。一般来讲，纯林又为不稳定林，易受病虫害危害，造成整片死亡。同时，纯林的季相、色相单调，观瞻价值不高，经济价值较低。新安江开发公司等单位，利用库区的优越土地条件，发展多种经营，为社会主义增加财富，这是无可非议的。同时，按风景林的要求，现有林相要改造，但要研究一下库区林相改造的新办法，千万不能采取全垦造林或全垦栽植经济果木等。应当在不影响水源涵养、水土保持、风景景观的前提下，采取各种有效的保持水土的措施，在风景游览线的背水面山坡适当地搞经济林木和抚育伐。不然的话，就会造成严重的地表径流、泥土流失、湖床增高，降低水库寿命，降低发电效益。按目前这种状况，可能从某一单位的微观经济利益来说，收入是可观、职工袋子里的钱也会多起来，但从整个宏观的社会效益、环境效益（生态环境）来看，正是蠢人办事，得不偿失。

近几年，省林业部门以营造成片的经济林木基地的面积，作为林业补贴的依据。所以淳安县开发公司在库区主要游览面的姥山、刘舍家和密山等地进行全垦造林或栽植经济果木，造成全垦面积愈大，砍树愈多，补贴也多，收入大幅度增加；正是由于林业政策具体实施中造成的，应予以纠正。据说该公司还要在面游览线开垦更多的山林地，来发展杉树、果树和茶叶等，应引起高度重视。

三、新安江风景名胜区必须统一规划、分头实施、相互配合、通力协作，办好旅游事业。

风景区在我省境内隶属建德、淳安两县。当前县级设有统一规划，又设有一个统一组织。就淳安县来说，有开发公司、排岭林场和旅游办公室等三个单位积极操劳创办旅游事业，在没有一个风景区总体规划的情况下，几家都想挣钱，因此大力修造游艇、旅馆和其他设施，出现严重不协调的局面。就淳安、建德两县际之间，更是老子不相往来，如新安江旅游服务社与电厂协作，利用电厂的游艇，开展游湖活动，可是淳安县有关部门就不让游艇在姥山、密山、桂花岛等地靠岸游览。因此，建德县就不能组织游客游湖，而淳安县，由于陆路不便，旅游的人数较少，如果两县旅游部门通力合作，就能大大地促进千岛湖的旅游事业发展，各自又会增加收入。

为此，我建议：一是市政府组织我市有关风景园林规划工程技术人员，协助杭州市四县编制富春江—新安江风景名胜区的总体规划工作；二是市政府召集风景区所属四县有关单位，研究开发保护，建设好风景区，协调旅游事业，为国家增加财实。

上述意见，仅作参考。如有谬误之处，请领导示正。

杭州市园林管理局规划设计室　林福昌谨呈

1983 年 3 月 10 日

（注：陈安明同志届时为中共杭州市委书记）

图1　第六届全国人民代表大会第二次会议期间参观故宫（杭州部分代表）

图2　第六届全
国人民代表大会
会议期间参观中
南海

参考文献

[1] （宋）吴自牧．梦梁录 [M]．浙江人民出版社，1980．

[2] （宋）四水潜夫辑．武林旧事 [M]．杭州西湖书社，1981．

[3] （明）田汝成辑撰．西湖游览志 [M]．上海古籍出版社，1959．

[4] （明）田汝成辑撰．西湖游览志余 [M]．上海古籍出版社，1958．

[5] （清）傅玉露撰．西湖志 [M]．浙江书局．1878．

[6] （清）雍正九年新纂．西湖志 [M]．两所监译道库藏版．

[7] 姜卿．浙江新志（上卷）[M]．杭州正中书局发行．民国 25 年．

[8] 宗白华等．中国园林艺术概观 [M]．江苏人民出版社，1987．

[9] 金学智．中国园林美学 [M]．江苏人民出版社，1990．

[10] （苏）米·费·奥夫相尼科夫主编．刘宁译．美学 [M]．上海译文出版社．
    1982．

[11] 朱彭．南宋古迹考（外四种）[M]．浙江人民出版社，1983．

[12] 姚毓璆，郑祺生．南宋临安园林 [R]．内部资料，1984．

[13] 杭州掌故丛书．南宋临安两志 [M]．浙江人民出版社，1983．

[14] 王士伦，赵振汉．杭州史话 [M]．浙江人民出版社，1979．

[15] 杭州日报群工资料组编印．西湖．1979．

[16] 浙江人民出版社．西湖览胜 [M]．浙江人民出版社，1979．

[17] 杭州园林植物配置研究组．杭州园林植物配置 [M]．北京城市建设出版社，
    1981．

[18] 胡理琛．园林建筑设计随笔 [A]．杭州园林．1983，1（33）．

[19] 杭州市园林文物管理局．西湖风景园林 [M]．上海科学技术出版社，1990．

[20] 余森文．园林植物配置艺术问题 [R]．内部资料，1979．

[21] 余森文．新杭州五年来的城市建设 [R]．内部资料，1954．

[22] 余森文．关于城市园林绿化规划的意见 [R]．内部资料，1959．

[23] 梅重，洪尚之，陈汉民，张科，阮浩耕．西湖天下景 [M]．浙江摄影出版
    社，1997．

[24] 曾昭璇，谭德隆．星湖 [M]．广东人民出版社，1977．

[25] 乐清雁荡山管理委员会．雁荡，1959．

[26] 杨瑞文．青城天下幽 [A]．青城文艺．1979，1

[27] 泰山管理局．泰山．1978．

[28] 杭州市园林管理局．杭州园林工作经验汇编 [R]．内部资料，1949−1959．

[29] 杭州市园林文物管理局调研课题组．建国以来杭州西湖及环湖地区的园林建设（讨论稿）[R]．内部资料，1984．

[30] 杭州园林文物课题调研组．开创杭州城市绿化新局面的几个问题的探讨 [A]．文集，1985．

[31] 杭州市园林文物局课题调研组．进一步开发与利用杭州市区和近郊风景资源调查研究报告 [R]．内部资料，1986．

[32] 杭州市城市建设委员会．苏联专家巴拉金、舍沙夫·什基别尔曼、沙尔逊同志．在杭州城市规划座谈会的发言记录 [R]．内部资料，1956．

[33] 杭州市园林管理局．杭州市绿化系统初步规划简要 [R]．内部资料，1957．

[34] 杭州市园林管理局革命委员会．杭州西湖风景区现状及规划设想（初稿）[R]．内部资料，1974．

[35] 杭州市园林管理局．杭州园林资料选编 [M]．中国建筑工业出版社，1977．

[36] 杭州市建设领导小组办公室．杭州市园林绿化规划说明（初稿）[R]．内部资料，1979．

[37] 杭州市园林管理局．杭州西湖风景名胜区园林建设规划说明 [R]．内部资料，1979．

[38] 杭州市革命委员会．杭州市园林绿化规划 [R]．内部资料，1981．

[39] 孙筱祥．园林艺术及园林设计（内部教材）．北京林学院园林系，1981．

[40] 汪菊渊．中国古代园林史纲要（内部教材）．北京林学院园林系，1980．

[41] 杭州市园林管理局，杭州市规划局．杭州市风景名胜现状及规划设想附表（讨论稿）[R]．内部资料，1980．

[42] 杭州市园林文物局课题调研组．建国三十五年来杭州西湖与环湖地区园林建设 [R]．内部资料，1984．

[43] 杭州市园林文物局统计年鉴编写组．杭州市园林文物建设三十六年概述（1949−1984）[R]．内部资料，1985．

[44] 杭州园林设计院．杭州西湖风景名胜总体规划说明书 [R]．1987．

（注：本书中收录文章大多撰写于二三十年以前，因时间久远，有些参考文献难以追忆，如有书中引用的文献但未能列入本表的，谨表歉意）

附录 杭州西湖常见园林植物

序号	中文名	学名	科名	备注
常绿乔木				
1	马尾松	*Pinus massoniana* Lamb.	松科	造林先锋树种
2	湿地松	*Pinus elliottii* Engelm.	松科	风景林，用材林
3	黑松	*Pinus thunbergii* Parl.	松科	树形多姿优美
4	白皮松	*Pinus bungeana* Zucc. ex Endl.	松科	树干皮乳白色，树冠奇特
5	火炬松	*Pinus taeda* Linn.	松科	姿态优美
6	雪松	*Cedrus deodara* (Roxb.) G. Don	松科	观树形
7	日本五针松	*Pinus parviflora* Sieb. et Zucc.	松科	作盆景、庭院栽植，姿态优美
8	杉木	*Cunninghamia lanceolata* (Lamb.) Hook.	杉科	树体高大，南方用材树种
9	柳杉	*Cryptomeria Eortunei*	杉科	树体高大，株形雄伟壮丽
10	北美红杉	*Sequoia sempervirens* (Lamb.) Endl.	杉科	1972 年美国总统尼克松赠送
11	圆柏	*Juniperus chinensis* L.	柏科	防护株，公路中分带防眩光
12	龙柏	*Juniperus chinensis* 'Kaizuka'	柏科	树冠圆柱，似龙体
13	侧柏	*Platycladus orientalis* (Linn.) Franco	柏科	防护树种，古侧柏枝干苍劲，气魄雄伟
14	竹柏	*Nageia nagi* (Thunb.) O. Kuntze	罗汉松科	塔型树冠，干皮红褐色。花期 5 月，籽眩紫色
15	罗汉松	*Podocarpus macrophyllus* D. Don	罗汉松科	树形优美，观果观叶
16	苦槠	*Castanopsis sclerophylla* (Lindl.) Schott.	壳斗科	防护树种
17	青冈	*Cyclobalanopsis glauca* (Thunb.) Oerst.	壳斗科	防护树种
18	秃瓣杜英	*Elaeocarpus glabripetalus* Merr.	杜英科	观叶，春季部分树叶转为红色
19	香樟	*Cinnamomum camphora* (L.) presl	樟科	叶色深绿，新芽红色，可挥发芳香味
20	浙江樟	*Cinnamomum japonicum* Siebold	樟科	花两性，黄绿色，花期 4 ~ 5 月
21	紫楠	*Phoebe sheareri* (Hemsl.) Gamble	樟科	树姿优美，四季常绿，花黄绿色，4 ~ 5 月
22	浙江楠	*Phoebe chekiangensis* C. B. Shang	樟科	花期 5 月，密被黄褐色绒毛
23	大叶冬青	*Ilex latifolia* Thunb.	冬青科	花期 4 ~ 5 月，花黄绿色，果球形，红色或棕红色

序号	中文名	学名	科名	备注
24	冬青	*Ilex chinensis* Sims	冬青科	观果，果熟期 11 ～ 12 月
25	荷花玉兰（广玉兰）	*Magnolia grandiflora* L.	木兰科	花期 6 ～ 7 月，白色
26	乐昌含笑	*Michelia chapensis* Dandy	木兰科	花期 4 月，花乳黄色
27	深山含笑	*Michelia maudiae* Dunn	木兰科	花期 2 ～ 3 月，花白色
28	披针叶茴香	*Illicium lanceolatum*	八角科	花期 4 ～ 5 月，簇生红色
29	枇杷	*Eriobotrya japonica* (Thunb.) Lindl.	蔷薇科	冬季开花，5 ～ 6 月结果，梨果黄色
30	椤木石楠	*Photinia bodinieri* H. Lév.	蔷薇科	枝刺较多，当围篱
31	石楠	*Photinia serratifolia* (Desf.) Kalkman	蔷薇科	幼叶红色，花白色，浆果红色（10 ～ 11 月）
32	红叶石楠	*Photinia fraseri* Dress	蔷薇科	观叶，新叶红色
33	桂花	*Osmanthus fragrans* Lour.	木犀科	仲秋开花两次，有金黄、淡黄、黄白各色，极芳香
34	女贞	*Ligustrum lucidum* Ait.	木犀科	花期 5 ～ 6 月，花冠白色，芳香
35	珊瑚树	*Viburnum odoratissimum* Ker-Gawl.	忍冬科	防火树种，大树观果
36	木荷	*Schima superba* Gardn. et Champ.	山茶科	花期 6 月，花白色芳香，山林防火树种
37	柑橘	*Citrus* spp.	芸香科	花期 4 ～ 5 月，花白色，香气浓，9 ～ 10 果熟，红黄等色
38	柚	*Citrus grandis* (L.) Osbeck	芸香科	花期 5 月，花白色，有香气，9 ～ 10 月果熟，淡黄色
39	棕榈	*Trachycarpus fortunei* (Hook.) H. Wendl.	棕榈科	花期 5 ～ 6 月，淡黄色，核果蓝黑色
落叶乔木				
1	二球悬铃木	*Platanus acerifolia* Willd.	悬铃木科	树冠雄伟，枝叶繁茂，秋叶绚丽
2	无患子	*Sapindus saponaria* L.	无患子科	花期 6 ～ 7 月，秋色叶
3	黄山栾树	*Koelreuteria bipinnata* 'Integrifoliola'	无患子科	花期 6 ～ 7 月，黄花，结果 7 ～ 9 月，红褐色
4	栾树	*Koelreuteria paniculata* Laxm.	无患子科	花期 5 ～ 6 月，花黄色
5	银杏	*Ginkgo biloba* Linn.	银杏科	秋叶金黄色
6	水杉	*Metasequoia glyptostroboides* Hu et Cheng	杉科	耐水湿，秋色叶
7	池杉	*Taxodium distichum* var. *imbricatum*	杉科	耐水湿，秋色叶
8	水松	*Glyptostrobus pensilis* (Staunt.) Koch	杉科	耐水湿，秋色叶
9	落羽杉	*Taxodium distichum* (Linn.) Rich.	杉科	耐水湿，秋色叶
10	垂柳	*Salix babylonica* Linn.	杨柳科	观树形，姿态优美而潇洒
11	南川柳	*Salix rosthornii* Seemen	杨柳科	观树形
12	枫香	*Liquidambar formosana*	金缕梅科	观秋色叶
13	朴树	*Celtis sinensis* Pers.	榆科	观树形

序号	中文名	学名	科名	备注
14	珊瑚朴	*Celtis julianae* Schneid.	榆科	观树形
15	榔榆	*Ulmus parvifolia* Jacq.	榆科	树形优美，姿态潇洒
16	大叶榉	*Zelkova schneideriana* Hand.-Mazz.	榆科	秋叶鲜红
17	麻栎	*Quercus acutissima* Carruth.	壳斗科	山林中多见
18	白栎	*Quercus fabri* Hance	壳斗科	山林中多见，花期4月，果熟期10月
19	鹅掌楸	*Liriodendron chinense* (Hemsl.) Sargent.	木兰科	观叶形，夏季开花，莲花状，黄色，秋叶金黄
20	杂交鹅掌楸	*Liriodendron chinense* × *tulipifera*	木兰科	观叶形，花期5月，花黄色
21	二乔玉兰	*Yulania* × *soulangeana* (Soul.-Bod.) D. L. Fu	木兰科	花期3～4月，花瓣白，基淡紫
22	宝华玉兰	*Magnolia zenii* Cheng	木兰科	花期4～5月，紫红色
23	玉兰	*Yulania denudata* (Desr.) D. L. Fu	木兰科	花期3～4月，花白色，有香气
24	七叶树	*Aesculus chinensis* Bunge	七叶树科	花期5月，花乳白色
25	合欢	*Albizia julibrissin* Durazz.	豆科	花期6～7月，淡红色
26	黄檀	*Dalbergia hupeana* Hance	豆科	
27	槐	*Sophora japonica* Linn.	豆科	花期7～8月，花黄白色
28	重阳木	*Bischofia polycarpa* (Lévl.) Airy Shaw	大戟科	花期4～5月，黄绿色，秋叶红色
29	乌桕	*Triadica sebifera* (L.) Small	大戟科	观树形，秋叶各色
30	美国山核桃	*Carya illinoinensis* (Wangenh.) K. Koch	胡桃科	树姿优美，秋色叶
31	枫杨	*Pterocarya stenoptera* C. DC.	胡桃科	适应性强，耐水湿
32	梧桐	*Firmiana simplex* (L.) W. Wight	梧桐科	主干青绿
33	柿树	*Diospyros kaki* Thunb.	柿树科	观果，10～11月
34	枳椇	*Hovenia acerba* Lindl.	鼠李科	其果可食
35	楝	*Melia azedarach* Linn.	楝科	花期春夏间，花瓣淡蓝色
36	香椿	*Toona sinensis* (A. Juss.) Roem.	楝科	嫩芽可食
37	臭椿	*Ailanthus altissima* (Mill.) Swingle	苦木科	防护树种，花期4～5月，黄绿色
38	黄连木	*Pistacia chinensis* Bunge	漆树科	秋季叶经霜变红
39	金钱松	*Pseudolarix amabilis* (Nelson) Rehd.	松科	观秋色叶（金黄色）
40	毛泡桐	*Paulownia tomentosa* Steud.	玄参科	花5月，白色，淡紫
41	杜仲	*Eucommia ulmoides* Oliv.	杜仲科	药用植物
42	鸡爪槭	*Acer palmatum* Thunb.	槭树科	观树、叶形，秋色叶，花黄色，翅果紫红色
43	三角枫	*Acer buergerianum* Miq.	槭树科	伞房花序顶生，黄绿色，观秋叶
44	红枫	*Acer palmatum* 'Atropurpureum'	槭树科	观树形，全年观叶
45	中华重齿枫（小鸡爪槭）	*Acer duplicatoserratum* var. *chinense*	槭树科	观树形，秋色叶
46	碧桃	Amygdalus persica 'Duplex' Rehd.	蔷薇科	花期4月，各种颜色

序号	中文名	学名	科名	备注
47	梅	*Armeniaca mume* Sieb.	蔷薇科	花期 2 ~ 3 月，各种颜色
48	杏	*Armeniaca vulgaris* Lam.	蔷薇科	花期 3 月，花色粉红
49	樱桃	*Cerasus pseudocerasus* (Lindl.) G. Don	蔷薇科	观果，果熟期 5 月，花期 3 月，花色粉红
50	山樱花	*Cerasus serrulata* (Lindl.) G. Don	蔷薇科	花期 3 月，花白色
51	日本晚樱	*Cerasus serrulata* var. *lannesiana* (Carr.) Makino	蔷薇科	花期 3 ~ 4 月，花粉红色
52	东京樱花（早樱）	*Cerasus yedoensis* (Matsum.) T.T. Yu & C.L. Li	蔷薇科	花期 3 月，花白色
53	西府海棠	*Malus* × *micromalus* Makino	蔷薇科	花期 3 ~ 4 月，花粉红色
54	垂丝海棠	*Malus halliana* Koehne	蔷薇科	花期 3 ~ 4 月，花红色
55	湖北海棠	*Malus hupehensis* (Pamp.) Rehd.	蔷薇科	花期 3 ~ 4 月，花深红色
56	红叶李	*Prunus cerasifera* 'Pissardii'	蔷薇科	花期 3 月，花粉白色
57	李	*Prunus salicina* Lindl.	蔷薇科	花期 3 月，花数朵簇生，白色
58	菊花桃	*Prunus persica* (L.) Batsch 'Ju Hua'	蔷薇科	花期 3 ~ 4 月，花粉红色碗状，花形似菊花
59	紫薇	*Lagerstroemia indica* Linn.	千屈菜科	花期 6 ~ 9 月，多种颜色
60	檫树	*Euodia meliifolia* Benth	芸香科	花期 3 月，先花后叶，花杯形，黄色
61	珙桐	*Davidia involucrata* Baill.	珙桐科	花期 4 ~ 5 月，花乳白色，花形鸽子，黄龙洞、云栖有引种
常绿灌木					
1	大叶黄杨	*Buxus megistophylla* Lévl.	卫矛科	庭院绿篱
2	金叶黄杨	*Buxus sinica* (Rehd. et Wils.) Cheng ex. M. Cheng 'Aurea'	黄杨科	观叶，花期 4 月，7 月观蒴果，紫黄色
3	雀舌黄杨	*Buxus bodinieri* Lévl.	黄杨科	叶形似雀舌，树姿优美
4	黄杨	*Buxus sinica* (Rehd. et Wils.) M. Cheng	黄杨科	树皮黄灰色
5	金边冬青卫矛	*Euonymus japonicus* 'Aureo-marginatus'	黄杨科	叶片金黄色或乳白色
6	山茶	*Camellia japonica* Linn.	山茶科	冬春开花，有白、红、粉、紫等色，色泽鲜艳
7	茶梅	*Camellia sasanqua* Thunb.	山茶科	冬春开花，花有白、粉、红等诸色
8	厚皮香	*Ternstroemia gymnanthera* (Wight & Arn.) Sprague	山茶科	花期 6 月，两性，淡黄色，蒴果 10 月成熟，绛红带黄色
9	金边胡颓子	*Elaeagnus pungens* 'Variegata'	胡颓子科	叶缘金黄或乳白，花白色或银白色，果红色
10	胡颓子	*Elaeagnus pungens* Thunb.	胡颓子科	花银白色，下垂，果成熟时红色
11	栀子	*Gardenia jasminoides* Ellis	茜草科	花期 4 ~ 6 月，花白色，具芬香，果黄色
12	水栀子	*Gardenia jasminoides* 'Radicans'	茜草科	花期 5 ~ 7 月，花冠白色，芳香

序号	中文名	学名	科名	备注
13	六月雪	*Serissa japonica* (Thunb.) Thunb.	茜草科	花期 4 ~ 6 月，花小，白色或淡粉紫色
14	洒金珊瑚	*Aucuba japonica* 'Variegata'	山茱萸科	花期 10 ~ 11 月，花黄白色，观叶
15	紫金牛	*Ardisia japonica* (Thunb.) Bl.	紫金牛科	花冠白色或带粉红色，果熟期 9 ~ 11 月，鲜红色
16	长柱小檗	*Berberis lempergiana* Ahrendt	小檗科	5 月开黄色小花，新枝叶淡红色，秋冬转红色
17	阔叶十大功劳	*Mahonia bealei* (Fort.) Carr.	小檗科	耐荫，落叶林中，花黄绿色
18	十大功劳	*Mahonia fortunei* (Lindl.) Fedde	小檗科	总状花序，黄色
19	云锦杜鹃	*Rhododendron fortunei* Lindl.	杜鹃花科	花期 4 ~ 5 月，粉红色，具香味
20	南天竹	*Nandina domestica* Thunb.	小檗科	四季常青，花白色秀丽，果冬季艳红
21	大叶醉鱼草	*Buddleja davidii* Franch.	马钱科	花期夏季，穗状，紫红色
22	八角金盘	*Fatsia japonica* (Thunb.) Decne. et Planch.	五加科	观叶，花 10 ~ 11 月，黄白色
23	枸骨	*Ilex cornuta* Lindl. et Paxt.	冬青科	观果
24	无刺枸骨	*Ilex cornuta* 'Fortunei'	冬青科	4 ~ 5 月开花，黄绿色、9 ~ 10 月果熟时红色
25	龟甲冬青	*Ilex crenata* 'Convexa'	冬青科	观亮绿叶
26	铺地柏	*Juniperus procumbens* (Siebold ex Endl.) Miq.	柏科	护坡植物
27	千头柏	*Platycladus orientalis* 'Sieboldii'	柏科	树冠紧密卵形
28	云南黄馨	*Jasminum mesnyi* Hance	木犀科	3 月开花，黄色
29	小叶女贞	*Ligustrum quihoui* Carr.	木犀科	花期 8 ~ 9 月，乳白色花，有香味
30	小蜡	*Ligustrum sinense* Lour.	木犀科	花期 4 ~ 5 月，乳白色花，有浓香
31	檵木	*Loropetalum chinense* (R. Br.) Oliv.	金缕梅科	花期 4 ~ 5 月，花乳白色
32	红花檵木	*Loropetalum chinense* var. *rubrum*	金缕梅科	花期一年两次，4 ~ 5 月和 9 ~ 10 月，淡红或紫红色
33	金叶大花六道木	*Abelia grandiflora* (André) Rehd 'Francis Mason'	忍冬科	新叶金黄色，花小，白里带粉，芬芳
34	地中海荚蒾	*Viburnum tinus* L.	忍冬科	盛花期 3 月份，花白色
35	匍枝亮绿忍冬	*Lonicera nitida* 'Maigrun'	忍冬科	花期 4 月上旬，青黄色，具清香，浆果蓝紫色
36	含笑	*Michelia figo* (Lour.) Spreng.	木兰科	花期 5 月、9 月两次，花乳白色，清香
37	夹竹桃	*Nerium oleander* Linn.	夹竹桃科	花期夏秋，花冠白、粉、橙红或玫瑰红色
38	火棘	*Pyracantha fortuneana* (Maxim.) Li	蔷薇科	花期 4 ~ 5 月，白色，果熟 9 ~ 10 月，红色
39	伞房决明	*Senna corymbosa* (Lam.) H.S.Irwin & Barneby	豆科	盛花期 8 ~ 9 月，花黄色

序号	中文名	学名	科名	备注
40	海桐	*Pittosporum tobira* (Thunb.) Ait.	海桐花科	花期5~6月，花序伞房状，乳白色，有芳香
41	杜鹃	*Rhododendron simsii* Planch.	杜鹃花科	花期4~5月，花多色复色，有香气
42	波罗花	*Yucca gloriosa* Linn.	百合科	每年5月、10月开两次花，乳白色
43	桃叶珊瑚	*Aucuba chinensis* Benth.	山茱萸科	夏季开花，花瓣紫红色，深秋红果
44	金丝桃	*Hypericum monogynum* Linn.	藤黄科	花期7~8月，花瓣金黄色
落叶灌木				
1	羽毛枫	*Acer palmatum* 'Dissectum'	槭树科	观树形，春秋叶色变红
2	小檗	*Berberis thunbergii* DC.	小檗科	总状花序，花黄色，浆果熟时变红色
3	紫叶小檗	*Berberis thunbergii* 'Atropurpurea'	小檗科	叶紫色，花黄色，冬季红果
4	紫荆	*Cercis chinensis* Bunge	豆科	花期3~4月，花蝶形，红紫色
5	蜡梅	*Chimonanthus praecox* (Linn.) Link	蜡梅科	花期冬春，蜡黄色，香气浓
6	夏蜡梅	*Calycanthus chinensis* Cheng et S. Y. Chang [*Sinocalycanthus chanensis* Cheng et S. Y. Chang]	蜡梅科	夏季开花，瓣状，白色至粉红色，内轮淡黄色
7	'美人'樱李梅	*Prunus* × *blireana* 'Meiren'	蔷薇科	花期3月，粉红至红色
8	贴梗海棠	*Chaenomeles speciosa* (Sweet) Nakai	蔷薇科	先花后叶，猩红色、橘红色或淡红色
9	郁李	*Cerasus japonica* (Thunb.) Lois.	蔷薇科	春天开花，粉红色
10	棣棠	*Kerria japonica* (Linn.) DC.	蔷薇科	花期7~8月，花柠檬黄色
11	野蔷薇	*Rosa multiflora* Thunb.	蔷薇科	花白色，稍有香气
12	粉花绣线菊	*Spiraea japonica* L. f.	蔷薇科	花期5月中旬，花粉色
13	金山绣线菊	*Spiraea japonica* 'Gold Mound'	蔷薇科	花期4月中旬至10月中旬，粉红色，叶随季节变换不同颜色达8个月
14	金焰绣线菊	*Spiraea japonica* 'Goldflame'	蔷薇科	盛花期4月中旬至6月中旬，花玫瑰红色，叶随季节变化呈不同颜色
15	喷雪花	*Spiraea thunbergii* Sieb. ex Blume	蔷薇科	花期3~4月，花单瓣白色
16	笑靥花	*Spiraea prunifolia* Sieb. et Zucc.	蔷薇科	花期3~4月，花重瓣白色
17	月季	*Rosa chinensis* Jacq.	蔷薇科	花期4~11月，花型众多，花色灿烂，艳丽
18	帚形桃	*Amygdalus persica* Linn. f. *pyramidalis* Dipp.	蔷薇科	花期3~4月，花有白、粉红、紫红等色
19	紫玉兰	*Yulania liliiflora* (Desr.) D. C. Fu	木兰科	花早春3月，瓣紫红色
20	臭牡丹	*Clerodendrum bungei* Steud.	马鞭草科	花期5月下旬至10月，花冠紫红色或淡红色
21	红瑞木	*Cornus alba* L.	山茱萸科	枝干红色
22	宁波溲疏	*Deutzia ningpoensis* Rehd.	虎耳草科	初夏开花，花白色，有香气
23	溲疏	*Deutzia scabra* Thunb.	虎耳草科	初夏开花，花白色，有香气

序号	中文名	学名	科名	备注
24	八仙花	*Hydrangea macrophylla* (Thunb.) Ser.	虎耳草科	花期5～7月，顶生伞房花序，花大，有大红，桃红、白色
25	浙江山梅花	*Philadelphus zhejiangensis* (Cheng) S. M. Hwang	虎耳草科	花期6月，花白色
26	老鸦柿	*Diospyros rhombifolia* Hermsl.	柿树科	深秋观果
27	结香	*Edgeworthia chrysantha* Lindl.	瑞香科	花期3月，花黄色有浓香
28	金钟花	*Forsythia viridissima* Lindl.	木犀科	花期3～4月，先叶开放，深金黄色
29	迎春花	*Jasminum nudiflorum* Lindl.	木犀科	早春，花冠喇叭形，成对小黄花展现
30	蜡瓣花	*Corylopsis sinensis* Hemsl.	金缕梅科	先花后叶，花金黄色，有香气
31	金缕梅	*Hamamelis mollis* Oliv.	金缕梅科	先花后叶，花金黄色，有香气
32	海滨木槿	*Hibiscus hamabo* Sieb. et Zucc.	锦葵科	花期6～8月，花钟形，金黄色，秋季叶变红
33	木槿	*Hibiscus syriacus* Linn.	锦葵科	花期6～10月，花有白、粉、红、紫等色
34	木芙蓉	*Hibiscus mutabilis* Linn.	锦葵科	花期9～10月，花大，一日三变，从红色逐日变淡
35	郁香忍冬	*Lonicera fragrantissima* Lindl. ex Paxt.	忍冬科	观叶，观花，花期2～3月，
36	忍冬	*Lonicera japonica* Thunb.	忍冬科	观叶，观花，花期5～6月，
37	绣球荚蒾	*Viburnum macrocephalum* Fort.	忍冬科	花期3～4月，花白色
38	琼花	*Viburnum macrocephalum* 'Keteleeri'	忍冬科	花期3～4月，白色，淡绿
39	海仙花	*Weigela coraeensis* Thunb.	忍冬科	花期5～6月，花淡蓝色
40	锦带花	*Weigela florida* (Bunge) A. DC.	忍冬科	花期4～5月，盛花期15～20天，花为深浅不同的红色
41	木绣球	*Viburnum plicatum*	忍冬科	花期4～5月，初开时青绿色，后转为白色，清香
42	牡丹	*Paeonia suffruticosa* Andr.	芍药科	花期4～5月，花大，各色，各具香气
43	石榴	*Punica granatum* Linn.	石榴科	花期5～8月，花鲜红色
草本植物				
1	金线蒲	*Acorus gramineus* Sol. ex Aiton	天南星科	观叶
2	艳山姜	*Alpinia zerumbet* (Pers.) Burtt. et Smith	姜科	花期5～6月，花乳白色，蒴果橙红色
3	姜花	*Hedychium coronarium* Koen.	姜科	花期8～12月，花白色具浓香
4	大楼斗菜	*Aquilegia glandulosa* Fisch. ex Link.	毛茛科	花期4～6月
5	花毛茛	*Ranunculus asiaticus* (L.) Lepech.	毛茛科	花期4～5月
6	猫爪草	*Ranunculus ternatus* Thunb.	毛茛科	花期3～4月

序号	中文名	学名	科名	备注
7	大花美人蕉	*Canna* × *generalis* L.H. Bailey & E.Z. Bailey	美人蕉科	花期 6 ~ 10 月，红色
8	美人蕉	*Canna indica* L.	美人蕉科	花期 6 ~ 10 月，各色
9	野菊	*Chrysanthemum indicum* Thunb.	菊科	花期 9 ~ 11 月，黄色
10	大金鸡菊	*Coreopsis lanceolata*	菊科	花期 5 ~ 6 月，黄色
11	大吴风草	*Farfugium japonicum* (Linn. f.) Kitam.	菊科	花期 7 ~ 11 月，黄色
12	金光菊	*Rudbeckia laciniata* Linn.	菊科	花期 7 ~ 10 月
13	银叶菊	*Senecio cineraria* DC.	菊科	花期 6 ~ 9 月，黄色
14	波斯菊	*Cosmos bipinnatus* Cav.	菊科	花期 5 ~ 8 月，舌状花白、粉红、堇紫等色
15	黑心菊	*Rudbeckia hybrida* Hort.	菊科	花期 5 ~ 9 月，舌状花，金黄色
16	宿根天人菊	*Gaillardia aristata* Pursh.	菊科	花期 6 ~ 10 月，舌状花黄色，管状花红紫色
17	大滨菊	*Leucanthemum maximum* (Ramood) DC.	菊科	花期 5 ~ 7 月，黄色
18	亚菊	*Ajania pacifica*	菊科	花期 10 ~ 12 月，伞房花序金黄色
19	松果菊	*Echinacea purpurea* Moench	菊科	
20	常夏石竹	*Dianthus plumarius* L.	石竹科	花期 5 ~ 11 月，紫红、白等色
21	剪夏罗	*Lychnis coronata* Thunb.	石竹科	花期 6 ~ 7 月，橙红色
22	马蹄金	*Dichondra micrantha* Urb.	旋花科	花期 4 ~ 5 月，淡黄色
23	蛇莓	*Duchesnea indica* (Andr.) Focke	蔷薇科	花期 4 ~ 6 月
24	美女樱	*Glandularia* × *hybrida* (Groenl. & Rümpler) G.L.Nesom & Pruski	马鞭草科	花期 4 ~ 10 月，花色丰富
25	细叶美女樱	*Glandularia tenera* (Spreng.) Cabrera	马鞭草科	花期 5 ~ 11 月，花色丰富
26	活血丹	*Glechoma longituba* (Nakai) Kupr.	唇形科	花期 4 ~ 5 月，浅蓝至淡紫色
27	美国薄荷	*Monarda didyma* Linn.	唇形科	花期 6 ~ 7 月，深红色
28	蓝花鼠尾草	*Salvia farinacea* Benth.	唇形科	花期 4 ~ 7 月，淡蓝色
29	绞股蓝	*Gynostemma pentaphyllum* (Thunb.) Makino	葫芦科	花期 7 ~ 9 月，花冠淡绿或白色
30	刻叶紫堇	*Corydalis incisa* (Thunb.) Pers.	罂粟科	花期 3 ~ 4 月，蓝紫色
31	大花萱草	*Hemerocallis middendorffii* Trautv. et C. A. Mey.	百合科	夏季 5 ~ 7 月，花色花型极丰富
32	玉簪	*Hosta plantaginea* (Lam.) Aschers.	百合科	花期 6 ~ 7 月，纯白色
33	紫萼	Hosta ventricosa (Salisb.) Stearn	百合科	花期 6 ~ 8 月，淡紫色
34	风信子	*Hyacinthus orientalis* Linn.	百合科	花期 2 ~ 3 月，各色
35	百合	*Lilium brownii*	百合科	花期 5 ~ 6 月，白色
36	禾叶山麦冬	*Liriope graminifolia* (Linn.) Baker	百合科	花期 5 月
37	矮小山麦冬	*Liriope minor* (Maxim.) Makino	百合科	花期 5 ~ 6 月

序号	中文名	学名	科名	备注
38	阔叶麦冬	*Liriope muscari* (Decne.) L. H. Bailey	百合科	花期 7 ~ 8 月，花紫色
39	沿阶草	*Ophiopogon bodinieri* Lévl.	百合科	花期 6 ~ 7 月，花淡紫色
40	玉竹	*Polygonatum odoratum* (Mill.) Druce	百合科	花期 5 ~ 6 月，花被白色
41	吉祥草	*Reineckea carnea* (Andrews) Kunth	百合科	花期 9 ~ 11 月，花紫红或淡红
42	万年青	*Rohdea japonica* (Thunb.) Roth	百合科	观叶
43	白穗花	*Speirantha gardenii* (Hook.) Baill.	百合科	花期 4 ~ 5 月，花白色
44	蜘蛛抱蛋	*Aspidistra elatior* Bl.	百合科	花期 5 ~ 6 月，紫色
45	郁金香	*Tulipa gesneriana* Linn.	百合科	花期 3 ~ 4 月，多色
46	忽地笑	*Lycoris aurea* (L'Hér.) Herb.	石蒜科	花期 8 ~ 9 月，鲜黄色
47	长筒石蒜	*Lycoris longituba* Y. Hsu et Q. J. Fan	石蒜科	花期 8 ~ 9 月，白色
48	石蒜	*Lycoris radiata* (L'Hér.) Herb.	石蒜科	花期 8 ~ 9 月，多色
49	换锦花	*Lycoris sprengeri* Comes ex Baker	石蒜科	花期 7 ~ 9 月，淡紫红色
50	喇叭水仙	*Narcissus pseudonarcissus* L.	石蒜科	花期 3 ~ 4 月，淡黄色
51	水鬼蕉	*Hymenocallis littoralis* (Jacq.) Salisb.	石蒜科	花期 7 ~ 8 月，白色有香气
52	葱兰	*Zephyranthes candida* (Lindl.) Herb.	石蒜科	花期 8 ~ 11 月，白色或外带淡红
53	韭兰	*Zephyranthes carinata* Herb.	石蒜科	花期 5 ~ 9 月，玫瑰红色
54	水仙	*Narcissus tazetta* var. *chinensis* Roem.	石蒜科	花期 1 ~ 3 月，花乳白色
55	鱼腥草	*Houttuynia cordata* Thunb.	三白草科	花期 5 ~ 7 月，花小，白色
56	蝴蝶花	*Iris japonica* Thunb.	鸢尾科	花期 3 ~ 4 月，蓝、白色
57	鸢尾	*Iris tectorum* Maxim.	鸢尾科	花期 4 ~ 5 月，蓝紫色
58	忍冬	*Lonicera japonica* Thunb.	忍冬科	花期 4 ~ 5 月，白色转黄，芳香
59	过路黄	*Lysimachia christiniae* Hance	报春花科	花期 5 ~ 7 月，黄色
60	金叶过路黄	*Lysimachia nummularia* 'Aurea'	报春花科	叶金黄色，霜后为暗红色，花 5 ~ 7 月，金黄色
61	紫茉莉	*Mirabilis jalapa* Linn.	紫茉莉科	花期 6 ~ 10 月，红、白、黄等色
62	美丽月见草	*Oenothera speciosa* Nutt.	柳叶菜科	花期 4 ~ 7 月，白转粉红色
63	诸葛菜	*Orychophragmus violaceus* (Linn.) O. E. Schulz	十字花科	花期 3 ~ 4 月，淡蓝色
64	红花酢浆草	*Oxalis corymbosa* DC.	酢浆草科	花期 4 ~ 11 月，花粉红色
65	紫叶酢浆草	*Oxalis triangularis* subsp. *papilionacea* (Hoffmanns. ex Zucc.) Lourteig	酢浆草科	花期 4 ~ 11 月，淡红色，观叶紫红色
66	芍药	*Paeonia lactiflora* Pall.	芍药科	花期 4 ~ 5 月，各色
67	针叶福禄考	*Phlox subulata* Linn.	花荵科	
68	花叶冷水花	*Pilea cadierei* Gagnep. et Guill.	荨麻科	
69	杜若	*Pollia japonica* Thunb.	鸭跖草科	花期 6 ~ 7 月，白色或紫色

序号	中文名	学名	科名	备注
70	无毛紫露草	*Tradescantia virginiana* L.	鸭跖草科	花期 5～10 月，花紫蓝色
71	紫锦草	*Tradescantia pallida* (Rose) D.R.Hunt	鸭跖草科	花期 5～11 月，淡紫色
72	虎耳草	*Saxifraga stolonifera* Curtis	虎耳草科	观叶，花期 4～5 月，白色
73	佛甲草	*Sedum lineare* Thunb.	景天科	花期 4～5 月，花瓣黄色
74	垂盆草	*Sedum sarmentosum* Bunge	景天科	花期 6～7 月，花黄色
75	翠云草	*Selaginella uncinata* (Desv.) Spring	卷柏科	淡蓝色
76	红车轴草	*Trifolium pratense* Linn.	豆科	花期 4～11 月，花紫红色
77	白车轴草	*Trifolium repens* L.	豆科	花期 4～11 月，小花白色
78	紫花地丁	*Viola philippica* Cav.	堇菜科	花期 3～4 月，蓝紫色
79	芒萁	*Dicranopteris pedata* (Houtt.) Nakaike	里白科	观叶，山林中多见
80	井栏边草	*Pteris multifida* Poir.	凤尾蕨科	观叶，喜阴湿之地
81	贯众	*Cyrtomium fortunei* J. Sm.	鳞毛蕨科	观叶，在荫蔽栽植
82	天目地黄	*Rehmannia chingii* Li	玄参科	花期 4～5 月
83	火星花	*Crocosmia crocosmiiflora*	鸢尾科	花期 6 月底～8 月初，橘红色
84	狗牙根	*Cynodon dactylon* (Linn.) Pers.	禾本科	暖季型草坪草
85	高羊茅	*Festuca arundinacea* Schreb.	禾本科	
86	多年生黑麦草	*Lolium perenne* Linn.	禾本科	
87	结缕草	*Zoysia japonica* Steud.	禾本科	
88	花叶燕麦草	*Arrhenatherum elatius* var. *bulbosum* 'Variegatum'	禾本科	
89	蓝羊茅	*Festuca glauca* 'Select'	禾本科	观叶
90	血草	*Imperata* sp.	禾本科	观叶
91	芭蕉	*Musa basjoo* Siebold	芭蕉科	叶大如巨扇，具有"雨打芭蕉"意境
			水生植物	
1	荷花	*Nelumbo nucifera* Gaertn.	莲科	花期 6～8 月，花色有红、粉、白诸色
2	睡莲	*Nymphaea tetragona* Georgi	睡莲科	浮叶，花多型、多色
3	莼菜	*Brasenia schreberi* J. F. Gmél.	睡莲科	花期 6 月，花瓣紫红色
4	芡实	*Euryale ferox* Salisb. ex Konig et Sims	睡莲科	浮叶草本，花瓣多数紫色，观叶
5	萍蓬草	*Nuphar pumilum* (Timm) DC.	睡莲科	花期 5～8 月，花黄色
6	苹	*Marsilea quadrifolia* L.	苹科	浮叶水生植物
7	槐叶苹	*Salvinia natans* (L.) All.	槐叶苹科	浮水植物
8	金鱼藻	*Ceratophyllum demersum* Linn.	金鱼藻科	沉水植物
9	三白草	*Saururus chinensis* (Lour.) Baill.	三白草科	花序下叶片常为乳白色或乳白色斑
10	红蓼	*Polygonum orientale* Linn.	蓼科	穗状花序，花被深红色或白色

序号	中文名	学名	科名	备注
11	千屈菜	*Lythrum salicaria* Linn.	千屈菜科	花期 6 ~ 9 月中旬，花粉红色或紫红色
12	菱	*Trapa bispinosa* Roxb.	菱科	花两性，白色
13	穗花狐尾藻	*Myriophyllum spicatum* Linn.	小二仙草科	沉水植物
14	狐尾藻	*Myriophyllum verticillatum* Linn.	小二仙草科	植株大部沉水，挺出水面枝叶翠绿色
15	水芹	*Oenanthe javanica* (Bl.) DC.	伞形科	花期 5 ~ 7 月，花瓣白色，有芳香气味
16	荇菜（莕菜）	*Nymphoides peltatum* (Gmel.) O. Kuntze	睡菜科	花两性，花期 4 ~ 10 月，杏黄色
17	黑藻	*Hydrilla verticillata* (Linn. f.) Royle	水鳖科	沉水植物
18	苦草	*Vallisneria natans* (Lour.) Hara	水鳖科	沉水植物
19	泽泻	*Alisma plantago-aquatica* Linn.	泽泻科	花期 6 ~ 8 月，花白色
20	野慈姑	*Sagittaria trifolia* Linn.	泽泻科	花期 6 ~ 9 月，花白色
21	慈姑	*Sagittaria trifolia* L. var. *sinensis* (Sims.) Makino	泽泻科	花期 6 ~ 9 月，花白色
22	菹草	*Potamogeton crispus* Linn.	眼子菜科	多年生沉水植物
23	再力花	*Thalia dealbata* Fraser	竹竽科	花期 6 ~ 10 月，花紫红色
24	凤眼莲	*Eichhornia crassipes* (Mart.) Solms	雨久花科	花淡蓝紫色
25	梭鱼草（海寿花）	*Pontederia cordata* L.	雨久花科	花淡蓝紫色
26	菖蒲	*Acorus calamus* L.	天南星科	两性花，黄绿色
27	石菖蒲	*Acorus tatarinowii* Schott	天南星科	观叶
28	海芋	*Alocasia macrorrhiza* (L.) Schott	天南星科	观卵状戟形叶
29	水浮莲	*Pistia stratiotes* Linn.	天南星科	浮水植物
30	浮萍	*Lemna minor* L.	浮萍科	浮水植物
31	水烛	*Typha angustifolia* L.	香蒲科	花期 6 ~ 7 月，花褐色，果期 8 ~ 10 月
32	黄花鸢尾	*Iris pseudacorus* Linn.	鸢尾科	花期 4 ~ 7 月，黄色
33	灯芯草	*Juncus effusus* Linn.	灯芯草科	湿生性草木，茎细圆柱状
34	旱伞草	*Cyperus alternifolius* L.	莎草科	湿生性草本，观叶
35	水葱	*Scirpus validus* Vahl	莎草科	花期 7 ~ 9 月，呈棕色或紫褐色
36	花叶芦竹	*Arundo donax* 'Versicolor'	禾本科	早春或秋季萌发的新叶有黄白色长条纹
37	芦苇	*Phragmites communis* Trin.	禾本科	秋天观芦花
38	菰（茭白）	*Zizania caduciflora* (Turcz. ex Trin.) Hand.-Mazz.	禾本科	观叶片披针形
藤蔓植物				
1	腺萼南蛇藤	*Celastrus orbiculatus* var. *punctatus* Rehder	卫矛科	

序号	中文名	学名	科名	备注
2	小叶扶芳藤	*Euonymus fortunei* var. *radicans*	卫矛科	观叶，秋呈绯红色，冬季红褐色，花白色
3	速铺扶芳藤	*Euonymus fortunei* 'Dart's Blanket'	卫矛科	观叶，入冬叶色转为暗红色
4	紫藤	*Wisteria sinensis* (Sims) Sweet	豆科	花期春季，花冠红紫色、白色，具芳香
5	鸡血藤	*Millettia reticulata* Benth.	豆科	花期5～8月，花玫瑰红色至红紫色
6	薜荔	*Ficus pumila* L.	桑科	果期9～10月，隐花果，成熟时暗红色
7	木香	*Rosa banksiae* Ait.	蔷薇科	花期夏初，花白色，浓香
8	凌霄	*Campsis grandiflora* (Thunb.) Schum.	紫葳科	花期5～8月，花橙红色
9	中华常春藤	*Hedera nepalensis*	五加科	
10	常春藤	*Hedera nepalensis* var. *sinensis*	五加科	叶黄白色，花序伞状球形，黄白色
11	爬山虎	*Parthenocissus tricuspidata* (Sieb. et Zucc.) Planch.	葡萄科	秋叶变红，花小不显，黄绿色
12	绿叶地锦	*Parthenocissus laetevirens* Rehder	葡萄科	
13	络石	*Trachelospermum jasminoides* (Lindl.) Lem.	夹竹桃科	花期4～6月，花冠白色
14	花叶蔓长春花	*Vinca major* 'Variegata'	夹竹桃科	花期5～9月，花冠漏斗状，蓝色
15	蔓长春花	*Vinca major* L.	夹竹桃科	花期4～5月，花蓝色
16	圆叶牵牛	*Ipomoea purpurea* (L.) Roth	旋花科	花期夏季，花淡紫，白色
17	茑萝	*Ipomoea quamoclit* L.	旋花科	花期7～10月，花洋红色或橙黄色
18	鸡矢藤	*Paederia foetida* Linn.	茜草科	花期5～8月，花玫瑰红至红紫色
19	金银花	*Lonicera japonica* Thunb.	忍冬科	花期夏季，初开白色，后变黄色
20	铁线莲	*Clematis florida* Thunb.	毛茛科	花乳白色
竹类				
1	毛竹	*Phyllostachys edulis* (Carrière) J. Houz.	禾本科	营造风景林，杭州云栖竹径，黄龙洞有栽培
2	孝顺竹	*Bambusa multiplex* (Lour.) Raeusch. ex Schult.	禾本科	丛状灌木型竹类，观叶竹类
3	凤尾竹	*Bambusa multiplex* 'Fernleaf'	禾本科	丛状灌木型竹类
4	龟甲竹	*Phyllostachys edulis* 'Heterocycla'	禾本科	茎节处膨大，形似龟甲状
5	紫竹	*Phyllostachys nigra* (Lodd. ex Lindl.) Munro	禾本科	竹竿青紫色近黑色，姿态雅致、绮丽
6	黄竿乌哺鸡竹	*Phyllostachys vivax* 'Aureocaulis'	禾本科	灌木状竹类，作地被
7	菲白竹	*Pleioblastus fortunei*	禾本科	灌木状竹类，叶具鲜丽的黄绿相间纵条纹
8	翠竹	*Sasa pygmaea* E.G. Camus	禾本科	
9	方竹	*Chimonobambusa quadrangularis* (Fenzi) Makino	禾本科	竿茎四方形，别具风雅，黄龙洞有方竹园

序号	中文名	学名	科名	备注
10	罗汉竹	*Phyllostachys aurea* Carr. ex A. et C. Riv.	禾本科	竹竿、节隆起如罗汉
11	淡竹	*Phyllostachys glauca* McClure	禾本科	同属有金竹，金明竹变种
12	早园竹	*Phyllostachys propinqua* McClure	禾本科	散生竹类，竹笋食用，鲜美
13	刚竹	*Phyllostachys sulphurea* (Carr.) A. et C. Riv.	禾本科	散生型竹类
14	茶秆竹	*Pseudosasa amabilis* (McClure) Keng f.	禾本科	散生型竹类，叶翠绿
15	四季竹	*Semiarundinaria lubrica* T. W. Wen	禾本科	丛生竹类
16	佛肚竹	*Bambusa vulgaris* Schrader ex Wendland	禾本科	丛生灌木状竹类，茎节基部膨大如瓶，形似佛肚
17	箬竹	*Indocalamus tessellatus* (Munro) Keng f.	禾本科	灌木状竹类
18	花叶箬竹	*Pleioblastus variegatus* Makino [*Arundinaria fortunei* Riv.]	禾本科	灌木状竹类，叶面有乳白色纵条纹，作地被
19	鹅毛竹	*Shibataea chinensis* Nakai	禾本科	灌木状竹类，作地被
20	阔叶箬竹	*Indocalamus latifolius* (Keng) McClure	禾本科	灌木状竹类，姿态雅丽

参考文献

[1] 施奠东. 西湖园林植物景观艺术. 浙江出版联合集团，浙江科学技术出版社（西湖常见园林植物名录）.

[2] 中国科学院植物研究所. 中国高等植物图鉴第二册. 科学出版社，1972.

[3] 上海市林学会科普委员会，上海市园林管理局绿化宣传站. 城市绿化手册. 中国林业出版社，1984.

[4] 吴玲. 地被植物与景观. 中国林业出版社，2007.

[5] 龙雅宜. 常见园林植物认知手册. 中国林业出版社，2006.

[6] 俞仲辂. 新优园林植物选编. 浙江科学技术出版社，2005.

[7] 陈绍云，马元建. 观察植物整形修剪技术，浙江科学技术出版社，2008 年 11 月.

[8] 喻勋林，曹铁如. 水生观赏植物，中国建筑工业出版社，2005 年 4 月.

[9] 高亚红，王挺，余金良. 杭州植物园植物名录（2016 版）. 浙江科学技术出版社，2016.

后记

　　人们常说，人生是一场梦，也是一本书。我的一生的确是一本曲折多难又多彩缤纷的书。我于1939年3月出生在福建福清县（现为福清市）海口镇岑兜村。幼时，中华大地被日寇侵占，到处都是日本人的刺刀。记得东浦大舅背着我向南山村山洞飞奔，以逃避日机的轰炸；记得日本兵将青壮年村民集中到祠堂前，架起机枪要村民交出游击队，幸好后村有一位会说日语的乡亲，再三解释本村并无游击队，终于避免了一场大屠杀。与此同时，万里之外的南洋也失陷，身在印尼的父亲杳无音讯，我们母子的生活来源中断了，仅能够依靠1.2亩地种粮食和母亲变卖嫁妆艰苦度日。我在岑兜小学读了一年，因家境困苦，无法继续学习，刚好外祖父需要娃娃放牛，我就成了放牛娃。次年，小舅要读书，外祖父不忍心让我再放牛，让我回校继续学习。我每天放学后奔4里路外的外祖父家蹭饭，直至毕业考入福清第二初级中学（即明义毓贞联中）。初中毕业后，因家境不佳无法继续学习，遂响应共青团福建省委号召，参加了中国人民解放军八〇部（铁道兵）鹰厦铁路青年筑路队修筑路堤劳动，并到铁道兵第四设计院（烟台）见习。次年又参加考试进入福清第一中学读高中。

　　在我读中学期间，父亲在印尼为亲人担保贷款而身负重债，无法接济我们，母亲靠给人做缝补绣花活赚些手工钱维持我们母子的生计。夏天周末，我要到番薯地里去做翻薯藤等农活，然后光着脚挑着一星期的粮食（多是番薯、薯米和薯干）走20里沙石路回学校（图1）。

　　1957年初冬，我与母亲一起去海埕（海涂围垦后的土地）割草，台湾飞机来轰炸撤退时留下的军舰。我家的草埕靠近那里，机枪扫射下我们无处躲闪，失声哭叫，好在终于幸免。平时台湾军机也经常来闯，学校常常警报长鸣，学生躲进防空洞，直至军机离开才继续上课。1958年10月空战以后，台湾军机不敢再来了。

　　因为从小就在农村长大，而且小时候在外祖父家培育过2株番石榴树，经常维护，对植物产生很大兴趣。所以高中毕业后，我于1959年考入北京林学院绿化系。学习了一年基础课程之后，就被学校委派到上海同济大学数理系学习数学，作为师资进行培养（图2）。后因

图1　笔者青年时代在家乡

图2 笔者1960年在同济
大学学习与同学合影

三年自然灾害，学校贯彻"八字方针"（调整、巩固、充实、提高），让我们选择回校或是留在同济大学。我选择回北京林学院继续学习。正好原班的同学在这一年实行综合劳动教学，主要课程尚未开课，我们就利用寒暑假补了几门专业课。但是最遗憾的是美术课没有机会补，给后来的设计课程带来了不利的影响，表达能力较其他同学差一些。

1963年大学毕业后，我被分配到浙江杭州。随后，中共浙江省委决定新分配来的大学生集中在省工业干部学校培训2个月，参加省社会主义教育试点工作队。我分别在诸暨钟家岭和上虞东关、嵩坝等地，与贫下中农同吃、同住、同劳动，接受贫下中农再教育，直至1965年4月才回到杭州市园林管理局园林规划设计室工作。"文革"时在杭州市园林管理局生产组负责城市绿化工作，期间因患肝炎而住院治疗、休养。1969年我到杭州市五七干校（即现下沙地区）劳动，1970年上半年回局工作；1976年又参加农业学大寨工作组（驻西湖区满觉陇村）边劳动边工作，在"运动"中度过了青年时代。

1971年，我参加了118工程的设计与施工。当时尼克松总统即将到杭州访问，杭州笕桥机场需要加长跑道并新建候机楼，从机场通向城市的迎宾路也需要扩建。工程总体时间只有3个月，最后留给绿化施工的时间不足半个月。时间紧，任务重，我奔走江浙地区采购苗木，施工时又遇天公不作美，只好扒开积雪种下树木。经过艰苦的努力，终于完成了政治任务。

1973年，我参加了杭州动物园的规划设计与施工。由于当时国内动物园不多，像杭州这样的场址，没有可以参考的先例，因而设计的过程基本上是尝试和创新的过程。杭州动物园充分利用地形多变、高低错落70余米的山地特点布置馆舍（活动场），通过叠石、理水和绿化，力求兽舍与环境渗透，创造具有山、林、石、泉的特色，同时结合动物习性进行自然生态环境设计。笼舍隐在山林之中，动物栖息在林木之下，生态环境优良，达到了山林式动物园的面貌。1975年根据实践中体验，撰写了《杭州动物园园林绿化规划与设计》的文章，总结了动物园绿化规划设计的原则，为国内动物园建设提供了可鉴的资料。

1979年，我参加由浙江省建设厅、杭州市建委联合组织的"杭州市城市总体规划"编制班子。胡绪渭先生和我共同负责园林组工作，并撰写了《杭州市城市总体规划说明书（蓝本）》中"杭州市园林绿化"篇章，其中主要内容是西湖风景区规划。杭州市城市总体规划1983年获国务院批复，为西湖风景名胜区保护、管理和建设工作起到有效作用。

1981年我担任了杭州市园林管理局规划设计室副主任，1984年设计室改为设计处，仍任原职。

1982年我在从事多年风景区规划编制、管理建设实践和参加风景区规划评审的基础上，总结经验，完成了约2万字的《风景区规划》一文，全面阐述了风景区的含义、渊源、构成因素和任务；风景资源的开发和利用；风景区规划的组成、布局结构、绿化、建筑、基础设施、陈设布置、环境容量和风景区的保护等内容。1981年国务院刚决定建立风景名胜区，1982年11月8日公布了全国第一批重点风景名胜区44个。当时国内未见有比较全面的阐述风景区规划的文章。直至1984年，建设部组织全国风景名胜区领导研讨班，有关领导、学者到会讲述风景区有关内容。因此，这篇文章在当时还是具有非常积极的意义的。

1983年我担任了第六届全国人大代表，深感责任重大，先后提出了30余件议案、意见和建议，很好地履行了人大代表的义务。这些议案绝大多数是关于风景区保护、建设、管理和环境保护等方面：① 关于加强西湖风景名胜保护的建议（第六届全国人民代表大会第一次会议，第1364号）；② 关于请中央"紧急制止继续破坏西湖风景区，对违法者绳之以党纪国法"的议案（第六届全国人民代表大会第三次会议，第1678号，34人）；③ 关于要求中央部门不得任意在西湖风景区兴建宾馆的建议（第六届全国人民代表大会第五次会议，第2601号）；④ 关于加强河北蓟县清东陵的保护管理工作（第六届全国人民代表大会第四次会议）；⑤ 要求设立富春江——新安江风景名胜区管理机构的建议（第六届全国人民代表大会第一次会议，工交类1500号）；⑥ 关于把杭州建设成为世界一流的旅游城市的议案（第六届全国人民代表大会第三次会议，第18号，30人）；⑦ 关于恢复刘庄、汪庄风景名胜点的建议（第六届全国人民代表大会第二次会议，第0412号）；⑧ 再次要求开放刘庄、汪庄，扩大公共旅游区的建议（第六届全国人民代表大会第四次会议，第331号）；⑨ 关于开辟杭州西湖刘庄、汪庄等沿湖地区为公共游览区的请求（第六届全国人民代表大会第五次会议，第68号，30位）；⑩ 切实治理闽江上游水体污染，保护环境，造福于民的建议（第六届全国人民代表大会第五次会议，第2596号）；⑪ 妥善处理野坞石矿对灵栖洞风景区的影响（1987年，列席浙江省人代会）。其中⑦～⑨条含复建雷峰塔的内容。

1983年，我受杭州市园林管理局委派，到淳安与县里有关同志共商排岭镇规划事宜。在短暂几天里，看到当地有关部门在千岛湖景区的规划、开发建设和保护诸方面的问题。特别为发展经济，当地对风景山林采取全垦造林的办法，给山岭剃光头，造成严重的水土流失，导致湖床增高，缩短了水库的生命周期。加上淳安县没有统一机构管理千岛湖，各部门各行其是，损害风景的事时有发生。为此，我向届时中共杭州市委书记陈安羽同志写信，希望能制止伐林开垦，全垦营造经济林（杉木）的愚蠢做法，切实保护好千岛湖风景山林，并在《杭州日报》上发表"千岛湖造林要慎重"的短文。

1985 年杭州市主要领导意欲在太子湾地区兴建游乐园。因为这个地区有省、市文物保护单位多处，又紧邻花港观鱼和净慈寺。现代化的高架过山车、摩天轮等游乐设施，势必影响风景区的安宁，破坏西湖秀丽的环境空间。当时，《杭州市城市总体规划》已获国务院批复，其中已有西湖风景区规划的原则条文。浙江省人大常委会已于 1983 年公布了《杭州西湖风景区保护管理条例》，对西湖风景区的保护工作都有明文规定。同时，还有中央领导同志的讲话。可是杭州市个别领导却独断专行，视法律于不顾，决定在太子湾兴建游乐园项目。当时马上要签订合同，情况紧急。在人代会开会之前，我就认真准备材料，写信给中央领导。若按常规呈送很难奏效，时间又不允许。随后通过主席团成员汪月霞同志（故事片"海霞"的原型）在主席台上直接交给万里副总理。当时人代会尚未闭幕，批复件已达杭州市领导手中。后来游乐园改址珊瑚沙地区（最终未建），避免了对西湖风景区的破坏。

在第六届全国人民代表大会的第五次会议中，我 3 次提出涉及恢复雷峰塔的议案。正如陈从周教授所说："雷峰塔圮后，南山之景全无。"西湖风景区布局上失去了平衡。何况"雷峰夕照"已是流传千载的自然风景美和人文景观美结合得很好的景点。早在 1981 年，余森文老市长就曾提出"要将雷峰塔修复起来"。所以重建雷峰塔并非出自思古之幽情，而是为恢复西湖南区景观，发展旅游事业之迫切需要。经过各方的努力，雷峰塔现已呈现在夕照山上，带动了南线的风景游览事业。

1986 年，杭州市园林管理局园林规划设计处改为杭州园林设计院，我担任副院长一职。

同年，根据国务院颁布《风景名胜管理暂行条例》的要求，杭州市园林文物局组织编制班子，我主持编制《杭州西湖风景名胜区总体规划》（以下简称《规划》），通过查阅资料、调查研究、邀请各方面专家座谈、研讨、征求政协委员意见等工作，经过一年多的努力和反复修改补充，完成了规划初稿。规划文件文字达 18 万多字，图纸 40 余幅。该规划比较全面地阐述了各个景点的特点、特色和规划建设的设想，获得了有关领导和专家的充分肯定，表示"这是难得宝贵的好材料"，"这次西湖风景区总体规划是市园管局建制以来（1956 年），比较全面、有一定深度、成果最大的规划，对今后的园林建设有指导意义"。该规划后来虽又经过数次修改、补充，但基本上保持了原规划所确定的基本原则和要点。1991 年 8 月杭州市人民政府在柳莺宾馆召开了杭州西湖风景名胜区总体规划评审会，与会专家、学者和政府各部门的领导达 50 多人，对总体规划进行了认真的审议。"评审纪要"中评价："《规划》收集、分析、研究和编制了图文并茂的基础资料，为《规划》打下了扎实的基础。《规划》凭借有据，贯彻了《国务院关于杭州市总体规划的批复》（指 1983 年）所确定的基本原则和要点，思路对头，基本原则明确，规划内容丰富、布局结构严谨，文字简洁，符合所依据文件的精神和要求。"评议会从总体上肯定了《杭州西湖风景名胜区总体规划》，给予较高的评价。评委们同意将西湖风景名胜区的性质概括为"以秀丽、清雅的湖光山色与璀璨的文物古迹、文化艺术交融一体为其特色，以观光游览为主的风景名胜区。"

1986年在衡阳市召开全国公园工作会议，为针对当时园林建设大兴土木，大搞硬质景观之风，建设部让杭州市介绍以植物造景为主建设公园绿地的经验，我写了"杭州西湖园林植物造景浅识"一文，作为会议交流材料。此文经修改补充后，又作为建设部赴澳大利亚考察风景园林师制度时的交流材料。

1988年，杭州太子湾公园建成，全园可分为自然山水园和山林休闲景区两大部分。太子湾地块古时为西湖的一隅，历史沧桑，沦为沼泽洼地。中华人民共和国成立后，又为疏浚西湖的泥土堆积处，成为南山地区部分农户的蔬菜地。1985年西湖引水工程开挖明渠，穿越公园的中部，两侧堆满泥土和道渣，形成了两列低丘和台地。我主要起草了太子湾公园总体规划说明书并负责地形地貌设计。根据《园冶》"低凹可开池沼"的原理，以因山就势、顺应自然、追求天趣为宗旨，采用挖池掘溪、堆丘开路的办法，大规模地改造过于低平的地形和呆板笔直的引水明渠，取挖渠之土加宽和增高琵琶洲，使之形成南高北低、起伏绵延、曲折入画的山谷河渚景观，取玉鹭池之土，堆逍遥坡，挖池塘溪涧之土就近造丘，其高度自南向北逐渐降低，恰似九跃、南屏两山向平陆延伸过渡的余脉，从而创造了池、溪、涧、渚、坪和山麓平台、林中空地等大小对比、虚实相间的园林空间。同时利用西湖引水便利，造潭蓄水，设泵提升，造成激流飞瀑的动水景观。太子湾公园是以中国传统造园手法为基础，吸收现代造园的理念，形成树成群、花成坪、草成片、水成流的自然拙朴、清新雅逸的景色。

1989年，我院承担了新加坡古建筑同济院的修复设计与施工任务（图3）。按协议，省政府批准4月份由我带领13名工程技术人员和技工前往施工。由于其他原因该工程直至10月才动身。在那个特殊的时期，不仅要按时保质完成施工任务，人员的管理更是一件大事。我与大家在工地同吃同住共劳动，经过45天的紧张施工，终于圆满地完成了境外承包工程任务，全部人员安全返回国内。工程获得新加坡有关部门的好评。

我于1990年1月开始担任杭州园林设计院院长。1990年代初，国家经济正处在调控阶段，建筑市场处于疲软状态。我意识到必须转变观念，锐意改革，勇于进取，积极地开拓市场，才能得到发展，提出了"立足杭州，扎根浙江，面向全国，走向世界，弘扬杭州园林特色，跨入第一流园林设计行列"的催人奋进的目标。同时坚持以质量求生存，以改革求发展的方针；注重内

图3　笔者参加新加坡古建筑同济院的修复工作

部管理，完善规章制度和技术经济承包责任制；重视人才引进的作用；大力推进技术进步，实施计算机应用培训。通过不断地深化内部改革，先后采取了经济责任、技术责任，设计室集体、小组乃至个人承包等多种形式的内部承包方式，从而调动了广大职工，特别是专业技术人员的积极性。在上级领导的支持帮助下，经过全体职工的不懈努力，不仅使园林设计院的面貌大大改观，改善了工作环境和条件，同时固定资产和收入有较大的增加，职工得到了较大的实惠。我本人勤奋工作，廉洁奉公，不求名利，甘于奉献，一心扑在园林建设事业上。我负责杭州园林设计院工作期间，院里先后有 12 项规划设计项目分别获得国家、部、省和市级共计 22 个优秀奖，其中西湖郭庄、太子湾公园规划设计还分别获得国家银质奖和铜质奖，取得了较好的社会、环境和经济效益，使得本单位在行业的声誉度得到显著提高（图 4）。

图 4　笔者在杭州园林设计院

　　1998 年 1 月 15 日，我从设计院领导岗位退职，改任顾问总工程师，到 1999 年 12 月 26 日办理退休手续。职位退休，但职业仍在继续，我发挥余热，为风景园林事业作出新贡献。据不完全统计，退休后至 2015 年底，参加城市规划、风景名胜区规划、旅游度假区规划和公园绿地、滨水绿地以及带状绿地等总体规划、设计方案或园林绿地提升改造工程的评选会、研讨会和咨询会达到 1356 次，足迹遍布浙江省各市县，还涉足上海市，江苏省的南京、无锡、常州、镇江、泰州、江阴、盐城、南通，山东的菏泽、郓城、莒县，江西的庐山、井冈山、上饶、南昌，广东的佛山，云南的安宁，湖北的武汉、襄樊、十堰，宁夏的银川，福建的福州、厦门、武夷山，海南的三亚等数十个城市，参加风景园林规划设计方案评选、咨询等技术工作。为提高园林工程施工水平，我多年来一直参加中国风景园林学会、浙江省风景园林学会和杭州市绿化行业协会的三级优秀园林工程现场初审和终评工作，为提高园林工程的质量尽了微薄之力（图 5）。

图 5　笔者退休后仍然发挥余热

　　本人从事风景园林事业半个多世纪，成绩和贡献也得到规划建设、风景园林行业部门的认可。2013 年 1 月 11 日，浙江省住房建设厅、浙江省风景名胜区协会授予包括我在内的全省 10 名风景园林工作者"突出贡献奖"（图 6）。2016 年 4 月，浙江省风景园林学会授予全省 13 名年龄在 70 岁以上的老专家"发展成就奖"，我有幸位列

图6　2013年获浙江省建设厅、风景名胜区协会授予"突出贡献奖"（图片来源：沈光炎　摄）

图7　2016年获浙江省风景园林学会授予的"发展成就奖"（图片来源：杨小茹　摄）

其中（图7）。这些奖项，既是对我的激励，也是对我在浙江省风景园林战线上数十年来工作的肯定。人生已过"古来稀"，我将老骥伏枥，继续为风景园林事业贡献微薄之力。

本书大部分文章是20世纪80年代初至90年代撰写的，距今跨越了30余年的时间，内容既有风景园林历史、艺术的探讨，又有现代公园绿地的规划设计；既有风景区规划建设，又有保护风景区的参政议政提案；既有系统的规划文章，又有随笔杂谈。尽管文章标题各异，内容较多，但主旨贯穿着一个风景园林师的情怀。

本书是从规划设计的视角来研究杭州风景园林的，凝聚了我在实践中积累的经验，也一定程度上反映了杭州风景园林从 20 世纪 70 年代以来的概况，对于从事风景园林规划设计的人员不乏有一定的参考价值。

本书所引用的一些书籍、文章、刊物上的资料、图片等，由于时间久远，除了部分能够清晰回忆起来的已经加以标注外，还有部分参考资料现在难觅来源，特此对作者表示谢意与歉意！

本书的出版，得到女儿林箐教授的支持和帮助，她在教学、工作极度繁忙、家务甚为繁重的情况下，给本书审校，提出许多宝贵意见与建议，并促成出版，非常感谢。感谢数十年来默默支持我的老伴倪芸英，承担家中里外事务，让我全身心地投入风景园林技术工作。同时也感谢北京多义景观规划设计事务所的年轻人，他们帮助我将原有的油印稿和手稿输入为电子文稿，为本书的出版创造了条件。感谢为此书出版付出艰辛劳动的有关人员！

特别感谢中国工程院院士、北京林业大学园林学院孟兆祯教授，尽管年事已高、事务繁忙，还是于百忙之中给本书题写了序言。

限于笔者的水平，本书肯定存在着许多不足乃至错误之处，恳请给予批评指正！

林福昌

2016 年 11 月 25 日

图书在版编目（CIP）数据

林福昌/林福昌著. —北京：中国建筑工业出版社，2018.7
中国风景园林名家名师
中国风景园林学会　主编
ISBN 978-7-112-22098-4

I.①林…　II.①林…　III.①园林－中国－文集　IV.①TU986.
62-53

中国版本图书馆CIP数据核字（2018）第078216号

责任编辑：杜　洁　兰丽婷
责任校对：王　瑞

中国风景园林名家名师
中国风景园林学会　主编

林福昌

*

中国建筑工业出版社出版、发行（北京海淀三里河路9号）
各地新华书店、建筑书店经销
北京锋尚制版有限公司制版
北京中科印刷有限公司印刷
*
开本：787×1092毫米　1/16　印张：16　插页：8　字数：343千字
2018年7月第一版　2018年7月第一次印刷
定价：68.00元
ISBN 978-7-112-22098-4
　　　　（31976）

彩图1 晨曦中的
西湖

彩图2 夕阳西下
的西湖

彩图 3　弧山雪景（图片来源：林葵　摄）

彩图 4　映日荷花别样红

彩图5　西湖层林尽染

彩图6　灵峰探梅

彩图 19 西湖水上画舫

彩图 18 永福胜境（建筑组团布置）

彩图 20 梅家坞茶园

彩图 21　五云山银杏

彩图 23　郭庄枕湖洞门

彩图 22　太子湾公园

彩图 24　望湖楼

彩图 25　吴山太岁庙、药王庙改造

彩图 26　杭州动物园鸣禽馆水庭院

彩图 27　接天莲叶无穷碧

彩图 28　阮公墩建筑庭院

彩图 29　吴山伍公庙

彩图 30　南宋皇帝祭祀农耕之地

彩图 31　余杭径山茶宴

彩图 32　绿 59 班半世纪聚会师生合影

彩图 33　参加第六届全国人民代表大会第五次会议（沈志荣　摄）